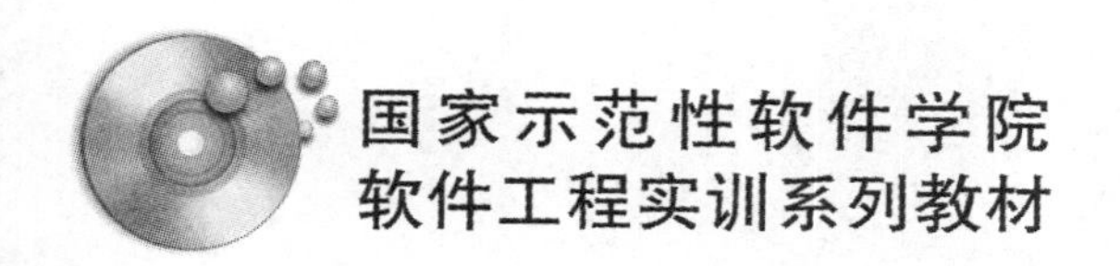

软件工程实训项目案例Ⅲ

——C++程序设计篇

主 编 熊庆宇 文俊浩 雷跃明 谭会辛 曾 骏 杨正益

重庆大学出版社

内容提要

在重庆大学软件学院开展软酷实训过程中，积累了大量的优秀 C++项目案例，对 C++方面的开发人才的培养具有重要价值。本书从中精选了一些有代表性的案例，通过项目案例产出物，完整展示项目的实践过程，以帮助读者掌握 C++开发技术，更深入地理解软件工程的理论知识，并更好地开展项目实训。

本书共 6 章，第 1 章介绍了实训过程，第 2 章介绍了 MFC 基本的开发技术，第 3—6 章分别介绍了五子江湖、酷 Down 下载系统、邮件分发系统、计费管理系统 4 个创新项目案例，供实训过程中参考和学习。

图书在版编目（CIP）数据

软件工程实训项目案例.3，C++程序设计篇/熊庆宇等主编.—重庆：重庆大学出版社，2016.3（2017.1 重印）

ISBN 978-7-5624-9682-3

Ⅰ.①软… Ⅱ.①熊… Ⅲ.①软件工程—案例②C 语言—程序设计 Ⅳ.①TP311.5②TP312

中国版本图书馆 CIP 数据核字（2016）第 032753 号

软件工程实训项目案例Ⅲ——C++程序设计篇

主 编 熊庆宇 文俊浩 雷跃明
谭会辛 曾 骏 杨正益

策划编辑：彭 宁 何 梅

责任编辑：陈 力 版式设计：彭 宁 何 梅

责任校对：邹 忌 责任印制：赵 晟

*

重庆大学出版社出版发行

出版人：易树平

社址：重庆市沙坪坝区大学城西路 21 号

邮编：401331

电话：（023）88617190 88617185（中小学）

传真：（023）88617186 88617166

网址：http://www.cqup.com.cn

邮箱：fxk@cqup.com.cn（营销中心）

全国新华书店经销

重庆长虹印务有限公司印刷

*

开本：787mm×1092mm 1/16 印张：16.5 字数：466千

2016 年 4 月第 1 版 2017 年 1 月第 2 次印刷

印数：1 001— 2 500

ISBN 978-7-5624-9682-3 定价：39.00元

前言

软件产业是国家战略性新兴产业之一，是国民经济和社会信息化的重要基础。近年来，国家大力支持和发展软件产业，软件产业在国民经济中越来越起到举足轻重的作用。软件产业的发展需要大量兼具软件技术和软件工程实践经验的软件人才。因此，为了实现面向产业、面向领域培养实用的软件专业人才的目标，软件专业人才的培养需要突破传统的软件技术人才培养的方式，学生除了要学习软件工程专业的基础理论和软件开发技术外，更加强调软件工程实践能力的培养，以适应我国软件产业对人才培养的需求，实现软件人才培养的跨越式发展。传统的软件专业教学按照软件工程知识体系设置课程，重点培养学生掌握扎实的软件基础理论和专业技术，教学模式主要是以知识点课堂教学为主，实验教学为辅。

目前大多数高等院校的课堂教学中都采用传统的讲授型教学方法，以知识点为主线讲解概念、原理和技术方法，期间会通过实例的讲解来加深对知识点的理解，最后会围绕知识点布置作业、实验或项目。这种以教师为中心的灌输式教学模式能较好地保证知识的系统性，但是实践性不强、教学枯燥、互动性较差、学生的积极性不高，不适宜学生的软件工程实践能力的培养。实验教学作为辅助教学方式，尽管能够在一定程度上加深学生对知识点的理解，但实验内容多是对课堂内容进行验证或实现，学生机械地运行程序，对知识的理解浮于表面，这种实验方式也不能完全达到培养学生软件工程实践能力的目标。因此，在软件专业人才的培养过程中，作为对知识点课堂教学和实验教学模式的补充，有必要引入全新的软件工程实践教学模式——软件案例驱动教学模式。

案例教学模式源自哈佛商学院的“案例式教学”。案例是由一个或几个问题组成的内容完整、情节具体详细、具有一定代表性的典型实例，代表着某一类事物或现象的本质属性。所谓案例教学就是在教师的指导下，根据教学目的和要求，组织学生通过对案例的调查、阅读、思考、分析、讨论和交流等活动，交给学生分析问题和解决问题的方式和方法，进而提高他们分析问题和解决问题的能力，加深他们对基本概念和原理的理解。在软件教学中应用软件案例驱动的教学模式，是以教师为主导，以学生为主体，通过对一个或几个软件案例的剖析、讨论和实践，深入理解和掌握案例本身所反映的软件工程相关的基本原理、技术和方法，进而提高分析问题和解决问题的能力，实现软件开发全过程的软件工程实践方法的建立和实践能力的提高。

重庆大学是教育部直属的全国重点大学，是国家211工程和985工程重点建设的大学。重庆大学软件学院成立于2001年，是国家发改委和教育部批准成立的35所国家示范性软件学院之一。几年来，学院积极探索新型办学理念和办学模式，秉承“质量是命脉、创新是动力、求实是关键、团队是保障”的办学宗旨，以培养多层次、实用型、复合型、国际性的软件工程人才为目标，注重办学特色，严格培养质量，在人才培养、队伍建设、学科建设、产学研合作、科学研究等方面取得了长足发展。学院在2004年获得重庆市教学成果一等奖等奖项，2005年获得国家教学成果二等奖，2006年通过教育部国家示范性软件学院验收。

重庆大学软件学院在软件案例驱动教学模式培养软件产业所急需的实践型软件专业人才方面进行了大量有益探索。重庆大学软件学院与深圳市软酷网络科技有限公司合作，在长期的软件工程实践教学过程中积累了丰富的、面向不同领域的教学软件案例，并不断研究和提炼，形成项目实训案例，可供软件工程实践教学使用。深圳市软酷网络科技有限公司多年来致力于软件案例教学，开发实用的案例库教学管理平台，与国内多所软件学院合作开设软件案例教学方面的课程，并面向社会培训不同级别的软件开发人才，为培养实践型的软件工程人才进行了有益的尝试。重庆大学软件学院与深圳市软酷网络科技有限公司在项目实训与案例驱动教学方面进行了多年的合作，取得了较好的成效，也获得了学生的高度认可。特别是在C++项目实践过程中，积累了较多的优秀项目案例。为配合软件案例驱动的教学，合作编写了项目实训案例系列教程。

软件工程实践案例系列教程，为高校的软件工程教学提供了软件案例及教学指导。其目标是促进教学与工程实践相结合，不断沉淀教学成果，完善软件工程教学方法和课程体系。

本系列教程中的案例是由C++应用项目案例中精选出来的，具有典型性和代表性，符合CMMI过程标准和案例编写规范，易于使用和方便学习。可用于高等院校软件工程专业的案例教学或实践教学，支持高校应用型、工程型的人才培养。同时，也可作为软件行业或不同应用领域中的软件项目实训教材，支持软件产业人才的继续教育和培养。

案例的选择是案例教材编写的关键。案例的选取应以激发学生的学习兴趣、提高学生分析解决问题的能力和软件工程实践能力为出发点，根据知识点教学内容的需要，选取典型行业的典型应用的软件案例。案例选择的原则如下：

(1)生动实际

案例教材的案例来源于实际需求，贴近生活实际，生动有趣，可以激发学生的学习兴趣。

(2)领域背景

案例的选择尽量贴近软件行业的不同领域,具有典型性和代表性,这样更能贴近软件工程实践,使案例教学更好地满足实践教学的目标。

(3)难易适中

案例的选择要考虑学生的知识背景,难易适中的案例才会调动学生的学习兴趣,有利于学生进行深入学习,调动学习的主动性和积极性。

(4)覆盖面广

案例要能覆盖多个知识点,以便提高学生综合运用知识的能力,达到整合知识的目的。

案例教材的内容不是单纯的案例介绍,而是以案例教学为核心的整个教学过程的设计。每个案例的内容都按照软件工程过程进行组织,包括:项目立项、项目计划、软件需求、软件设计、软件实现、软件测试等环节。

因篇幅所限,本书仅收录了4个有代表性的优秀C++项目案例,其并不能完全代表各个类别,但基本上满足上述原则,可在后续的教程中增加和更新案例内容。由于作者水平有限,书中难免存在疏漏之处,欢迎广大读者提出宝贵的意见。

编　者

2016年1月

目录

第1章 实训简介

1.1 实训简介

实训教学是训练学生运用理论知识解决实际问题、提升已有技能和实践经验的重要过程，是学校教学工作的重要组成部分，相对于理论教学更具有直观性、综合性和实践性，在强化学生的素质教育和培养创新能力方面有着不可替代的作用。2010年6月，作为中国教育部落实《国家中长期教育改革和发展规划纲要（2010—2020年）》和《国家中长期人才发展规划纲要（2010—2020年）》的重大改革项目的“卓越工程师教育培养计划”正式制订，此计划的目标就是培养造就一大批创新能力强、适应经济社会发展需要的高质量各类型工程技术人才。在此背景下，工程项目实训更显示出其重要性。而对“以市场为导向，以培养具有国际竞争能力的多层次实用型软件人才为目标”的软件工程专业人才培养，实训环节显得尤为重要。

重庆大学软件学院软酷工程实践，由重庆大学软件学院和软酷网络科技有限公司联合实施，在校园里共建工程实践基地，采用国际化软件开发方式和企业化管理模式，由软酷网络公司负责管理项目的研发过程，让学生体验企业软件项目开发的全过程，加强理论知识的综合运用，锻炼学生的实践能力，提升软件工程素养。

软酷工程实践，将软件研发的专业课程结合到项目实践的过程中，以实际软件开发项目和企业规范的软件开发过程为主线，以项目开发和交付为目标，以技术方向和研究兴趣为导向，让学员参与到实际的软件项目开发中来，加深对需求分析、架构设计、编码测试、项目管理等方面的知识运用，巩固软件工程课程群的理论知识并应用于实践，加深学生对理论知识的理解和实践动手能力，提高技术水平和创新能力，并积累一定的实际项目开发和项目管理经验，最终帮助学生达到重庆大学软件学院的人才培养目标。

软酷工程实践，采用以学生实际开发体验为主、企业导师重点讲授并全程指导为辅的CDIO（做中学、学中做）形式，使不同知识结构、不同软件开发动手实践能力、不同职业发展目标的学生，都能够按照自己的基础和职业规划目标，在自己合适的软件工程角色中，获得学习、体验、实践、提高的机会，实现与企业人才需求的无缝对接。

1.2 实训过程

软酷工程实践按照 CMMI 3 建立项目软件过程，以让学员能在规范的项目过程下开展实训，并熟悉项目研发生命周期，如图 1.1 所示。

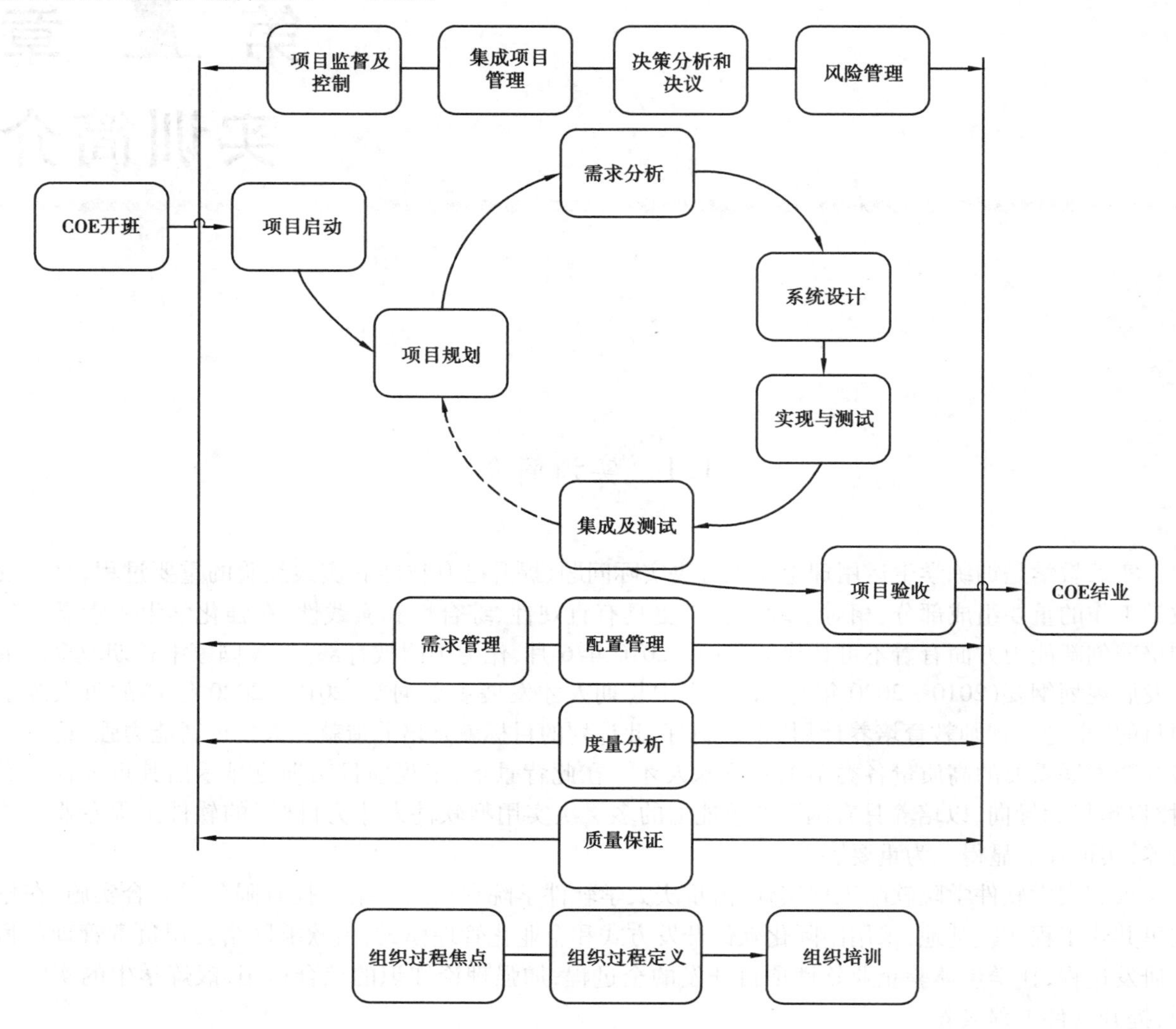

图 1.1 项目软件过程

在项目开发小组中，一般不固定区分需求分析、系统设计、程序编码、测试、配置管理等角色，采用轮流和交叉的方式，让学员都有机会担任这些角色，获得多种角色的开发经验。

①项目经理：负责项目的组织实施，制订项目计划，并进行跟踪管理。

②开发人员：对项目经理及项目负责。

③需求分析员：负责系统的需求获取和分析，并协助设计人员进行系统设计。

④系统设计、架构设计：负责系统设计工作，并指导程序员进行系统的开发工作。

⑤程序员：一般模块的详细设计、编码测试，并交叉进行模块的白盒测试。

⑥数据库管理员：负责数据库的建立和数据库的维护工作。

⑦测试人员：进行项目各阶段的测试工作，包括模块测试（白盒测试）、系统的需求测试、集成测

试、系统测试等工作,对用户需求负责。

⑧配置管理员:负责项目的配置管理。

⑨质量保证人员:由独立的小组进行。

1.2.1 需求分析及原型设计

项目需求分析是一个项目的开端,也是项目建设的基石。在以往建设失败的项目中,80%是由于需求分析的不明确造成的。因此,对用户需求的把握程度,是项目成功的关键因素之一。

需求是指明必须实现什么的规格说明。它描述了系统的行为、特性和属性,是在开发过程中对系统的约束。需求包括业务需求(反映了组织机构或客户对系统、产品高层次的目标要求)、用户需求(描述了用户使用产品必须要完成的任务)、功能需求(定义开发人员必须实现的软件功能,使用户利用系统能够完成他们的任务,从而满足了业务需求)、非功能性需求(描述系统展现给用户的行为和执行的操作等,它包括产品必须遵从的标准、规范和约束,操作界面的具体细节和构造上的限制)。

需求分析阶段可分为获取需求→分析需求→编写需求文档3个步骤。

(1)获取需求

①先了解项目所有用户类型以及潜在的类型。然后根据用户的要求来确定系统的整体目标和系统的工作范围。

②将需求细分为功能需求、非功能需求(如响应时间、平均无故障工作时间、自动恢复时间等)、环境限制、设计约束等类型。

③确认需求获取的结果是否真实地反映了用户的意图。

(2)分析需求

①以图形表示的方式描述系统的整体结构,包括系统的边界与接口。

②通过原型、页面流或其他方式向用户提供可视化的界面,用户可以对需求作出自己的评价。

③系统可行性分析,需求实现的技术可行性、环境分析、费用分析、时间分析等。

④以模型描述系统的功能项、数据实体、外部实体、实体之间的关系、实体之间的状态转换等方面的内容。

(3)编写需求文档

①使用自然语言或形式化语言来描述。

②添加图形的表述方式和模型表征的方式。

③需包括用户的所有需求(功能性需求和非功能性需求)。

在通常情形下,分析需求是与获取需求并行的,主要通过建立模型的方式来描述需求,为客户、用户、开发方等不同参与方提供一个交流的渠道。这些模型是对需求的抽象,以可视化的方式提供一个易于沟通的桥梁。

用于需求建模的方法有很多种,最常用的包括用例图(Use Case)、实体关系图(ERD)和数据流图(DFD)3种方式。在面向对象分析的方法中通常使用Use Case来获取软件的需求。Use Case通过描述“系统”和“活动者”之间的交互来描述系统的行为。通过分解系统目标,Use Case描述活动者为了实现这些目标而执行的所有步骤。Use Case方法最主要的优点在于它是用户导向的,用户可以根据自己所对应的Use Case来不断细化自己的需求。此外,使用Use Case还可以方便地得到系统功能的测试用例。ERD方法用于描述系统实体间的对应关系,需求分析阶段使用ERD描述系统中实体的逻辑关系,在设计阶段则使用ERD描述物理表之间的关系。需求分析阶段使用ERD来描述现实世界中的对象。ERD只关注系统中数据间的关系,而缺乏对系统功能的描述。DFD作为结构化系统分析与设计的主要方法，尤其适用于MIS系统的表述。DFD使用4种基本元素来描述系统的行为，过程、实体、数据流和数据存储。DFD方法直观易懂，使用者可以方便地得到系统的逻辑模型和物理模型，但是从DFD图中无法判断活动的时序关系。

在需求分析阶段通常使用原型分析方法来帮助开发方进一步获取用户需求或让用户确认需求。开发方往往先向用户提供一个可视界面作为原型，并在界面上布置必要的元素以演示用户所需要的功能。可以使用DreamWare等网页制作工具、HTML语言、Axure-RP原型开发工具等快速形成用户界面，生成用户可视的页面流。原型的目的是获取需求。有时也使用原型的方式来验证关键技术或技术难点。对于技术原型，界面则往往被忽略掉。

对于C++项目而言，原型设计的重要性更为突出。甚至可以说，界面(美观+易用性)是C++项目的灵魂。

原型设计，绝不仅仅只是画几个界面，设计思路应遵循用户导向+简易操作原则：

①要形成对人们希望的产品使用方式，以及人们为什么想用这种产品等问题的见解。

②尊重用户知识水平、文化背景和生活习惯。

③通过界面设计，让用户明白功能操作，并将作品本身的信息更加顺畅地传递给使用者。

④通过界面给用户一种情感传递，使用户在接触作品时产生情感共鸣。

⑤展望未来，要看到产品可能的样子，它们并不必然就像当前这样。

在需求分析和原型设计阶段，离不开各种各样功能强大的工具。常用需求分析和原型设计工具包括：Axure RP Pro、StarUML、Visio、FreeMind思维导图软件。

①Axure RP Pro。Axure RP能帮助网站需求设计者快捷而简便地创建基于目录组织的原型文档、功能说明、交互界面以及带注释的wireframe网页，并可自动生成用于演示的网页文件和Word文档，以提供演示与开发。

Axure RP的特点是：快速创建带注释的wireframe文件，并可根据所设置的时间周期，软件自动保存文档，确保文件安全。在不写任何一条html与JavaScript语句的情况下，通过创建的文档以及相关条件和注释，一键生成html prototype演示。根据设计稿一键生成一致而专业的Word版本的原型设计文档。

②StarUML。StarUML可绘制9款UML图：用例图、类图、序列图、状态图、活动图、通信图、模块图、部署图以及复合结构图等。

完全免费：StarUML是一套开放源码的软件，不仅提供免费自由下载，连代码都免费开放。

多种格式影像文件：可导出JPG、JPEG、BMP、EMF和WMF等格式的影像文件。

语法检验：StarUML遵守UML的语法规则，不支持违反语法的动作。

正反向工程：StarUML可以依据类图的内容生成Java、C++、C#代码，也能够读取Java、C++、C#代码反向生成类图。

③Visio。Microsoft Visio可以建立流程图、组织图、时间表、营销图和其他更多图表，将特定的图表加入文件，让商业沟通变得更加清晰，令演示更加有趣。

④FreeMind思维导图软件。FreeMind是一款实用的开源思维导图/心智(MindMap)软件，其可用来作为管理项目(包括子任务的管理，子任务的状态，时间记录，资源链接管理)，笔记或知识库，文章写作或者头脑风暴，结构化地存储小型数据库，绘制思维导图，整理软件流程思路。

在需求分析阶段，有下述几点注意事项：

➢需求分析阶段关注的目标是“做什么”，而不是“怎么做”。

➢识别隐含需求(有可能是实现显式需求的前提条件)。

➢需求符合系统的整体目标。

➢保证需求项之间的一致性,解决需求项之间可能存在的冲突。

1.2.2 需求及原型评审

需求文档完成后,需要经过正式评审,以便作为下一阶段工作的基础。评审的目的是在缺陷遗漏到开发的下一阶段之前将其探查和标识出来,这样有助于在问题扩大化、变得复杂难以处理之前将其纠正。需求评审通过对需求规格说明书进行技术评审来减少缺陷和提高质量。需求评审可以通过以下两种方式进行:用户评审和同行评审。用户和开发方对于软件项目内容的描述,是以需求规格说明书作为基础的;用户验收的标准则是依据需求规格说明书中的内容来制订,所以评审需求文档时用户的意见是第一位的。而同行评审的目的,是在软件项目初期发现那些潜在的缺陷或错误,避免这些错误和缺陷遗漏到项目的后续阶段。

评审(不仅限于需求评审,也包括设计和其他类型的评审)的基本目的是:

①在开发的较早阶段将缺陷探查出来。

②验证工作产品符合预先设定的准则。

③提供产品和评审过程的相关数据,包括对评审中能发现的缺陷数的预测能力。

评审(不仅限于需求评审,也包括设计和其他类型的评审)须遵循以下的基本原则:

①评审是一个结构化的正式过程,由系统化的一系列检查单来帮助工作,并且参与者分别有不同的角色。

②评审人员事先要经过准备工作,并在小组评审进行之前要明确他们自己工作的重点,以及个人已经发现的问题。

③评审的工作重点是发现问题,而不是解决问题。

技术人员进行小组评审,项目负责人通常不参与软件工作产品的小组评审,但对评审结果要了解。但是对于项目管理文档,有经验的项目负责人要参与小组评审。

小组评审数据要记录下来,以供监控小组评审过程是否有效。

需求评审的重点包括:

以下基本问题是否得到解决?

➢功能:本软件有什么用途?

➢外部接口:此软件如何与人员、系统硬件、其他硬件及其他软件进行交互?

➢性能:不同软件功能都有什么样的速度、可用性、响应时间、恢复时间等?

➢属性:在正确性、可维护性、安全性等方面都有哪些事项要考虑?

➢是否指定了在需求规格说明书范围之外的任何需求?

➢不应说明任何设计或实施细节。

➢不应该对软件附加更多约束。

➢需求规格说明书是否合理地限制了有效设计的范围而不指定任何特定的设计?

➢需求规格说明书是否显示以下特征?

(1)正确性

需求规格说明书规定的所有需求是否都是软件应该满足的?

(2)明确性

①每个需求是否都有且只有一种解释?

②是否已使用客户的语言?

③是否已使用图来补充自然语言说明?

(3)完全性

①需求规格说明书是否包括所有的重要需求(无论其与功能、性能设计约束、属性有关还是与外部接口有关)?

②是否已确定并指出所有可能情况输入值的预期范围?

③响应是否已同时包括在有效输入值和无效输入值中?

④所有的图、表和图表是否都包括所有评测术语和评测单元的完整标注、引用和定义?

⑤是否已解决或处理所有的未确定因素?

(4)一致性

①此需求规格说明书是否与前景文档、用例模型和补充规约相一致?

②它是否与更高层的规约相一致?

③它是否保持内部一致,其中说明的个别需求的任何部分都不发生冲突?

(5)排列需求的能力

①每个需求是否都已通过标识符来标注,以表明该特定需求的重要性或稳定性?

②是否已标识出正确确定优先级的其他重要属性?

(6)可核实性

①在需求规格说明书中说明的所有需求是否可被核实?

②是否存在一定数量可节省成本的流程可供人员或机器用来检查软件产品是否满足需求?

(7)可修改性

①需求规格说明书的结构和样式是否允许在保留结构和样式不变的情况下方便地对需求进行全面而统一的更改?

②是否确定和最大限度地减少了冗余,并对其进行交叉引用?

(8)可追踪性

①每个需求是否都有明确的标识符?

②每个需求的来源是否确定?

③是否通过显式引用早期的工件来维护向后可追踪性?

④需求规格说明书产生的工件是否具有相当大的向前可追踪性?

1.2.3 概要设计及数据库详细设计

系统设计是在软件需求与编码之间架起一座桥梁,重点解决系统结构和需求向实现平坦过渡的问题。系统设计的主要任务是把需求分析得到的DFD转换为软件结构和数据结构,其包括:计算机配置设计、系统模块结构设计、数据库和文件设计、代码设计以及系统可靠性与内部控制设计等内容。设计软件结构的具体任务是:将一个复杂系统按功能进行模块划分、建立模块的层次结构及调用关系、确定模块间的接口及人机界面等。数据结构设计包括数据特征的描述、确定数据的结构特性以及数据库的设计。

一个完整的系统设计应包含下述内容:

①任务:目标、环境、需求、局限。

②总体设计:处理流程、总体结构与模块、功能与模块的关系。

③接口设计:总体说明外部用户,软、硬件接口;内部模块间接口。

④数据结构:逻辑结构、物理结构,与程序结构的关系。

⑤模块设计：每个模块“做什么”、简要说明“怎么做”（输入、输出、处理逻辑、与其他模块的接口，与其他系统或硬件的接口），处在什么逻辑位置、物理位置。

⑥运行设计：运行模块组合、控制、时间。

⑦出错设计：出错信息、出错处理。

⑧其他设计：安全性设计、可维护性设计、可扩展性设计。

详细阅读需求规格说明书，理解系统建设目标、业务现状、现有系统、客户需求的各功能说明是进行系统设计的前提。常规上，系统设计方法可分为：结构化软件设计方法和面向对象软件设计方法。在此，我们重点介绍面向对象软件设计方法（OO 设计方法）。

第一步是抽取建立领域的概念模型，在 UML 中表现为建立对象类图、活动图和交互图。对象类就是从对象中经过“察同”找出某组对象之间的共同特征而形成类：

①对象与类的属性：数据结构。

②对象与类的服务操作：操作的实现算法。

③对象与类的各外部联系的实现结构。

④设计策略：充分利用现有的类。

⑤方法：继承、复用、演化。

活动图用于定义工作流，主要说明工作流的 5W（Do What、Who Do、When Do、Where Do、Why Do）等问题，交互图把人员和业务联系在一起是为了理解交互过程，发现业务工作流中相互交互的各种角色。

第二步是构建完善系统结构：对系统进行分解，将大系统分解为若干子系统，子系统分解为若干软件组件，并说明子系统之间的静态和动态接口，每个子系统可以由用例模型、分析模型、设计模型、测试模型表示。软件系统结构的两种方式为层次、块状。

①层次结构：系统、子系统、模块、组件（同一层之间具有独立性）。

②块状结构：相互之间弱耦合。

系统的组成部分：问题论域（业务相关类和对象）、人机界面（窗口、菜单、按钮、命令等）、数据管理（数据管理方法、逻辑物理结构、操作对象类）、任务管理（任务协调和管理进程）。

第三步是利用“4 + 1”视图描述系统架构：用例视图及剧本；说明体系结构的设计视图；以模块形式组成包和层包含概要实现模型的实现视图；说明进程与线程及其架构、分配和相互交互关系的过程视图；说明系统在操作平台上的物理节点和其上的任务分配的配置视图。在 RUP 中还有可选的数据视图。

第四步是性能优化（速度、资源、内存）、模型清晰化、简单化。

数据库设计是系统设计中的重要环节，对于信息系统而言，数据库设计的好坏直接决定了系统的好坏。数据库设计又称数据库建模，指对于一个给定的应用环境，构造最优的数据库模式，建立数据库及其应用系统，使之能够有效地存储数据，满足各种用户的应用需求（信息要求和处理要求）；它主要包括两部分内容：确定最基本的数据结构以及对约束建模。

（1）建立概念模型

根据应用的需求，画出能反映每个应用需求的 E-R 图，其中包括确定实体、属性和联系的类型。然后优化初始的 E-R 图，消除冗余和可能存在的矛盾。概念模型是对用户需求的客观反映，并不涉及具体的计算机软、硬件环境。因此，在这一阶段中设计者必须将注意力集中在怎样表达出用户对信息的需求，而不考虑具体实现问题。

(2)建立数据模型

将E-R图转换成关系数据模型,实际上就是要将实体、实体的属性和实体之间的联系转换为关系模式。

(3)实施与维护数据库

完成数据模型的建立后,对字段进行命名,确定字段的类型和宽度,并利用数据库管理系统或数据库语言创建数据库结构、输入数据和运行等。

数据库设计应遵循如下原则:

➢标准化和规范化(如遵循3NF)。

➢数据驱动(采用数据驱动而非硬编码的方式)。

➢考虑各种变化(考虑哪些数据字段将来可能会发生变更)。

设计阶段常用工具如下所述。

①Rational Rose。Rational Rose太过庞大,其优势可能在于强大的功能,包括代码生成,它能够直观地表现出需求分析和功能设计阶段的思路。

②EA(Enterprise Architect)。小巧、界面美观、操作方便是EA的优点,在功能上其包含了大部分设计上能够用的功能,是一款很不错的设计软件。缺点是代码生成功能,有了设计图之后,再按照设计图重构代码的确是一件挺头痛的事情。

③PowerDesigner。不可否认PowerDesigner是一款数据库设计必不可少的功能齐全的设计软件。PowerDesigner是Sybase公司的CASE工具集,使用它可以方便地对管理信息系统进行分析设计,其几乎包括了数据库模型设计的全过程。利用PowerDesigner可以制作数据流程图、概念数据模型、物理数据模型,可以生成多种客户端开发工具的应用程序,还可为数据仓库制作结构模型,也能对团队设备模型进行控制。

1.2.4 设计评审

设计文档完成后,需要经过正式评审,以便作为下一阶段工作的基础。评审的目的是在缺陷泄漏到开发的下一阶段之前将其探查和标识出来,这有助于在问题扩大化、变得复杂难以处理之前将其纠正。设计评审通过对系统设计说明书进行技术评审以减少缺陷和提高质量。设计评审通常采用同行评审,目的是在软件项目初期发现那些潜在的缺陷或错误,避免这些错误和缺陷遗漏到项目的后续阶段。

系统设计评审的重点包括:

➢系统设计是否正确描述了预期的系统行为和特征。

➢系统设计是否完全反映了需求。

➢系统设计是否完整。

➢系统设计是否为继续进行构造和测试提供了足够的基础。

数据库设计评审重点包括:

➢满足需求。

➢整体结构。

➢命名规范。

➢存储过程。

➢注释。

➢性能。

➢可移植性。

➢安全性。

1.2.5 编码

根据开发语言、开发模型、开发框架的不同，编码规范细则不尽相同，甚至不同软件公司也有着各自不同等级、不同层次要求的编码规范；但是在各式各样的编码规范之间，存在差异的通常是执行细节，在总体标准上仍然是统一的。

执行编码规范的目的是提升代码的可读性和可维护性，减少出错概率。

标准意义上的编码规范应包含下述几个方面：

➢排版。

➢注释。

➢标识符命名。

➢变量与结构。

➢函数与过程。

➢程序效率。

➢质量保证。

➢代码编辑、编译、审查。

1.2.6 测试

软件测试是在将软件交付给客户之前所必须完成的重要步骤，是目前用来验证软件是否能够完成所期望的功能的唯一有效的方法。软件测试的目的是验证软件是否满足软件开发合同或项目开发计划、系统/子系统设计文档、SRS、软件设计说明和软件产品说明等规定的软件质量要求。软件测试是一种以受控的方式执行被测试的软件，以验证或者证明被测试的软件的行为或者功能符合设计该软件的目的或者说明规范。所谓受控的方式，应该包括正常条件和非正常条件，即故意去促使错误的发生，也就是事情在不该出现的时候出现或者在应该出现的时候没有出现。

测试工作的起点，是从需求阶段开始的。在需求阶段，就需要明确测试范围、测试内容、测试策略和测试通过准则，并根据项目周期和项目计划制订测试计划。测试计划完成后，根据测试策略和测试内容，进行测试用例的设计，以便系统实现后进行全面测试。

测试用例设计的原则有基于测试需求的原则、基于测试方法的原则、兼顾测试充分性和效率的原则、测试执行的可再现性原则；每个测试用例应包括名称和标识、测试追踪、用例说明、测试的初始化要求、测试的输入、期望的测试结果、评价测试结果的准则、操作过程、前提和约束、测试终止条件。

在开发人员将所开发的程序提交测试人员后，由测试人员组织测试，项目内部测试一般可分为3个阶段：

(1)单元测试

单元测试集中在检查软件设计的最小单位——模块上，通过测试发现实现该模块的实际功能与定义该模块的功能说明不符合的情况，以及编码的错误。由于模块规模小、功能单一、逻辑简单，测试人员有可能通过模块说明书和源程序，清楚地了解该模块的I/O条件和模块的逻辑结构，采用结构测试(白盒法)的用例，尽可能达到彻底测试，然后辅之以功能测试(黑盒法)的用例，使之对任何合理和不合理的输入都能鉴别和响应。高可靠性的模块是组成可靠系统的坚实基础。

(2)**集成测试**

集成测试是将模块按照设计要求组装起来同时进行测试,主要目标是发现与接口有关的问题。如数据穿过接口时可能丢失;一个模块与另一个模块可能由于疏忽的问题而造成有害影响;把子功能组合起来可能不产生预期的主功能;个别看起来是可以接受的误差可能积累到不能接受的程度;全程数据结构可能有错误等。

(3)**系统测试**

系统测试的目标是验证软件的功能和性能是否与需求规格说明书一致。

在测试整体完成后,测试负责人对项目的测试活动进行总结,编写测试报告,回顾项目过程中的测试活动,统计测试汇总数据,分析项目质量指标,评定项目质量等级。

经过上述的测试过程对软件进行测试后,软件基本满足开发的要求,测试宣告结束,经验收后,完成项目交付。

随着项目规模的日益增大,借助测试工具,实现软件测试自动化和测试管理流程化是进入软件工程阶段后,测试技术发展的必由之路。常见的测试工具包含下述几种。

企业级自动化测试工具 WinRunner:WinRunner 是一种企业级的功能测试工具,用于检测应用程序是否能够达到预期的功能及正常运行。通过自动录制、检测和回放用户的应用操作,WinRunner 能够有效地帮助测试人员对复杂的企业级应用的不同发布版进行测试,提高测试人员的工作效率和质量,确保跨平台的、复杂的企业级应用无故障发布及长期稳定运行。

工业标准级负载测试工具 LoadRunner:LoadRunner 是一种预测系统行为和性能的负载测试工具。通过模拟上千万用户实施并发负载及实时性能监测的方式来确认和查找问题,LoadRunner 能够对整个项目架构进行测试。通过使用 LoadRunner ,能最大限度地缩短测试时间,优化性能和加速应用系统的发布周期。

测试管理系统 TestDirector:TestDirector 是业界第一个基于 Web 的测试管理系统。通过在一个整体的应用系统中集成了测试管理的各个部分,包括需求管理、测试计划、测试执行以及错误跟踪等功能,TestDirector 极大地加速了测试过程。

功能测试工具 Rational Robot:IBM Rational Robot 是业界顶尖的功能测试工具。它集成在测试人员的桌面 IBM Rational TestManager 上,在这里测试人员可以计划、组织、执行、管理和报告所有测试活动,包括手动测试报告。这种测试和管理的双重功能是自动化测试的理想开始。

单元测试工具 xUnit 系列:目前最流行的单元测试工具是 xUnit 系列框架,常用的根据语言不同将其分为 JUnit(java),CppUnit(C++),DUnit (Delphi),NUnit(.net),PhpUnit(Php)等。

1.2.7 评审交付

项目顺利通过验收是项目完成交付的标志。项目验收应根据软件开发方在整个软件开发过程中的表现,并根据《需求规格说明书》制订验收标准,提交验收委员会。由验收委员会、软件监督、软件开发方参加的项目验收会,软件开发方以项目汇报、现场应用演示等方式汇报项目完成情况,验收委员会根据验收标准对项目进行评审,形成最终验收意见。

1.2.8 实训总结与汇报

软酷工程实践以 CMMI 项目研发流程为基础,采用项目驱动的方式,通过典型项目案例的开发,有机贯穿软件工程课程群的有关内容,最终按照流程规范完成项目交付,获得实际项目研发的锻炼,同时培养技术研究、创新的能力。提高学员对软件工程相关行业的实质性理解,真实地让学生面对并处理各自项目开发过程中潜在的风险，让每位学员从整体上提高软件工程的综合素质，增强就业竞争力。

在软酷工程实践过程中，学员参与开发并完成一个真实项目，接触项目开发、测试、分析、设计和管理工具，感受CMMI软件开发流程和规范，对学生的编码能力、创新能力、团队协作能力、界面设计能力、学习和问题解决能力进行全方位的培养和锻炼。学生通过汗水体验自己的创新创造之美，最终达到了解软件开发流程、应用一门编程语言、接触一种编程框架，提升软件开发的整体素质，将学生培养成工程型、复合型软件人才，增强就业竞争力的实训目标。

第2章
C++基础

2.1 安装C++开发环境

在开始之前,首先需要准备以下操作系统以及安装软件,如表2.1所示。

表2.1 安装环境

操作系统	Microsoft Windows XP/Windows 7及以上的版本
C++安装软件	VS2010
IDE集成平台	Visual Studio
SDK	.Net Framework 4.0及以上

2.1.1 安装C++开发环境

①首先需要到Microsoft的官网上去下载C++的开发工具包,即VS2010的安装程序。下载地址:http://www.itellyou.cn/。在浏览器中输入上述地址后进入itellyou资源界面,然后搜索VS2010Premium版本,勾选后会出现这个版本的下载链接,复制这个链接到专用下载器就可以下载VS2010版开发工具,如图2.1所示。

②下载完成之后,解压ISO文件(也可以光盘打开)之后进入安装文件,然后选择setup.exe运用程序,如图2.2所示。

③然后就会出现安装程序向导,选择上面的"安装Microsoft Visual Studio 2010"进行安装,如图2.3所示。

④再等待安装程序加载安装组件,完成后单击"下一步",如图2.4所示。

⑤然后需要单击已阅读并接受的许可条款,单击下一步,如图2.5所示。

⑥接下来需要选择"完全"还是"自定义"安装(注:完全安装包括C++、C#、F#、Web等开发语言,自

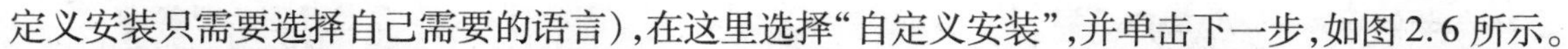

定义安装只需要选择自己需要的语言），在这里选择“自定义安装”，并单击下一步，如图2.6所示。

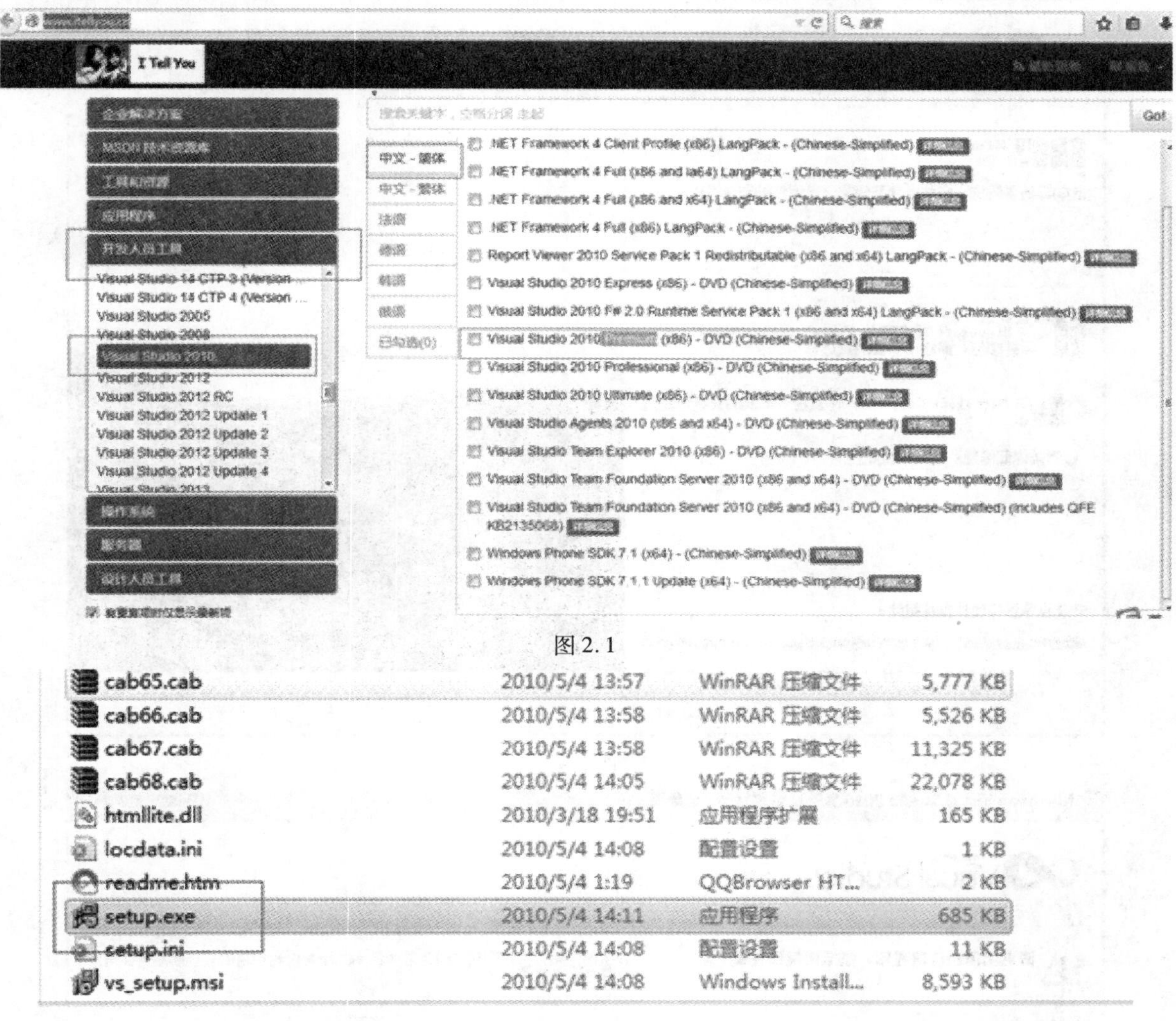

图2.1

图2.2

图2.3

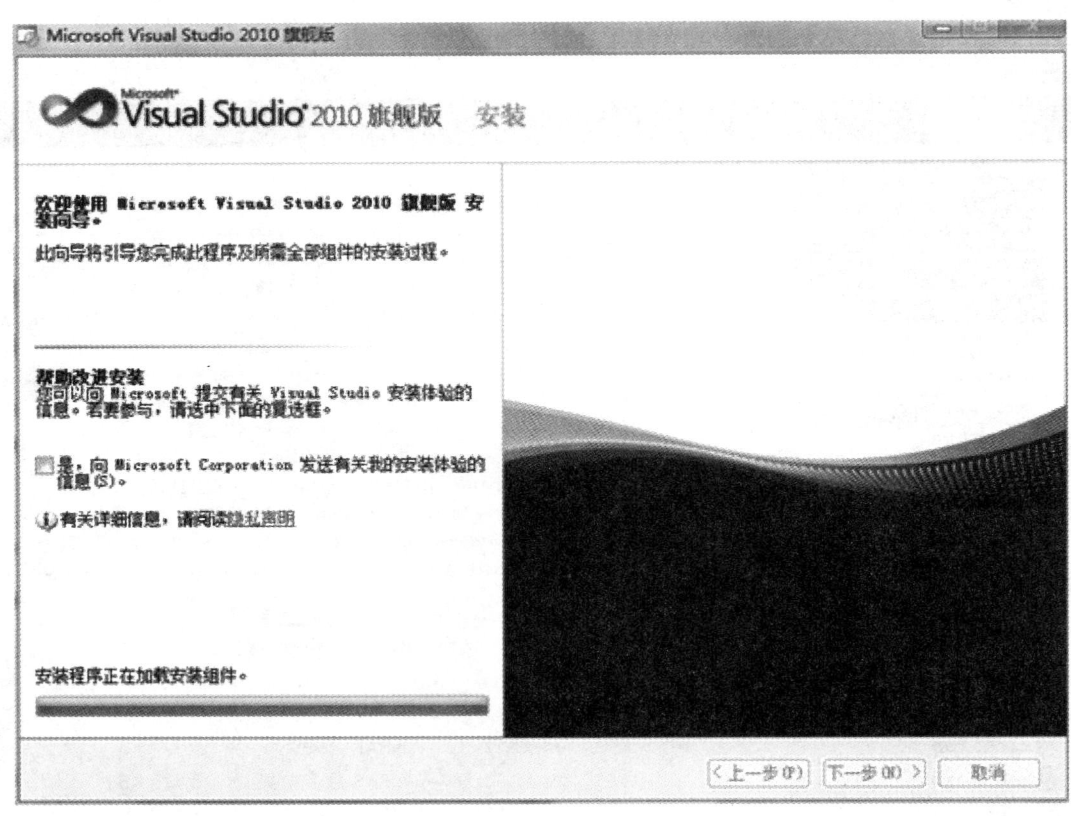
Microsoft Visual Studio 2010 旗舰版
Microsoft Visual Studio 2010 旗舰版 安装
欢迎使用 Microsoft Visual Studio 2010 旗舰版 安装向导。
此向导将引导您完成此程序及所需全部组件的安装过程。
帮助改进安装
您可以向 Microsoft 提交有关 Visual Studio 安装体验的信息。若要参与，请选中下面的复选框。
是，向 Microsoft Corporation 发送有关我的安装体验的信息(S)。
有关详细信息，请阅读隐私声明
安装程序正在加载安装组件。
＜上一步(P)
下一步(N)＞
取消

图 2.4

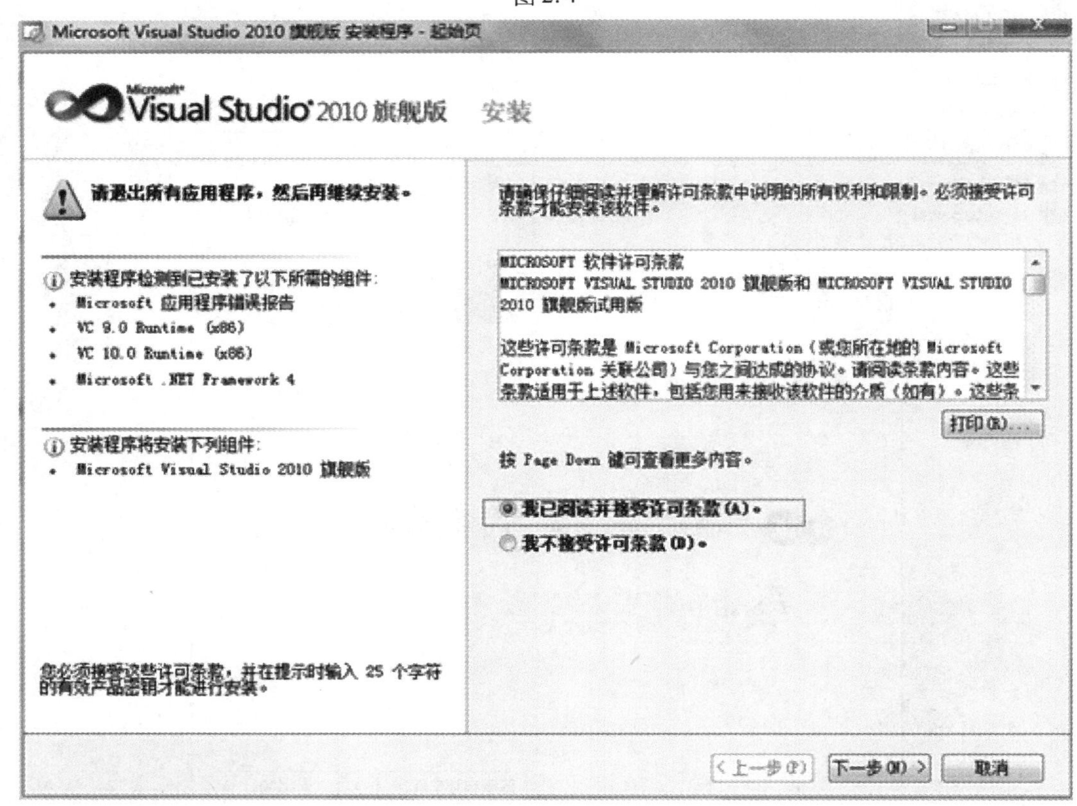
Microsoft Visual Studio 2010 旗舰版 安装程序 - 起始页
Microsoft Visual Studio 2010 旗舰版 安装
请退出所有应用程序，然后再继续安装。
安装程序检测到已安装了以下所需的组件：
Microsoft 应用程序错误报告
VC 9.0 Runtime (x86)
VC 10.0 Runtime (x86)
Microsoft .NET Framework 4
安装程序将安装下列组件：
Microsoft Visual Studio 2010 旗舰版
您必须接受这些许可条款，并在提示时输入 25 个字符的有效产品密钥才能进行安装。
请确保仔细阅读并理解许可条款中说明的所有权利和限制。必须接受许可条款才能安装该软件。
MICROSOFT 软件许可条款
MICROSOFT VISUAL STUDIO 2010 旗舰版和 MICROSOFT VISUAL STUDIO 2010 旗舰版试用版
这些许可条款是 Microsoft Corporation（或您所在地的 Microsoft Corporation 关联公司）与您之间达成的协议。请阅读条款内容。这些条款适用于上述软件，包括您用来接收该软件的介质（如有）。这些条
打印(R)...
按 Page Down 键可查看更多内容。
我已阅读并接受许可条款(A)。
我不接受许可条款(D)。
＜上一步(P)
下一步(N)＞
取消

图 2.5

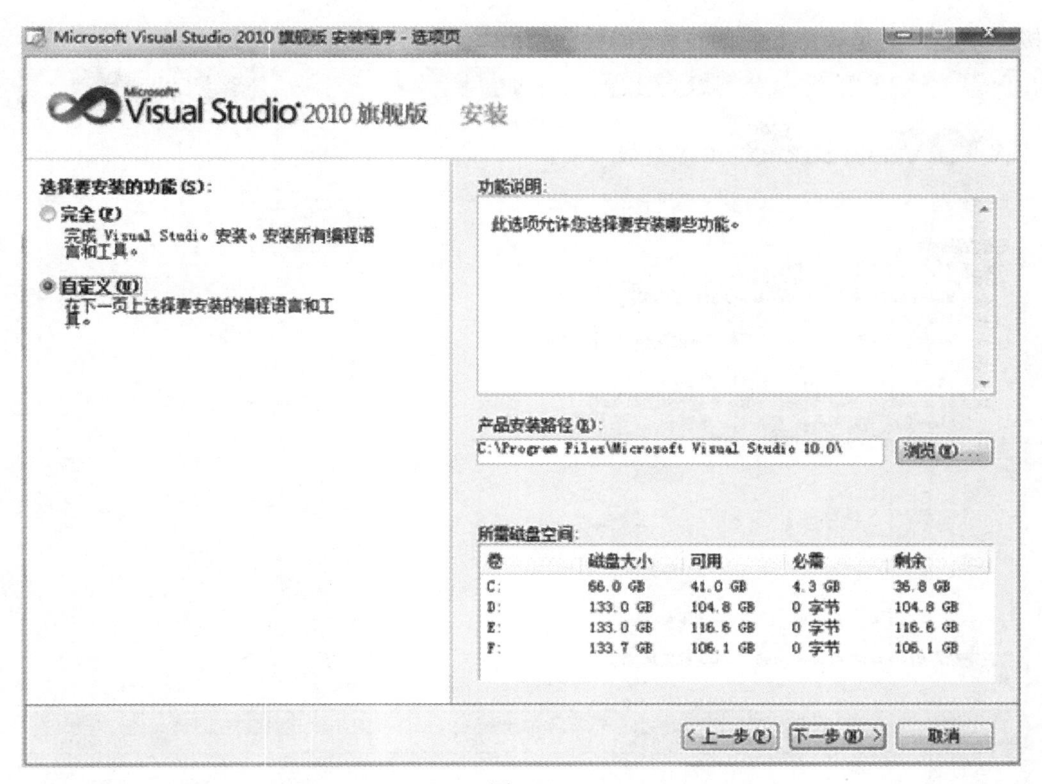

图2.6

⑦然后选择自己需要的开发语言、相关库及开发人员工具,此处选择的是C++语言,安装路径默认为C盘,单击"安装",如图2.7所示。

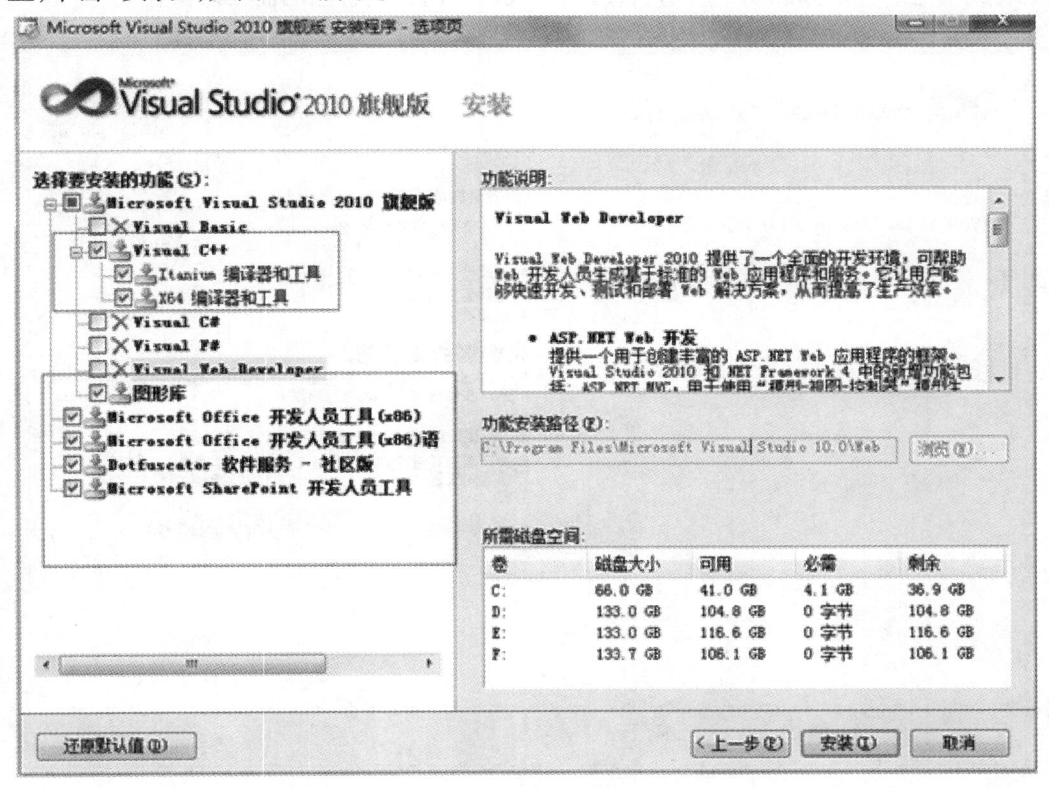

图2.7

⑧接下来显示的是等待安装的过程(需要耗费一些时间),如图2.8所示。

图2.8

⑨安装成功之后显示如图2.9所示,右边的一些选项需根据自己的需要来操作。

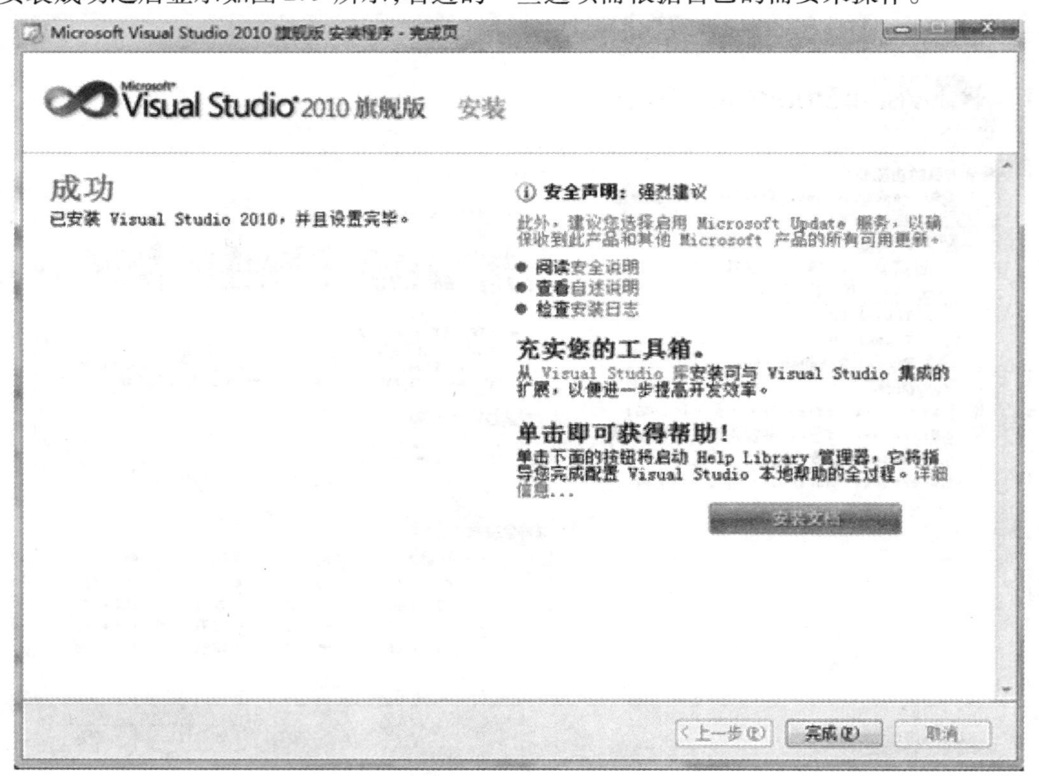

图2.9

⑩安装成功之后打开软件，如图2.10所示。

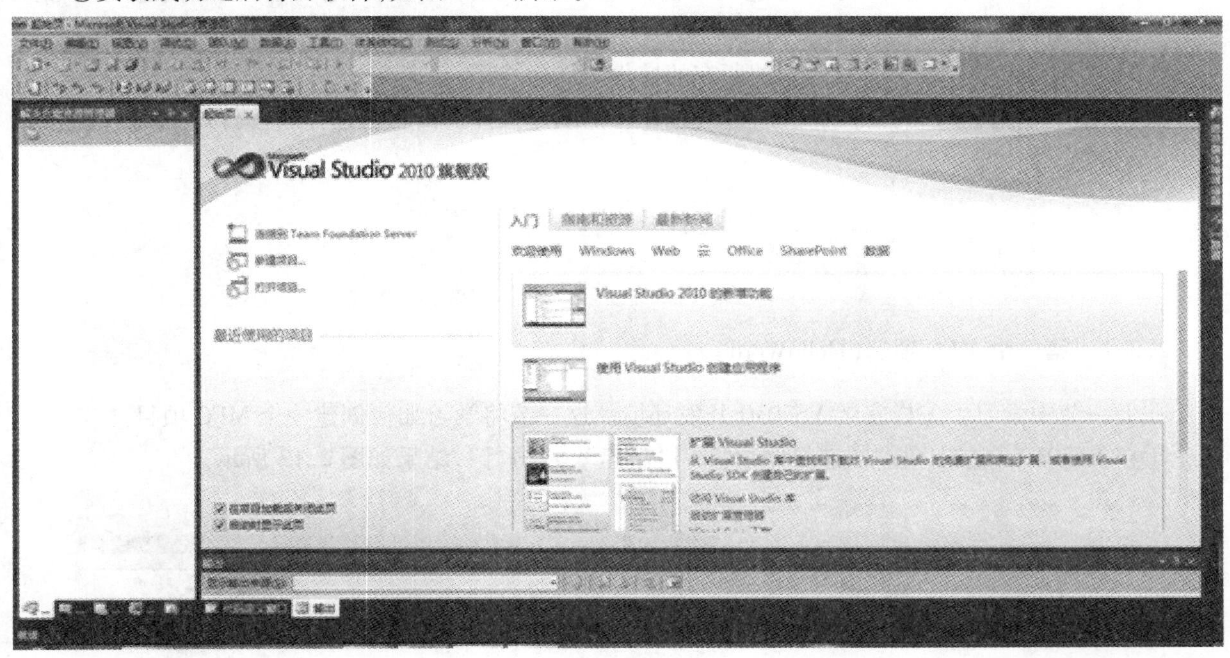

图2.10

2.1.2　开发界面介绍

开发界面如图2.11所示。

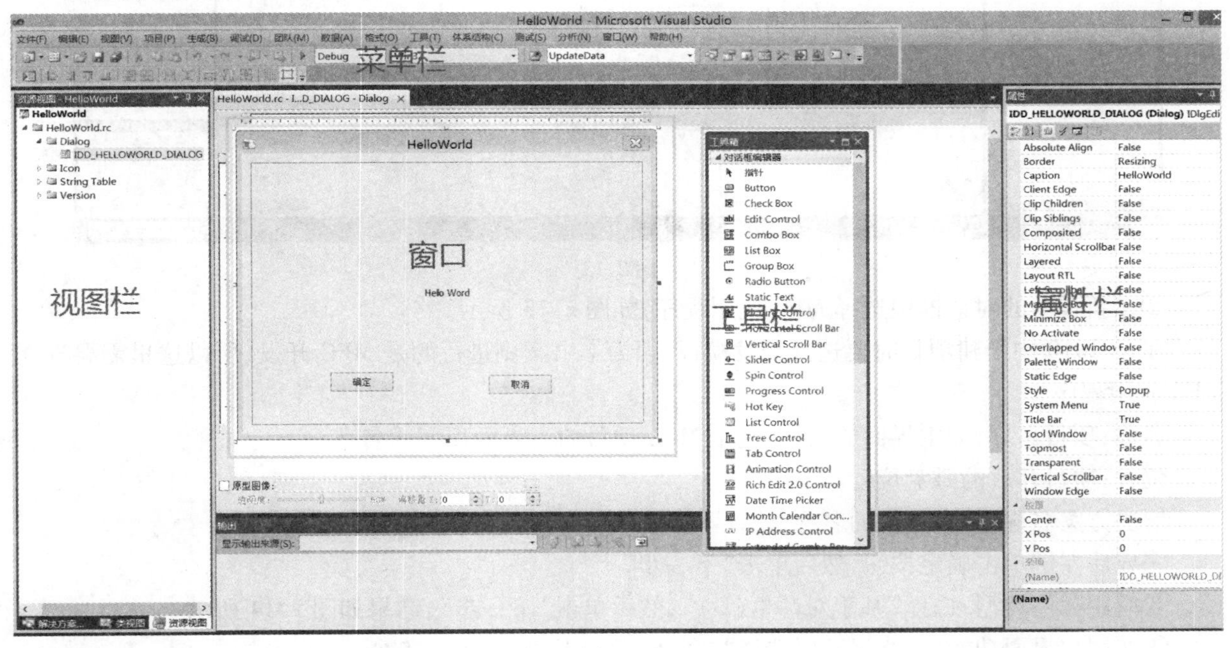

图2.11

菜单栏：主要是做项目时要用到的所有功能。

视图栏：这里面是项目的详细信息，常用的有解决方案（显示所有的头文件和资源文件）、类视图（显示项目中的所有类、类成员和类方法）和资源视图（显示项目中的所有窗体和图片），所有的视图在菜单栏的视图中都可以打开。

窗口:项目中所有的窗体,可以在这里对窗体进行添加控件,添加绑定变量,添加消息响应等操作,编程人员可以在资源视图中打开窗体。

工具栏:在 MGC 程序中所要用到的所有的控件。

属性栏:显示窗体或是控件的属性,可通过在窗体或是控件上面右击选择属性打开。

2.2 MFC 的项目结构

2.2.1 第一个 MFC 项目(HelloWord)

在上一节中学习了怎样安装 VS2010 开发环境。这一节将学习如何创建一个 MFC 项目。

①在 VS2010 的左上角左键选择“文件”→“新建”→“项目”,结果如图 2.12 所示。

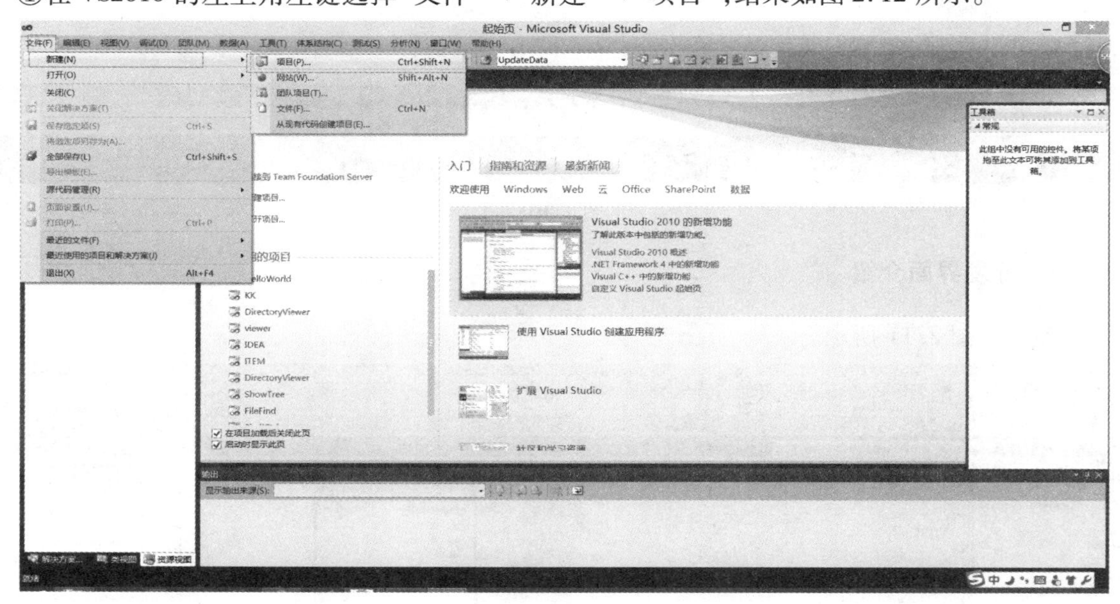

图 2.12

②在新弹出的对话框中选择 MFC 应用程序,如图 2.13 所示。

在 VS2010 中新建项目时要选择开发模板,因为本书案例进行的是 MFC 开发,所以这里需要选择 MFC 应用程序。

名称:项目名称,即主界面的名称,也是 MFC 项目的主界面顶部的名字。

位置:项目存放的磁盘位置。

解决方案名称:解决方案的名称,建议不要修改。

完成后左键单击确定按钮,然后单击“下一步”。

③应用程序类型:选择“基于对话框(D)”,然后单击“下一步”,结果如图 2.14 所示。

④在用户界面功能中,建议不要选择“‘关于’框”,结果如图 2.15 所示。

⑤在应用向导中,如果进行 CSocket 开发,就选择勾选“Windows 套接字”,之后单击完成,结果如图 2.16 所示。

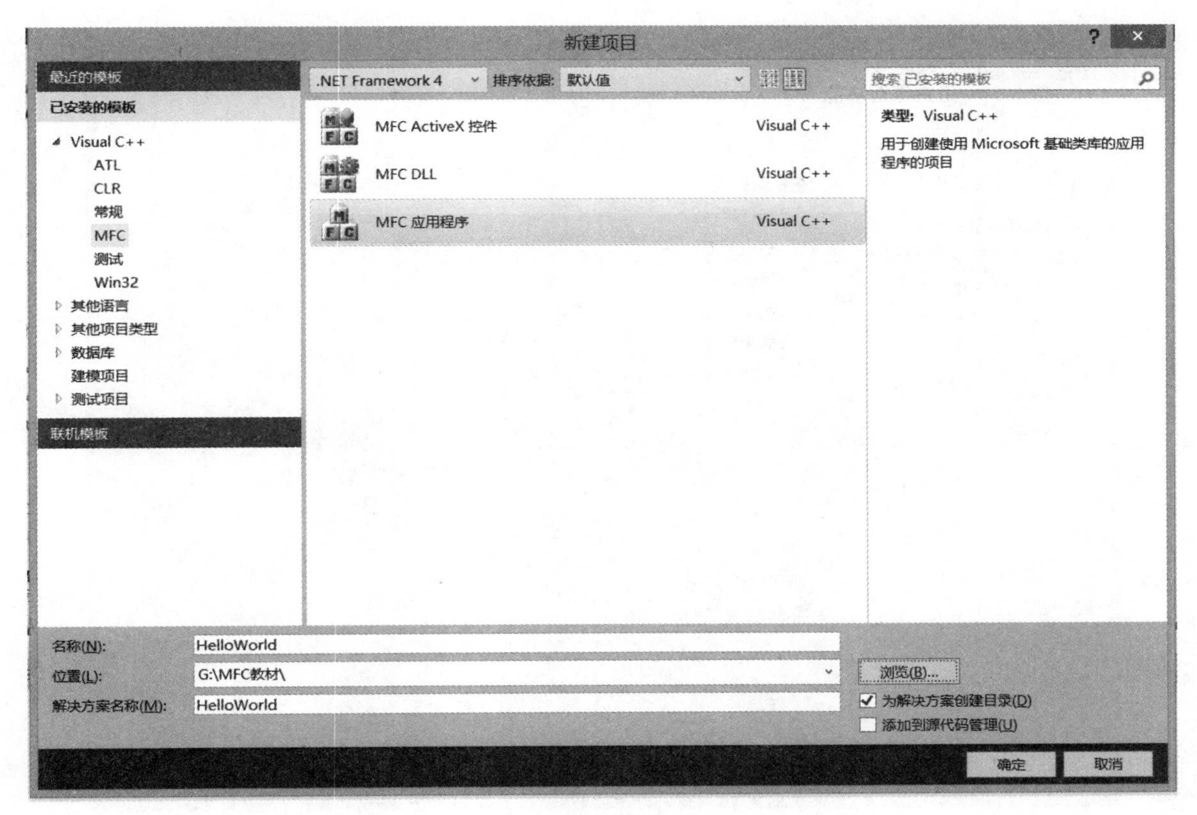
新建项目
最近的模板
已安装的模板
Visual C++
ATL
CLR
常规
MFC
测试
Win32
其他语言
其他项目类型
数据库
建模项目
测试项目
联机模板
.NET Framework 4
排序依据: 默认值
搜索 已安装的模板
MFC ActiveX 控件
MFC DLL
MFC 应用程序
Visual C++
类型: Visual C++
用于创建使用 Microsoft 基础类库的应用程序的项目
名称(N): HelloWorld
位置(L): G:\MFC教材\
解决方案名称(M): HelloWorld
浏览(B)...
为解决方案创建目录(D)
添加到源代码管理(U)
确定
取消

图 2.13

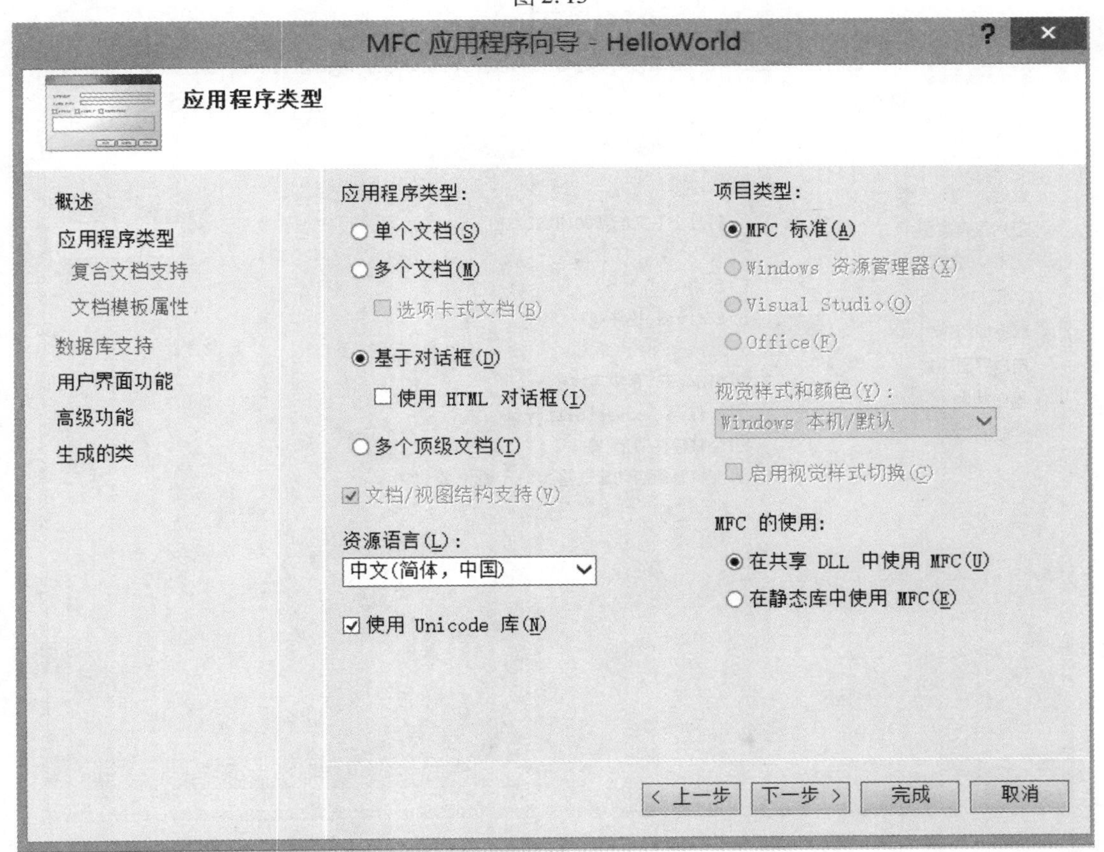
MFC 应用程序向导 - HelloWorld
应用程序类型
概述
应用程序类型
复合文档支持
文档模板属性
数据库支持
用户界面功能
高级功能
生成的类
应用程序类型:
单个文档(S)
多个文档(M)
选项卡式文档(B)
基于对话框(D)
使用 HTML 对话框(I)
多个顶级文档(T)
文档/视图结构支持(V)
资源语言(L):
中文(简体，中国)
使用 Unicode 库(N)
项目类型:
MFC 标准(A)
Windows 资源管理器(X)
Visual Studio(O)
Office(F)
视觉样式和颜色(Y):
Windows 本机/默认
启用视觉样式切换(C)
MFC 的使用:
在共享 DLL 中使用 MFC(U)
在静态库中使用 MFC(E)
< 上一步
下一步 >
完成
取消

图 2.14

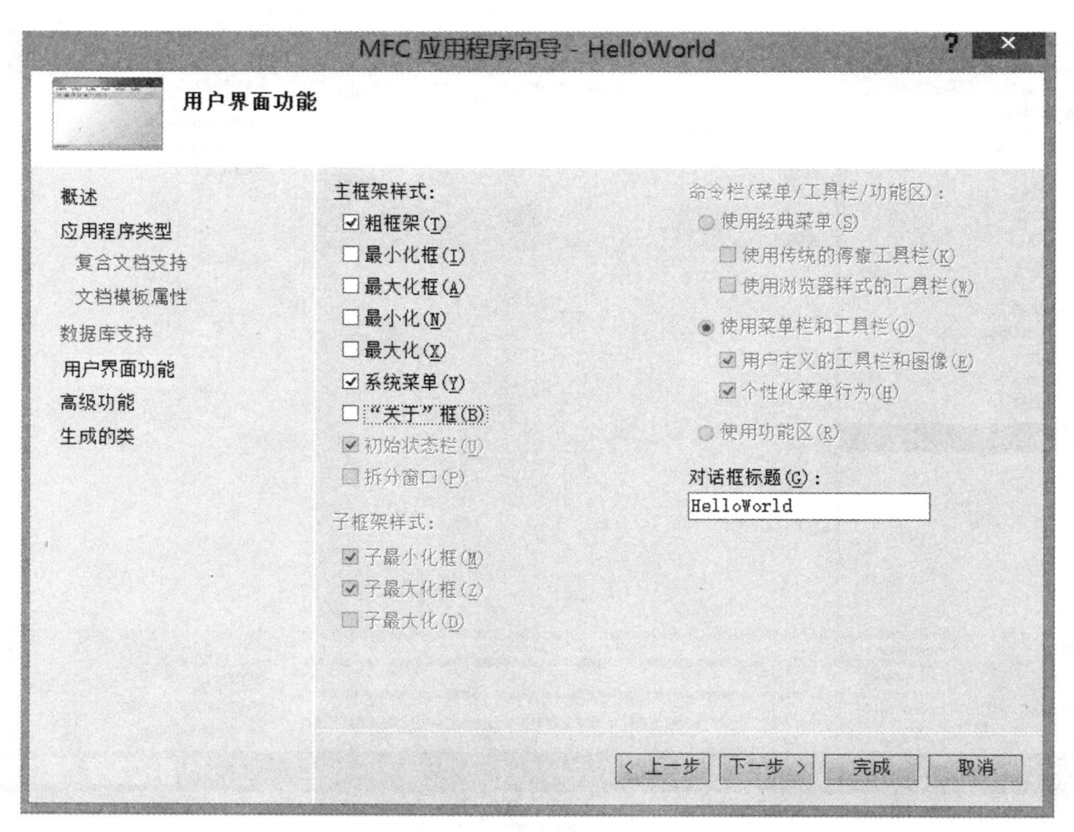
MFC 应用程序向导 - HelloWorld
用户界面功能
概述
应用程序类型
复合文档支持
文档模板属性
数据库支持
用户界面功能
高级功能
生成的类
主框架样式:
粗框架(T)
最小化框(I)
最大化框(A)
最小化(N)
最大化(X)
系统菜单(Y)
"关于"框(B)
初始状态栏(U)
拆分窗口(P)
子框架样式:
子最小化框(M)
子最大化框(Z)
子最大化(D)
命令栏(菜单/工具栏/功能区):
使用经典菜单(S)
使用传统的停靠工具栏(K)
使用浏览器样式的工具栏(W)
使用菜单栏和工具栏(O)
用户定义的工具栏和图像(E)
个性化菜单行为(H)
使用功能区(R)
对话框标题(C):
HelloWorld
< 上一步
下一步 >
完成
取消
图 2.15

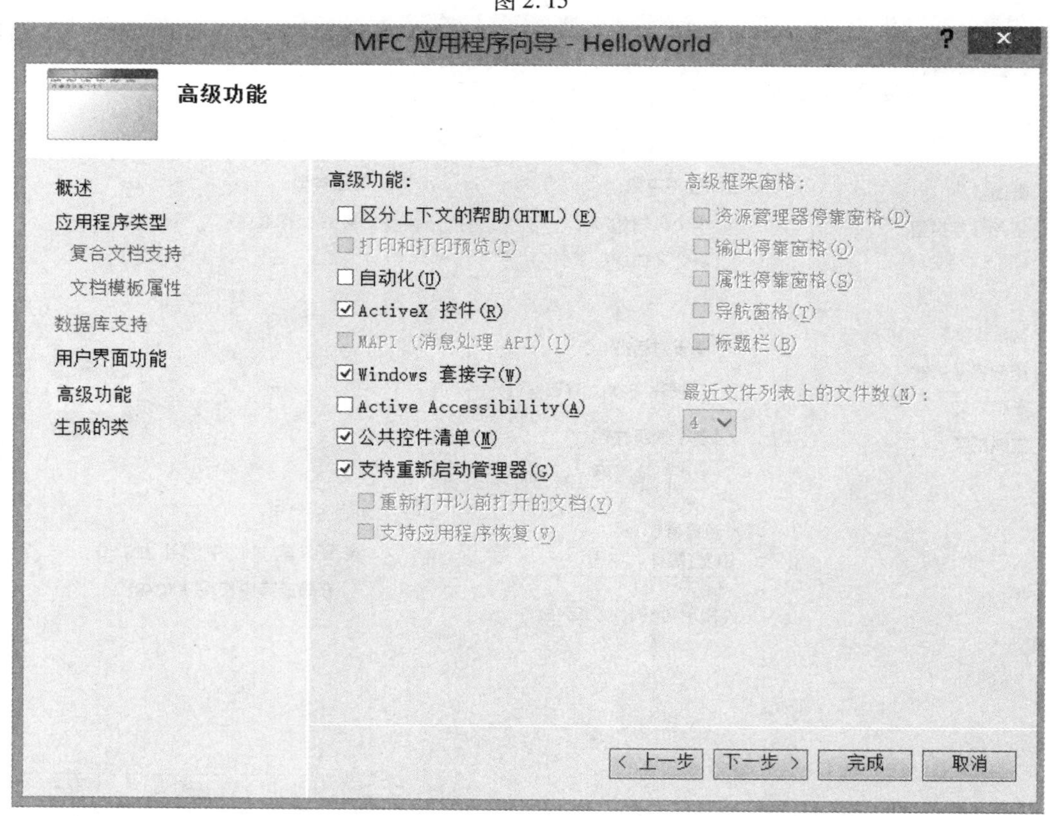
MFC 应用程序向导 - HelloWorld
高级功能
概述
应用程序类型
复合文档支持
文档模板属性
数据库支持
用户界面功能
高级功能
生成的类
高级功能:
区分上下文的帮助(HTML)(E)
打印和打印预览(P)
自动化(U)
ActiveX 控件(R)
MAPI (消息处理 API)(I)
Windows 套接字(W)
Active Accessibility(A)
公共控件清单(M)
支持重新启动管理器(G)
重新打开以前打开的文档(Y)
支持应用程序恢复(V)
高级框架窗格:
资源管理器停靠窗格(D)
输出停靠窗格(O)
属性停靠窗格(S)
导航窗格(T)
标题栏(B)
最近文件列表上的文件数(N):
4
< 上一步
下一步 >
完成
取消
图 2.16

⑥在 HelloWorld 窗体的“TODO:在此放置对话框控件”上面右击选择属性,在属性中将“外观”→“Caption”中的信息改为“HelloWord”,结果如图 2.17 所示。

图 2.17

⑦单击调试运行之后,显示出来的结果就是所制作的最简单的 MFC 对话框程序,结果如图 2.18 所示。

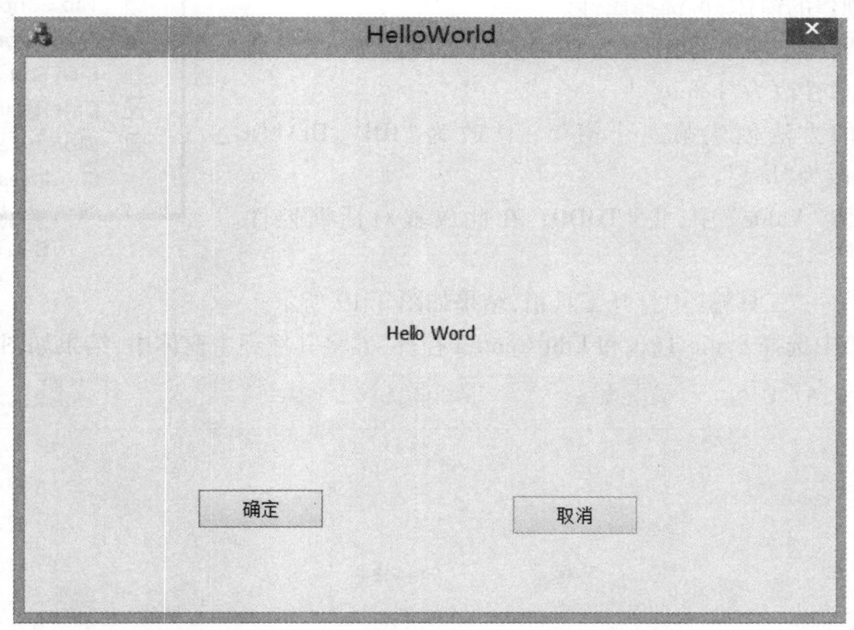

图 2.18

2.2.2　MFC 基本控件 Button、EditControl 和 StaticText 的应用

(1)控件介绍

①Button 控件:按钮控件,需要为每个自己创建的 Button 控件添加消息响应函数,即单击或是双击之后应该执行的操作,添加的常用方法有两种,第一种是直接在控件上面双击,系统会自动添加消息处理函数;第二种方法是自己手动添加消息处理函数,具体的添加方法会在本书的 2.2.4 小节进行介绍,此处就不再赘述了。

②Edit Control:动态文本框,可以动态地显示信息。

③Static Text:静态文本框,在编写程序时,信息设置完成后,在执行的程序中无法修改。

(2)MFC 中界面的介绍

MFC 中根据界面的弹出方式,将界面分为 3 类,如下所述。

①主界面:用户停留时间最长且操作最多的界面为主窗体,将创建完 MFC 项目后产生的唯一的那个窗体作为主窗体,MFC 程序执行时的入口也是主窗体,即 MFC 程序从主窗体开始执行。

②前置窗体:主窗体前面显示的窗体,在主窗体的 OnInitDialog()方法里面生成和调用。

③后置窗体:主窗体后面显示的窗体,一般在主窗体或是其他后置窗体的 Button 按钮中生成和调用。

(3)控件的应用

①按照 2.1 节所述的步骤创建一个 MFC 项目,项目名为“Value”。

②在“资源视图”→“Value”→“Value.rc*”→“Dialog”上面右击,选择插入“Dialog”。

③右击新创建的窗体,再选择属性。

④在属性中,将杂项中的 ID 改为“IDD_DIALOG_BEFORE”,将外观中的 Caption 属性改为“before”。

⑤用相同的方法创建第三个窗体,ID 改为“IDD_DIALOG_LAST”,Caption 改为“last”。

⑥在主窗体“Value”中,将“TODO:在此放置对话框控件。”删除。

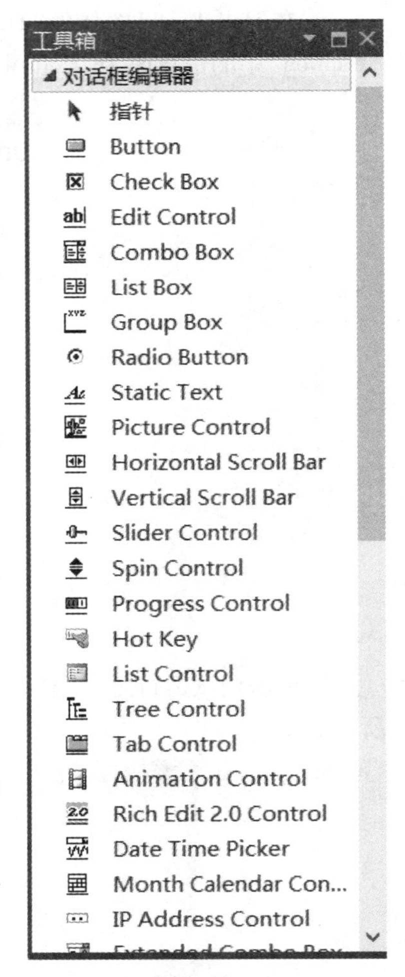

图 2.19

⑦在“视图”→“工具箱”中打开工具箱,结果如图 2.19 所示。

⑧在工具箱中选择 Static Text 和 Edit Control 控件,并将其拖到主窗体中,结果如图 2.20 所示。

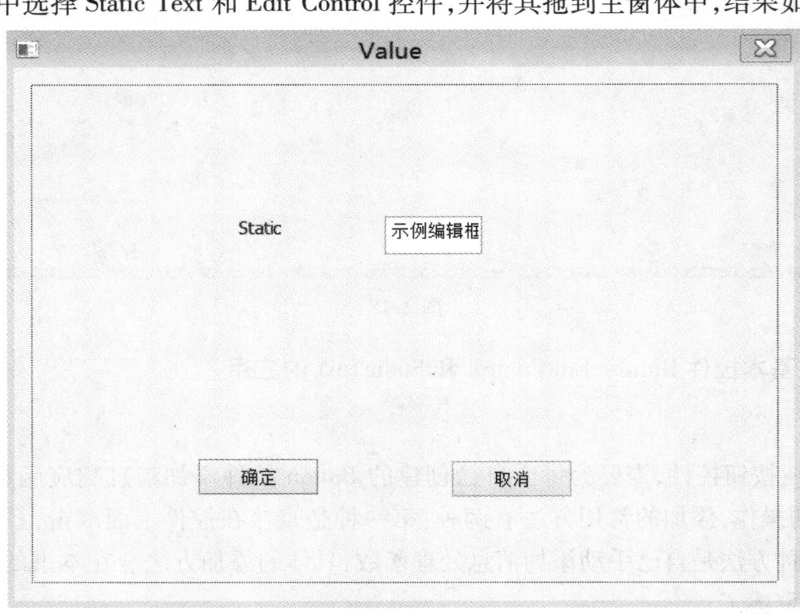

图 2.20

⑨右击 Static Text 控件，选择属性，将外观中的 Caption 属性改为“账号”；使用相同的方法，将 Edit Control 杂项中的 ID 改为“IDC_EDIT_ID”，结果如图 2.21 所示。

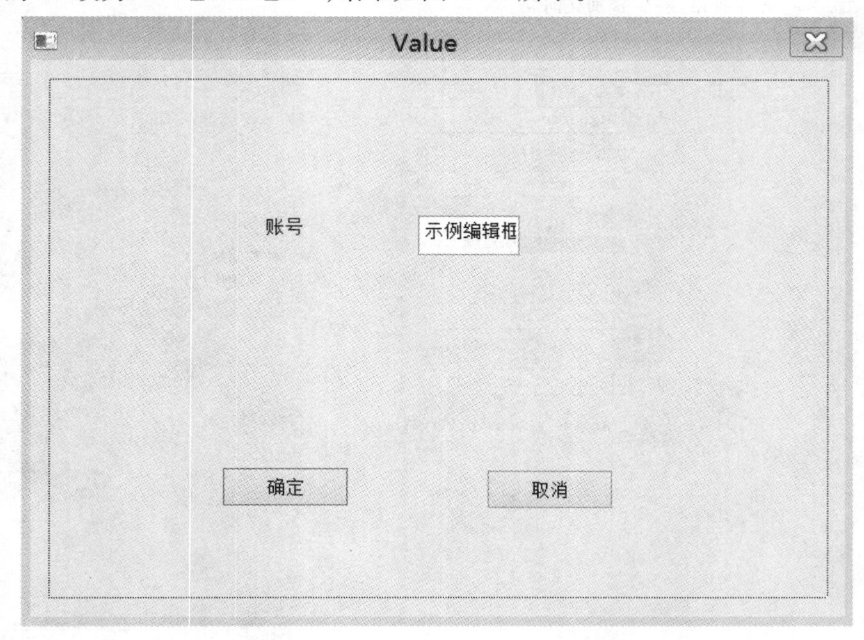

图 2.21

⑩使用相同的方法，在其余的 2 个窗体中添加“Static Text”和“Edit Control”控件，并将其属性进行修改，结果如图 2.22 所示。

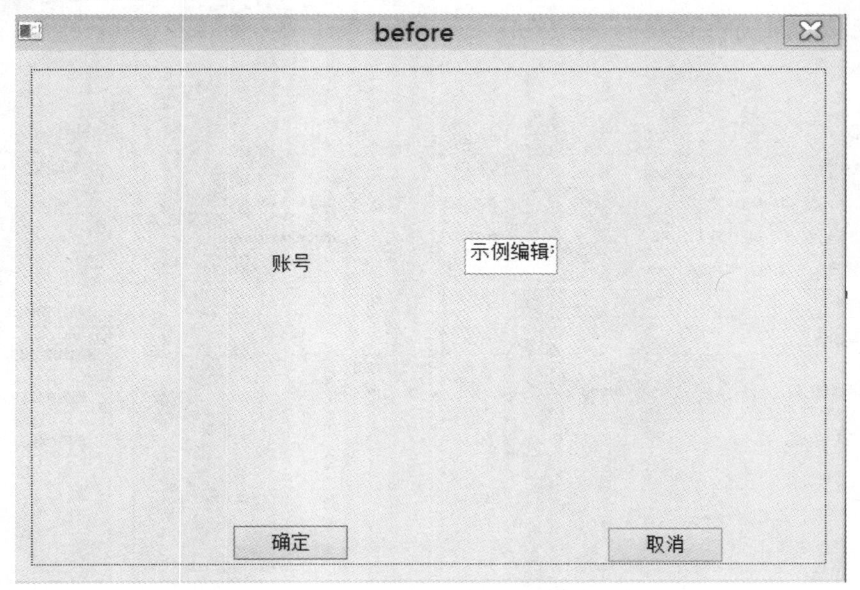

图 2.22

⑪在“before”窗体上双击，在出现的“MFC 添加类向导-Value”中，将类名设置为“CDlgBefore”，然后单击完成；然后用相同的方法，将 last 窗体的类名设置为 CDlgLast，结果如图 2.23 所示。

⑫在 Value 窗体上面右键选择类向导，在类向导的成员变量中选择 IDC_EDIT_ID 添加变量，成员变量名称为“m_csID”，类别为“Value”，变量类型为“CString”，最大字符数为“8”，然后单击“确定”，结果如图 2.24 所示。

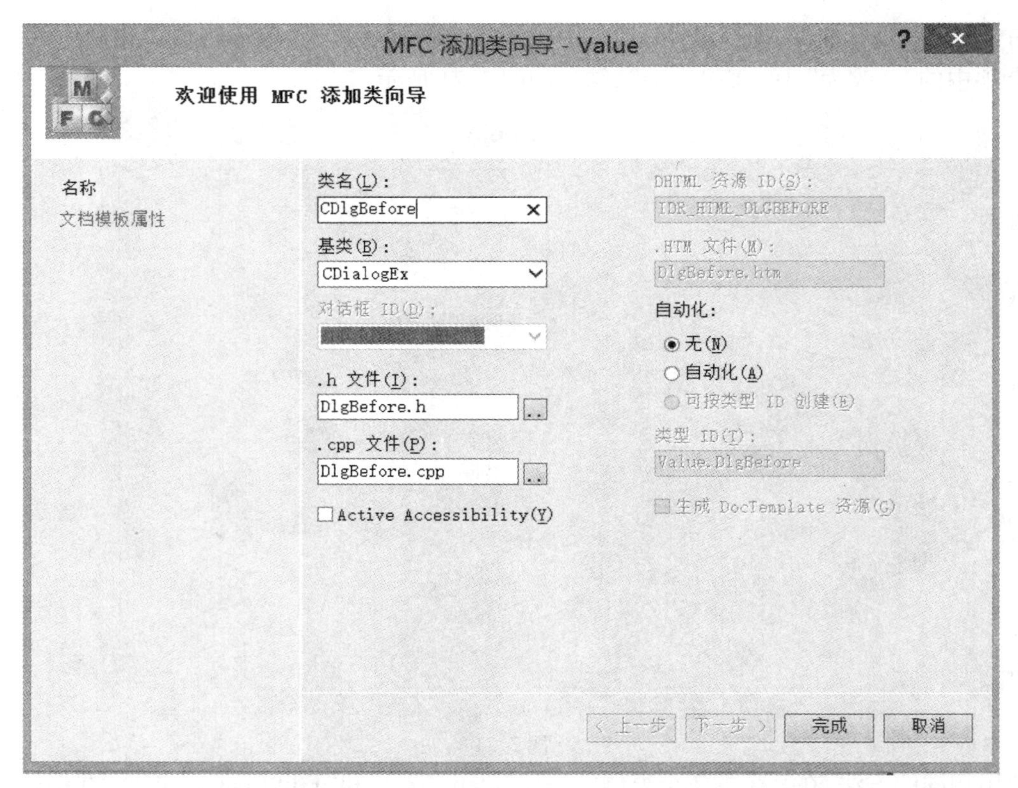
MFC 添加类向导 - Value
欢迎使用 MFC 添加类向导
名称
文档模板属性
类名(L):
CDlgBefore
基类(B):
CDialogEx
对话框 ID(D):
.h 文件(I):
DlgBefore.h
.cpp 文件(P):
DlgBefore.cpp
Active Accessibility(Y)
DHTML 资源 ID(S):
IDR_HTML_DLGBEFORE
.HTM 文件(M):
DlgBefore.htm
自动化:
无(N)
自动化(A)
可按类型 ID 创建(E)
类型 ID(T):
Value.DlgBefore
生成 DocTemplate 资源(G)
< 上一步
下一步 >
完成
取消

图 2.23

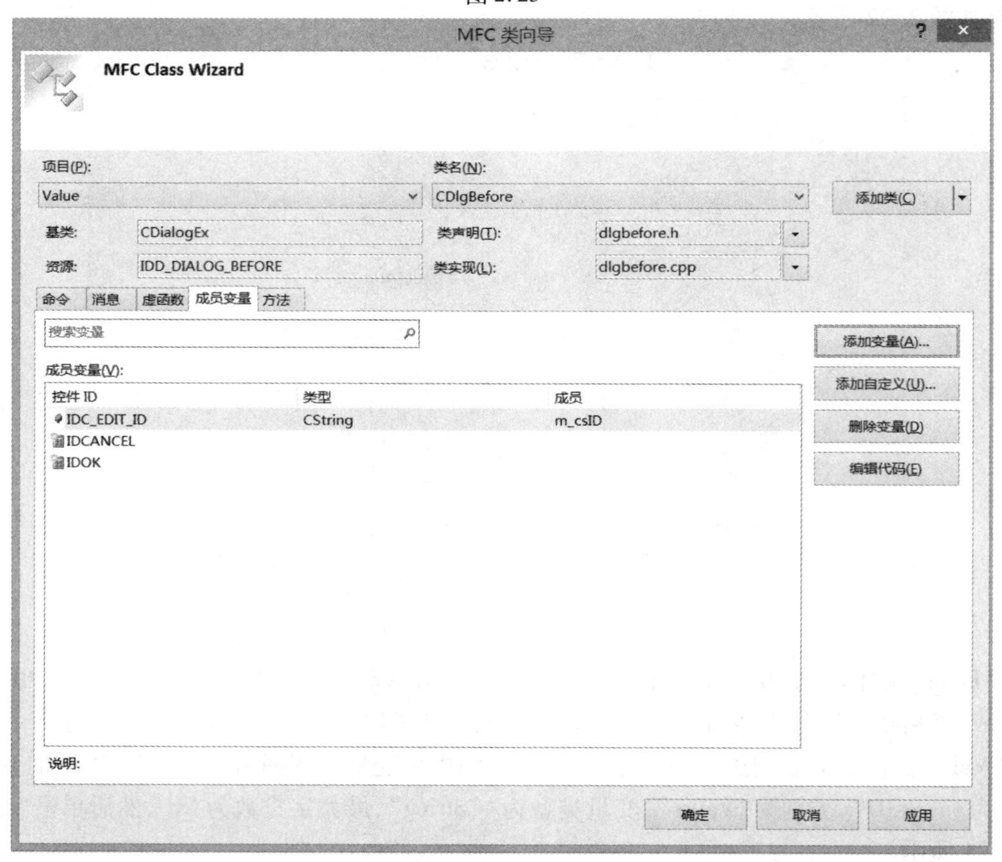
MFC 类向导
MFC Class Wizard
项目(P):
Value
类名(N):
CDlgBefore
添加类(C)
基类:
CDialogEx
类声明(T):
dlgbefore.h
资源:
IDD_DIALOG_BEFORE
类实现(L):
dlgbefore.cpp
命令
消息
虚函数
成员变量
方法
搜索变量
成员变量(V):
控件 ID
类型
成员
IDC_EDIT_ID
CString
m_csID
IDCANCEL
IDOK
添加变量(A)...
添加自定义(U)...
删除变量(D)
编辑代码(E)
说明:
确定
取消
应用

图 2.24

⑬对 before 和 last 窗体执行相同的操作，给它们的 IDC_EDIT_ID 绑定变量 m_csID。

⑭在 before 窗体的确定按钮上双击，在生成的方法中添加以下代码：

```
void CDlgBefore::OnBnClickedOk()
{
    UpdateData(TRUE);
    CDialogEx::OnOK();
}
```

⑮在主窗体 CValueDlg 的资源文件(.cpp)中添加 before 和 last 窗体的头文件调用：

```
#include "DlgLast.h"
#include "DlgBefore.h"
```

在 CValueDlg 的资源文件(.cpp)中的 OnInitDialog()中添加以下代码：

```
BOOL CValueDlg::OnInitDialog()
{
    CDialogEx::OnInitDialog();
    SetIcon(m_hIcon, TRUE);
    SetIcon(m_hIcon, FALSE);
    CDlgBefore * m_DlgBefore;
    m_DlgBefore = new CDlgBefore(this);
    m_DlgBefore->DoModal();
    m_csID = m_DlgBefore->m_csID;
    UpdateData(FALSE);

    return TRUE;
}
```

⑯双击 Value 窗体的确定按钮，在新生成的方法中添加以下代码：

```
void CValueDlg::OnBnClickedOk()
{
    CDlgLast * m_DlgLast;
    m_DlgLast = new CDlgLast(this);
    m_DlgLast->m_csID = m_csID;
    m_DlgLast->DoModal();
    CDialogEx::OnOK();
}
```

⑰单击调试运行结果如下：

a. 输入 123，结果如图 2.25 所示。

b. 单击“确定”按钮，结果如图 2.26 所示。

c. 单击“确定”按钮，结果如图 2.27 所示。

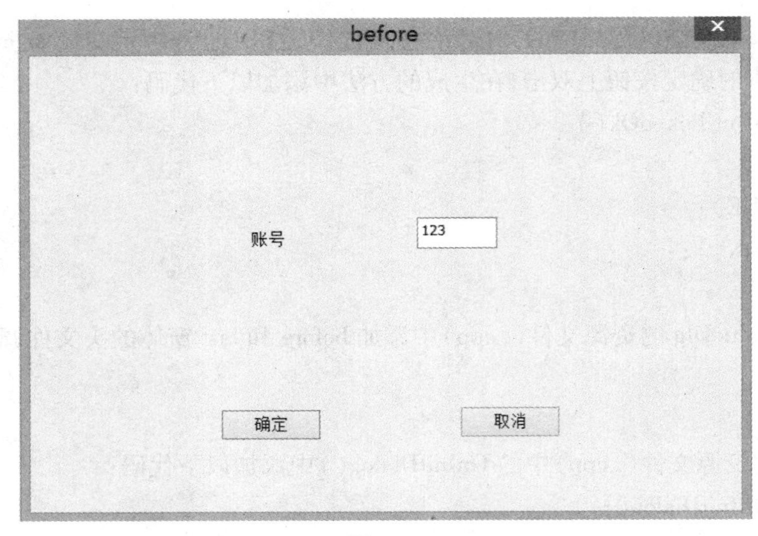

图 2.25

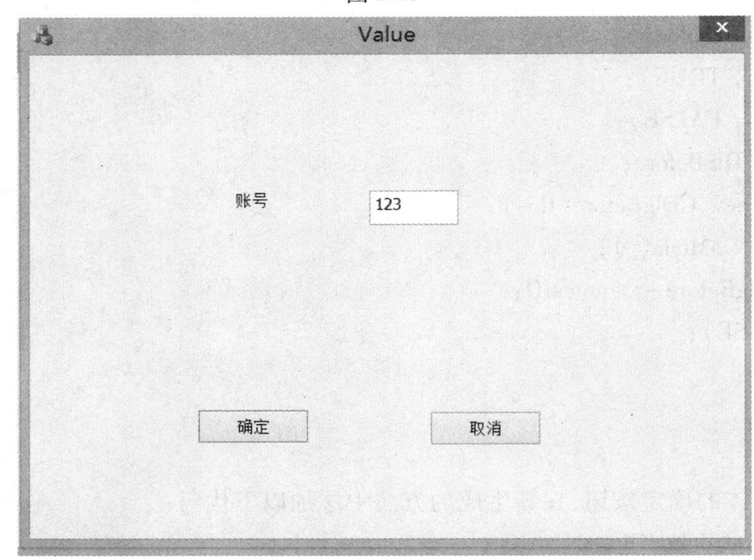

图 2.26

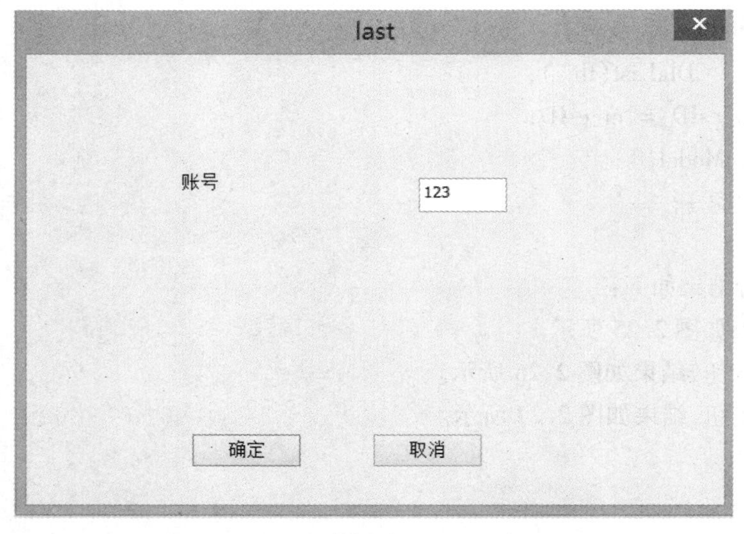

图 2.27

2.2.3　CList Control 控件

(1)CList 控件介绍

CListCtrl 即列表控件,其共有 4 种方式显示内容,被称为“视图”,如下所述。

①图标视图:每一项以全尺寸图标(32 像素 ×32 像素)出现,下面有一个标签。用户可在列表视图窗口拖动项到任意位置。

②小图标:视图每一项以小图标(16 像素 ×16 像素)出现,右边有一个标签。用户可在列表视图窗口拖动项到任意位置。

③列表视图:每一项以小图标出现,下面有一个标签。项按列排列,不能拖动到列表视图窗口的任何位置。

④报表视图:每一项在本行上出现,右边有排列成列的附加信息。最左边的列包含小图标和标签,下一列包含应用指定的子项。嵌入标题控件实现这些列。要了解报表视图标题控件和列的更多信息,请参阅联机文档“Visual C++程序员指南”中的“使用 CListCtrl:给控件添加列(报表视图)”。

常用的方式为报表视图,本小节将为大家介绍这一方式的使用方法。

(2)CList 应用实例

①创建一个基于对话框的 MFC 工程,名称设置为“Example29”。

②在自动生成的对话框模板“IDD_EXAMPLE29_DIALOG”中,删除“TODO: Place dialog controls here.”静态文本控件、“OK”按钮和“Cancel”按钮。添加一个 List Control 控件,ID 设置为“IDC_PROGRAM_LANG_LIST”,View 属性设置为“Report”,即为报表风格,Single Selection 属性设置为“True”。再添加一个静态文本控件和一个编辑框,静态文本控件的 Caption 属性设置为“选择的语言:”,编辑框的 ID 设置为“IDC_LANG_SEL_EDIT”,Read Only 属性设置为“True”。此时的对话框模板如图 2.28 所示。

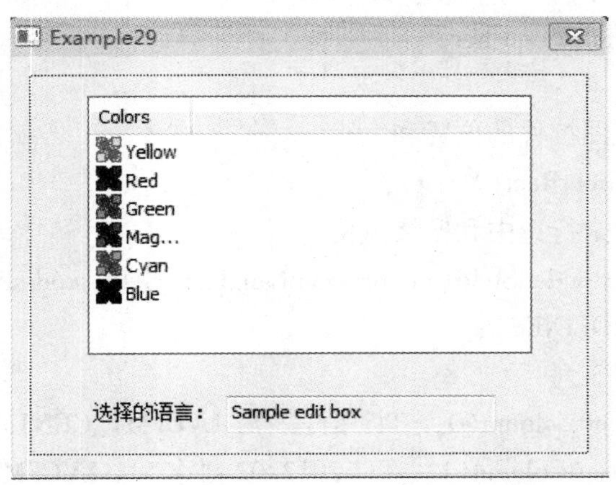

图 2.28

③为列表视图控件 IDC_PROGRAM_LANG_LIST 添加 CListCtrl 类型的控件变量“m_programLangList”。

④在对话框初始化时,将编程语言排行榜加入列表视图控件中,那么需要修改 CExample29Dlg::OnInitDialog()函数为:

C++代码

```
BOOL CExample29Dlg::OnInitDialog()
{
```

```
CDialogEx::OnInitDialog();
  // Add "About..." menu item to system menu.
  // IDM_ABOUTBOX must be in the system command range.
  ASSERT((IDM_ABOUTBOX & 0xFFF0) == IDM_ABOUTBOX);
  ASSERT(IDM_ABOUTBOX < 0xF000);
  CMenu * pSysMenu = GetSystemMenu(FALSE);
  if (pSysMenu != NULL)
  {
    BOOL bNameValid;
    CString strAboutMenu;
    bNameValid = strAboutMenu.LoadString(IDS_ABOUTBOX);
    ASSERT(bNameValid);
    if (!strAboutMenu.IsEmpty())
    {
      pSysMenu->AppendMenu(MF_SEPARATOR);
      pSysMenu->AppendMenu(MF_STRING, IDM_ABOUTBOX, strAboutMenu);
    }
  }
// Set the icon for this dialog.  The framework does this automatically
// when the application's main window is not a dialog
SetIcon(m_hIcon, TRUE);            // Set big icon
SetIcon(m_hIcon, FALSE);           // Set small icon
// TODO: Add extra initialization here
CRect rect;
// 获取编程语言列表视图控件的位置和大小
m_programLangList.GetClientRect(&rect);
// 为列表视图控件添加全行选中和栅格风格
m_programLangList.SetExtendedStyle(m_programLangList.GetExtendedStyle() | LVS_EX_FULLROWSELECT | LVS_EX_GRIDLINES);
// 为列表视图控件添加3列
  m_programLangList.InsertColumn(0, _T("语言"), LVCFMT_CENTER, rect.Width()/3, 0);
  m_programLangList.InsertColumn(1, _T("2012.02 排名"), LVCFMT_CENTER, rect.Width()/3, 1);
  m_programLangList.InsertColumn(2, _T("2011.02 排名"), LVCFMT_CENTER, rect.Width()/3, 2);
// 在列表视图控件中插入列表项,并设置列表子项文本
m_programLangList.InsertItem(0, _T("Java"));
m_programLangList.SetItemText(0, 1, _T("1"));
m_programLangList.SetItemText(0, 2, _T("1"));
m_programLangList.InsertItem(1, _T("C"));
```

```
m_programLangList.SetItemText(1, 1, _T("2"));
m_programLangList.SetItemText(1, 2, _T("2"));
m_programLangList.InsertItem(2, _T("C#"));
m_programLangList.SetItemText(2, 1, _T("3"));
m_programLangList.SetItemText(2, 2, _T("6"));
m_programLangList.InsertItem(3, _T("C++"));
m_programLangList.SetItemText(3, 1, _T("4"));
m_programLangList.SetItemText(3, 2, _T("3"));
return TRUE;  // return TRUE  unless you set the focus to a control
}
```

⑤当需要在选中列表项改变时,将最新的选择项实时显示到编辑框中,那么可以使用 NM_CLICK 通知消息。为列表框 IDC_PROGRAM_LANG_LIST 的通知消息 NM_CLICK 添加消息处理函数 CExample29Dlg::OnNMClickProgramLangList,并修改如下:

C++代码

```
void CExample29Dlg::OnNMClickProgramLangList(NMHDR *pNMHDR, LRESULT *pResult)

{
    LPNMITEMACTIVATE pNMItemActivate = reinterpret_cast<LPNMITEMACTIVATE>(pNMHDR);
   // TODO: Add your control notification handler code here
    *pResult = 0;

   CString strLangName;    // 选择语言的名称字符串
   NMLISTVIEW *pNMListView = (NMLISTVIEW *)pNMHDR;
   if (-1 != pNMListView->iItem)          // 如果 iItem 不是-1,就说明有列表项被选择
   {
   // 获取被选择列表项第一个子项的文本
   strLangName = m_programLangList.GetItemText(pNMListView->iItem, 0);
   // 将选择的语言显示于编辑框中
   SetDlgItemText(IDC_LANG_SEL_EDIT, strLangName);
   }
}
```

⑥运行程序,弹出结果对话框,在对话框的列表框中用鼠标改变选中项时,编辑框中的显示会相应地改变,效果如图 2.29 所示。

2.2.4 CTree Control 及 CMenu 控件

(1)Ctree 控件简介

树形控件在 Windows 系统中是很常见的,例如资源管理器左侧的窗口中就有用来显示目录的树形视图。树形视图中以分层结构显示数据,每层的缩进不同,层次越低缩进越多。树形控件的节点一般都由标签和图标两部分组成,图标用来抽象地描述数据,能够使树形控件的层次关系更加清晰。

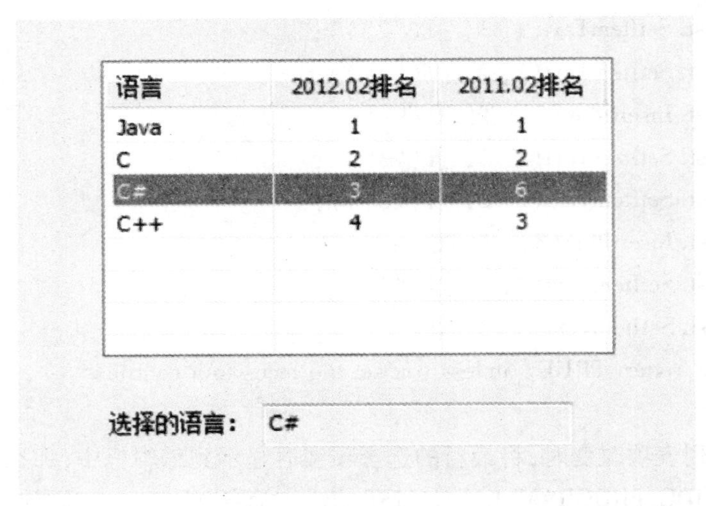

图 2.29

树形控件在插入新的树节点时会稍麻烦些，对于树形控件需要指定新节点与已有节点的关系。另外，树形控件与列表视图控件一样，可以在每一个节点的左边加入图标。这些都使得树形控件给人一种复杂的感觉，但设计者在使用它一两次后会发现，其实树形控件用起来还是很方便的。

(2) CMenu 控件简介

对于系统菜单，创建起来会比较简单，直接使用资源编辑器就能生成菜单，再通过 ClassWizard 创建菜单命令函数。在下面的例子中，实现了一个右键弹出菜单。

(3) CTree 及 CMenu 应用实例

①创建一个基于对话框的 MFC 工程，名称设置为“ShowTree”。

②在自动生成的对话框模板“IDD_SHOWTREE_DIALOG”中，删除“TODO：Place dialog controls here.”静态文本框、“OK”按钮和“Cancel”按钮。添加一个 Tree Control 控件，ID 设置为“IDC_TREE_SHOW”，属性 Has Buttons、Has Lines 和 Lines At Root 都设为“True”，为了在鼠标划过某个节点时显示提示信息，还需要将 Info Tip 属性设为“True”。此时的对话框模板效果如图 2.30 所示。

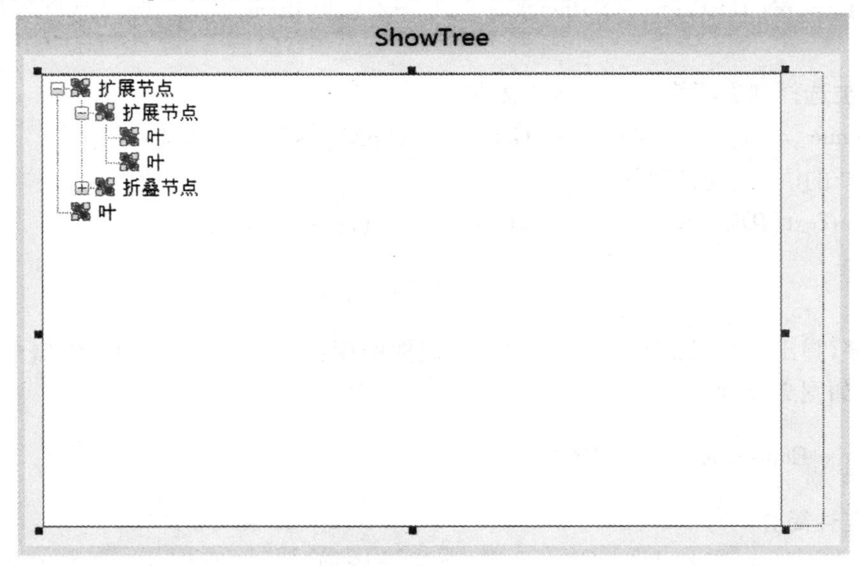

图 2.30

③为树形控件 IDC_TREE_SHOWE 添加 CTreeCtrl 类型的控件变量“m_treeShow”。

④在对话框初始化时,设计者在树形控件中添加树形结构,那么需要修改 CShowTreeDlg::OnInitDialog()函数为:

```
BOOL CShowTreeDlg::OnInitDialog()
{
  CDialogEx::OnInitDialog();
  // 设置此对话框的图标。当应用程序主窗口不是对话框时,框架将自动
  //   执行此操作
  SetIcon(m_hIcon, TRUE);   // 设置大图标
  SetIcon(m_hIcon, FALSE);   // 设置小图标
  // TODO: 在此添加额外的初始化代码
  HTREEITEM hRootItem = m_treeShow.InsertItem(_T("我的下载"),TVI_ROOT,TVI_LAST);
  HTREEITEM hNowItem   = m_treeShow.InsertItem(_T("正在下载"),hRootItem,TVI_LAST);
  m_treeShow.InsertItem(_T("已完成"),hRootItem,TVI_LAST);
  m_treeShow.InsertItem(_T("回收站"),hRootItem,TVI_LAST);
  m_treeShow.InsertItem(_T("系统设置"),TVI_ROOT,TVI_LAST);

  //展开到指定的节点
  m_treeShow.Expand(hRootItem,TVE_EXPAND);
  return TRUE;  // 除非将焦点设置到控件,否则返回 TRUE
}
```

⑤给树控件添加消息处理函数,在树控件上面单击左键,选择添加事件处理程序,然后在事件处理向导里面选择 NM_CLICK 进行添加,效果如图 2.31 所示。

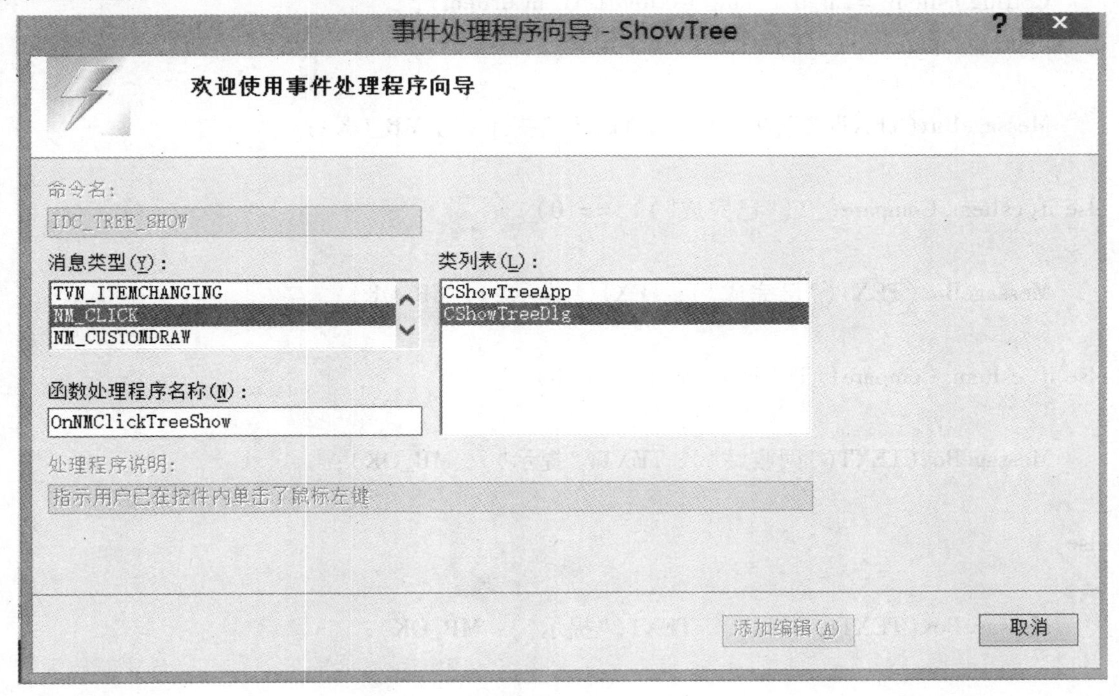

图 2.31

⑥按照相同的方法添加右键处理函数,选择 NM_RCLICK 进行添加。

⑦修改生成的 CShowTreeDlg::OnNMClickTreeShow(NMHDR *pNMHDR, LRESULT *pResult)方法,修改如下:

```
void CShowTreeDlg::OnNMClickTreeShow(NMHDR *pNMHDR, LRESULT *pResult)
{
    // TODO: 在此添加控件通知处理程序代码
    *pResult = 0;

    //获取用户单击时鼠标的位置
    CPoint point;
    GetCursorPos(&point);

    //将鼠标坐标转换为树控件上的坐标
    CPoint pointInTree = point;
    m_treeShow.ScreenToClient(&pointInTree);

    //判断当前的用户在哪一个节点上点选
    HTREEITEM hCurItem;
    UINT flag = TVHT_ONITEM;
    hCurItem = m_treeShow.HitTest(pointInTree,&flag);

    if(hCurItem != NULL)
    {
        CString csItem = m_treeShow.GetItemText(hCurItem);
    if(csItem.Compare(_T("正在下载")) == 0)
    {
        MessageBox(TEXT("正在下载"), TEXT("提示"), MB_OK);
    }
    else if(csItem.Compare(_T("已完成")) == 0)
    {
        MessageBox(TEXT("已完成"), TEXT("提示"), MB_OK);
    }
    else if(csItem.Compare(_T("回收站")) == 0)
    {
        MessageBox(TEXT("回收站"), TEXT("提示"), MB_OK);
    }
    else
    {
        MessageBox(TEXT("错误"), TEXT("提示"), MB_OK);
      }
    }
}
```

⑧在“资源视图”→“ShowTree. rc”上单击右键，选择添加资源，选择添加 Menu 菜单，效果如图 2.32所示。

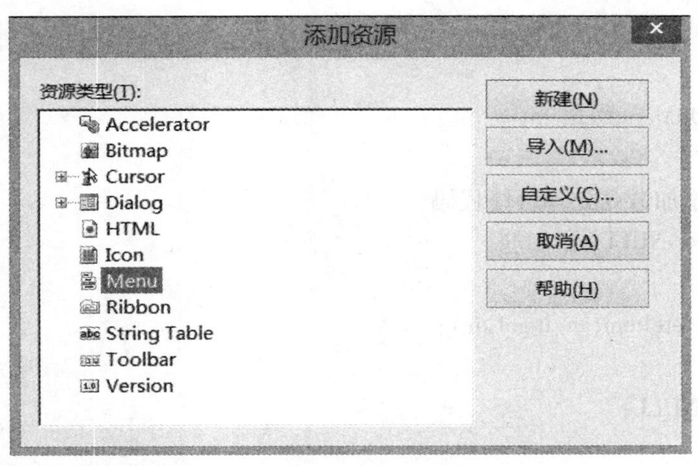

图 2.32

⑨在资源视图的 Menu 中打开新添加的菜单，在菜单的左上角右键处选择新插入，然后在其上面双击，写入“添加根节点”“添加子节点”，然后在上面右键处选择插入分隔符，最后再在下面插入“删除当前节点”选项，效果如图 2.33 所示。

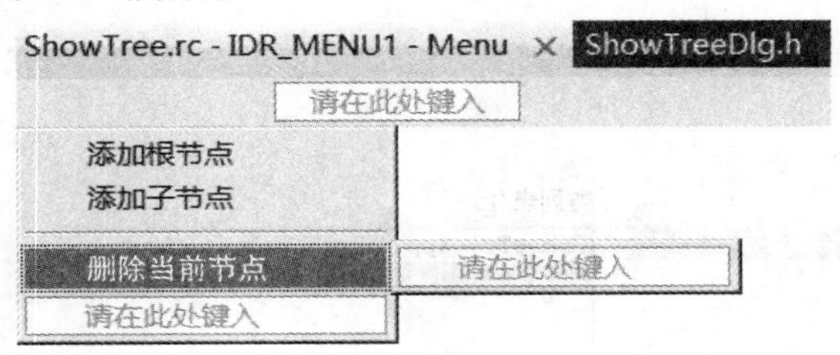

图 2.33

⑩在每格插入选项上面的左键，分别修改这 3 个选项的 ID，将其分别修改为“ID__MENU_ADDSON”“ID__MENU_ADDSON”“ID__MENU_DELITEM”。

⑪在添加根节点上面的右键，选择添加事件处理程序，消息类型选择为“COMMAND”，类列表选择为“CShowTreeDlg”，最后选择添加编辑，效果如图 2.34 所示。

⑫重复上述方法，分别给添加子节点和删除当前节点添加事件处理程序。

⑬分别修改方法 CShowTreeDlg::OnMenuAddroot()、CShowTreeDlg::OnMenuAddson()、CShowTreeDlg::OnMenuDelitem()为：

```
void CShowTreeDlg::OnMenuAddroot()
{
    // TODO: 在此添加命令处理程序代码
    m_treeShow.InsertItem(_T("关于"),TVI_ROOT,TVI_LAST);
}
void CShowTreeDlg::OnMenuAddson()
{
    // TODO: 在此添加命令处理程序代码
    if(m_itemCur != NULL)
    {
```

```
        m_treeShow. InsertItem(_T("大圣归来"),m_itemCur,TVI_LAST);
        m_treeShow. Expand(m_itemCur,TVE_EXPAND);
    }
}
void CShowTreeDlg::OnMenuDelitem()
{
    // TODO: 在此添加命令处理程序代码
    if(m_itemCur ! = NULL)
    {
        m_treeShow. DeleteItem(m_itemCur);

        m_itemCur = NULL;
    }
}
```

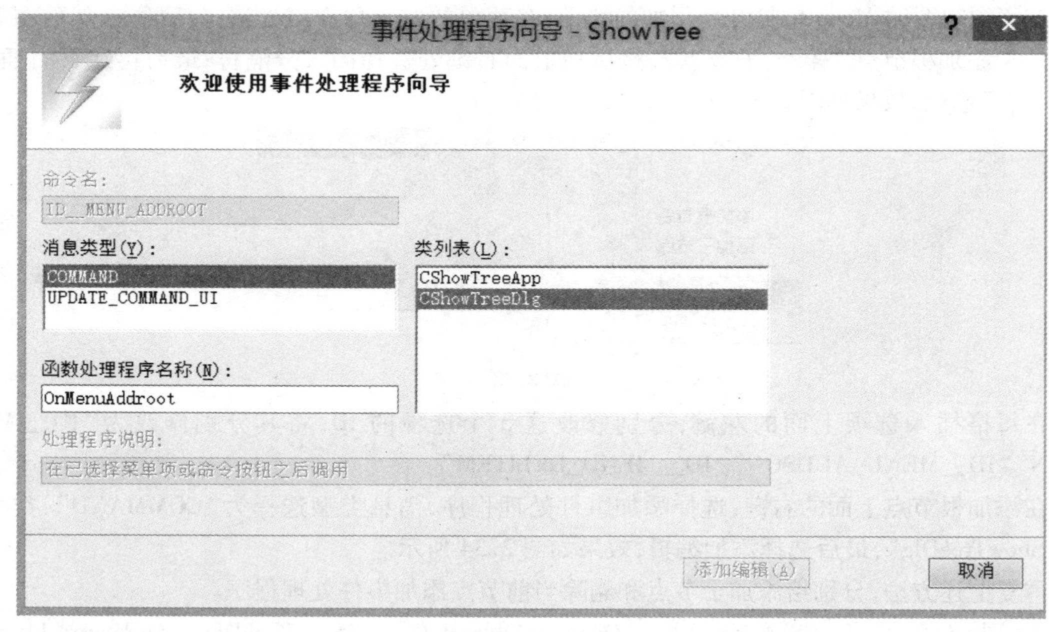

图 2.34

⑭在 ShowTree. h 里添加 HTREEITEM 类型的控件变量“m_itemCur”。

```
HTREEITEM m_itemCur;        //记录当前选中的节点
```

⑮修改 ShowTreeDlg. cpp 里面的 CShowTreeDlg::OnNMRClickTreeShow(NMHDR *pNMHDR, LRESULT *pResult)方法为:

```
void CShowTreeDlg::OnNMRClickTreeShow(NMHDR *pNMHDR, LRESULT *pResult)
{
    // TODO: 在此添加控件通知处理程序代码
    *pResult = 0;
    //获取用户右键时鼠标的位置
    CPoint point;
    GetCursorPos(&point);
```

```
//将鼠标坐标转换为树控件上的坐标
CPoint pointInTree = point;
m_treeShow.ScreenToClient(&pointInTree);

//判断用户在哪一个节点点选
HTREEITEM item;
UINT flag = TVHT_ONITEM;
item = m_treeShow.HitTest(pointInTree,&flag);
//当有对应的节点时
if(item != NULL)
{
  //设置选中该节点
  m_treeShow.SelectItem(item);
  m_itemCur = item;
  //设置右键菜单显示
  CMenu menu;
  menu.LoadMenu(IDR_MENU1);
  menu.GetSubMenu(0)->TrackPopupMenu(TPM_LEFTALIGN |
    TPM_RIGHTBUTTON,point.x,point.y,this,NULL);
}
}
```

⑯调试运行程序，结果如下所述。

a. 单击“正在下载”，效果如图2.35所示。

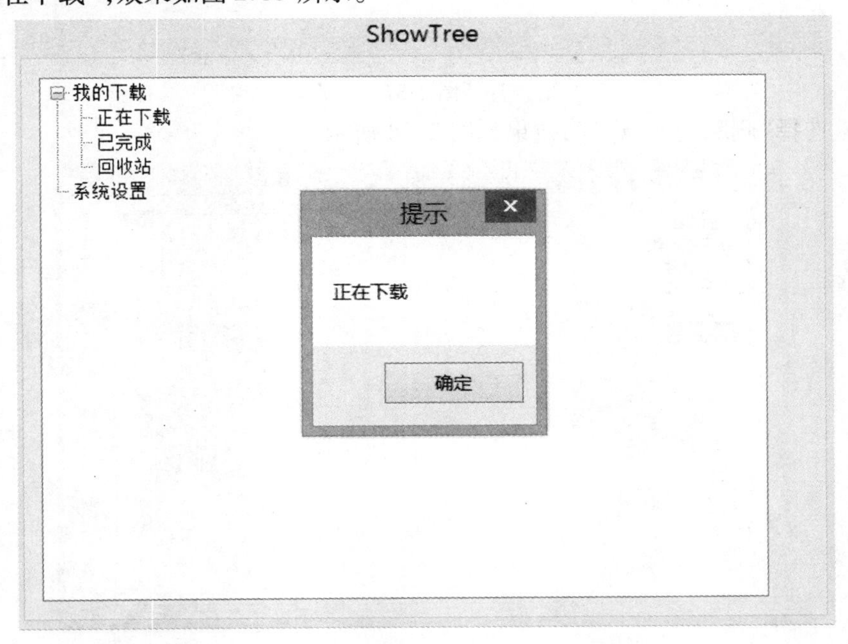

图2.35

b. 单击右键选择“添加根节点”，效果如图2.36所示。

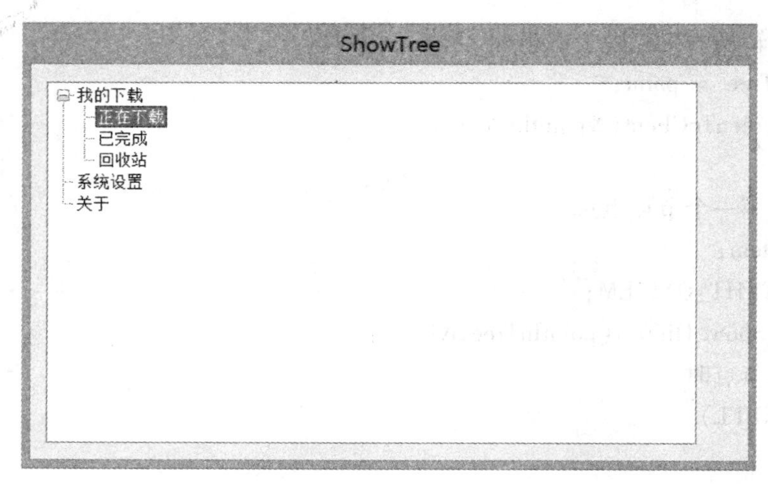

图 2.36

c. 单击右键选择"添加子节点",效果如图 2.37 所示。

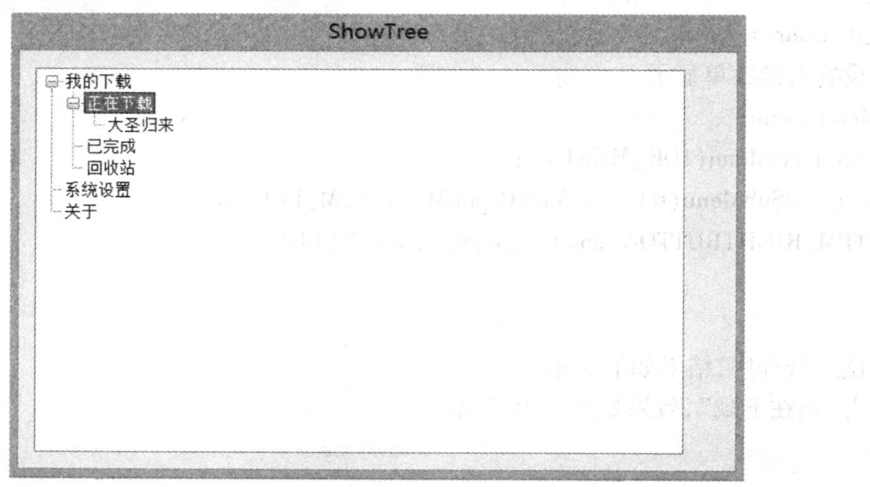

图 2.37

d. 单击右键选择"删除当前节点",效果如图 2.38 所示。

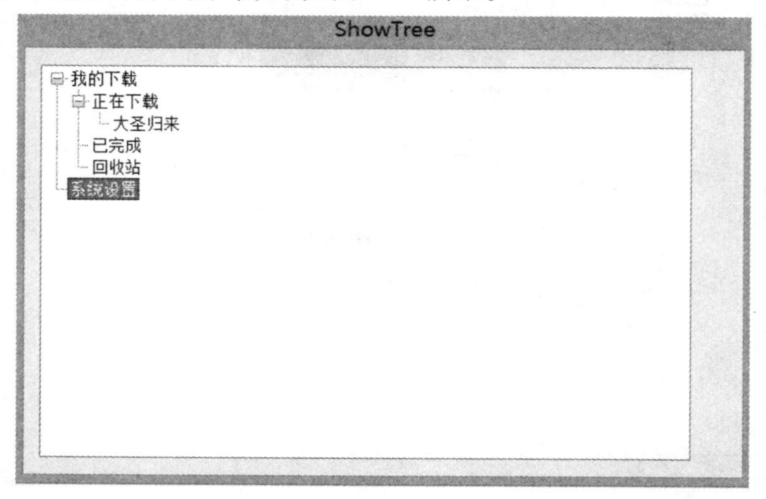

图 2.38

2.2.5　CTable Control 控件

(1)CTable **控件简介**

标签控件也比较常见。它可以将多个页面集成到一个窗口中，每个页面对应一个标签，用户单击某个标签时，它对应的页面就会显示。图2.39所示为Windows系统配置中标签控件的例子，效果如图2.39所示。

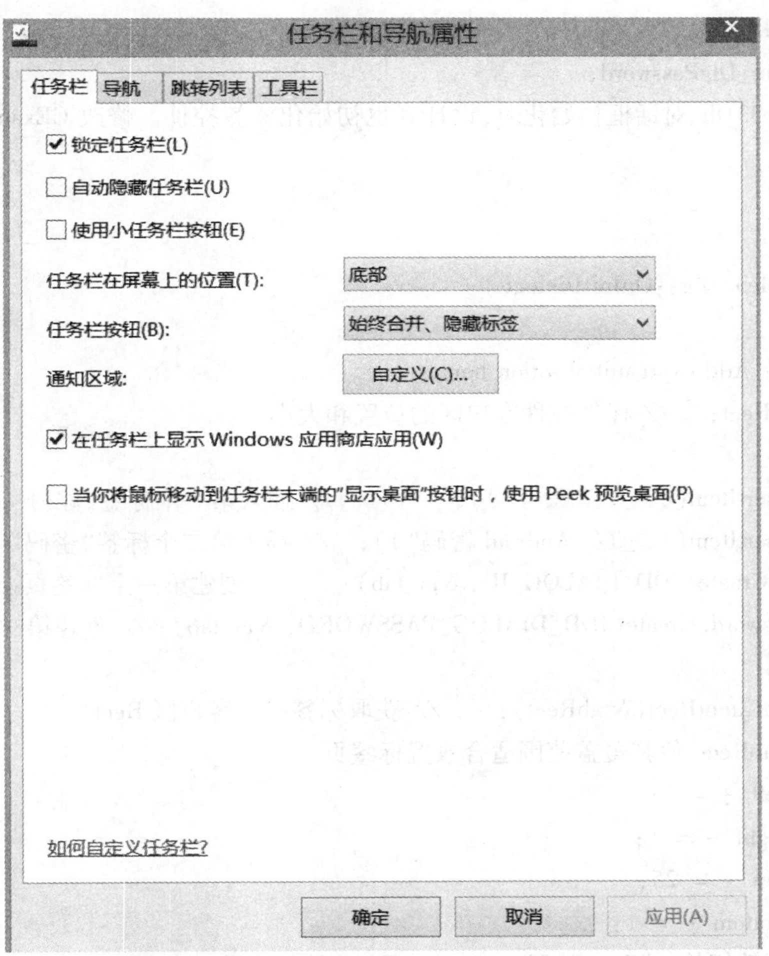

图2.39

使用标签控件设计者可以同时加载多个有关联的页面，用户只需单击标签即可实现页面切换，方便灵活地进行操作。每个标签除了可以显示标签文本，还可以显示图标。

标签控件相当于一个页面的容器，可以容纳多个对话框，而且一般也只容纳对话框，所以设计者不能直接在标签控件上添加其他控件，必须先将其他控件放到对话框中，再将对话框添加到标签控件中。最终设计者单击标签切换页面时，切换的不是控件的组合，而是对话框。

(2)CTable **应用实例**

①创建一个基于对话框的MFC工程，将其名称设置为"Example33"。

②在自动生成的对话框模板IDD_EXAMPLE33_DIALOG中，删除"TODO：Place dialog controls here."静态文本框、"OK"按钮和"Cancel"按钮。添加一个Tab Control控件，并为其关联一个CTabCtrl类型的控件变量"m_tab"。

③创建两个新的对话框，ID分别设置为"IDD_DIALOG_ID""IDD_DIALOG_PASSWORD"，两者都

将 Border 属性设置为"None",Style 属性设置为"Child"。在对话框模板 IDD_DIALOG_ID 中加入一个静态文本框,Caption 属性设置为"这是对话框账号",并为其生成对话框类"CDlgID";在对话框模板 IDD_DIALOG_PASSWORD 中也加入一个静态文本框,Caption 属性设为"这时对话框密码",并为其生成对话框类 CDlgPassword。

④在"Example33Dlg. h"文件中包含"DlgPassword. h"和"DlgID. h"两个头文件,然后继续在"Example33Dlg. h"文件中为 CExample33Dlg 类添加两个成员变量:

```
CDlgID m_DlgID;
CDlgPassword m_DlgPassword;
```

⑤在 CExample33Dlg 对话框初始化时,设计者也初始化标签控件。修改 CExample33Dlg::OnInitDialog()函数如下:

C++代码

```
BOOL CExample33Dlg::OnInitDialog()
{
    // TODO: Add extra initialization here
    CRect tabRect;    // 标签控件客户区的位置和大小

    m_tab.InsertItem(0, _T("账号"));              // 插入第一个标签"账号"
    m_tab.InsertItem(1, _T("Android 密码"));  // 插入第二个标签"密码"
    m_DlgID.Create(IDD_DIALOG_ID, &m_tab);      // 创建第一个标签页
    m_DlgPassword.Create(IDD_DIALOG_PASSWORD, &m_tab); // 创建第二个标签页

    m_tab.GetClientRect(&tabRect);      // 获取标签控件客户区 Rect
    // 调整 tabRect,使其覆盖范围适合放置标签页
    tabRect.left += 1;
    tabRect.right -= 1;
    tabRect.top += 25;
    tabRect.bottom -= 1;
    // 根据调整好的 tabRect 放置 m_jzmDlg 子对话框,并设置为显示
    m_DlgID.SetWindowPos(NULL, tabRect.left, tabRect.top, tabRect.Width(), tabRect.Height
(), SWP_SHOWWINDOW);
    // 根据调整好的 tabRect 放置 m_androidDlg 子对话框,并设置为隐藏
    m_DlgPassword.SetWindowPos(NULL, tabRect.left, tabRect.top, tabRect.Width(), tabRect.
Height(), SWP_HIDEWINDOW);

    return TRUE;  // return TRUE  unless you set the focus to a control
}
```

⑥运行程序,查看结果,这时设计者发现切换标签时,标签页并不随着切换,而总是显示账号对话框,效果如图 2.40 所示。

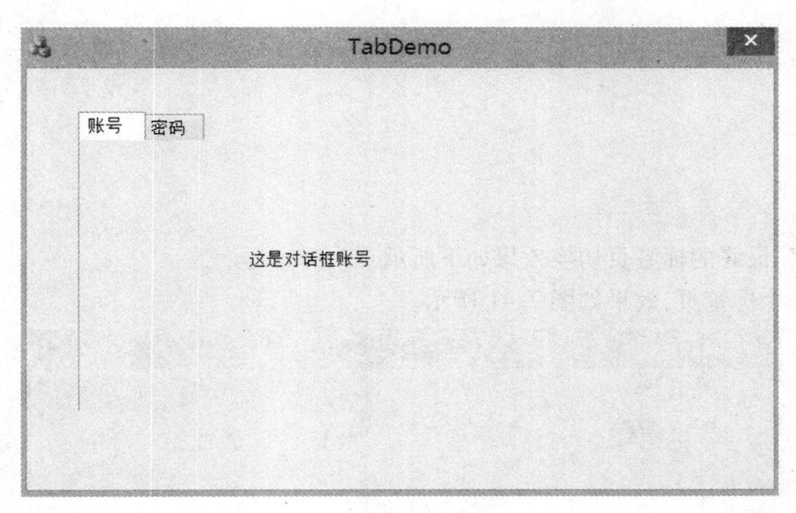

图2.40

⑦设计者要实现的是标签页的切换效果,所以还要为m_tab标签控件的通知消息TCN_SELCHANGE添加处理函数,并修改如下:

C++代码

```
void CExample33Dlg::OnTcnSelchangeTab1(NMHDR *pNMHDR, LRESULT *pResult)
{
*pResult = 0;
CRect tabRect;
m_tab.GetClientRect(&tabRect);

tabRect.left += 1;
tabRect.right -= 1;
tabRect.top += 25;
tabRect.bottom -= 1;

switch(m_tab.GetCurSel())
{
case 0:
    m_DlgID.SetWindowPos(NULL, tabRect.left, tabRect.top, tabRect.Width(), tabRect.Height
(), SWP_SHOWWINDOW);
    m_DlgPassword.SetWindowPos(NULL, tabRect.left, tabRect.top, tabRect.Width(), tabRect.
Height(), SWP_HIDEWINDOW);
    break;
case 1:
    m_DlgID.SetWindowPos(NULL, tabRect.left, tabRect.top, tabRect.Width(), tabRect.Height
(), SWP_HIDEWINDOW);
    m_DlgPassword.SetWindowPos(NULL, tabRect.left, tabRect.top, tabRect.Width(), tabRect.
Height(), SWP_SHOWWINDOW);
```

```
        break;
    default:
        break;
    }
}
```

⑧再运行程序,最终的标签页切换效果如下所示。

标签控件第一个标签页,效果如图2.41所示。

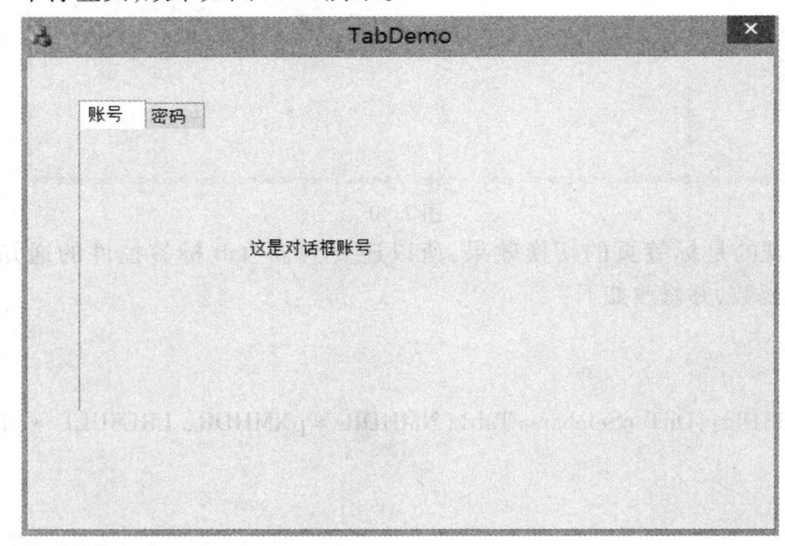

图2.41

标签控件第二个标签页效果如图2.42所示。

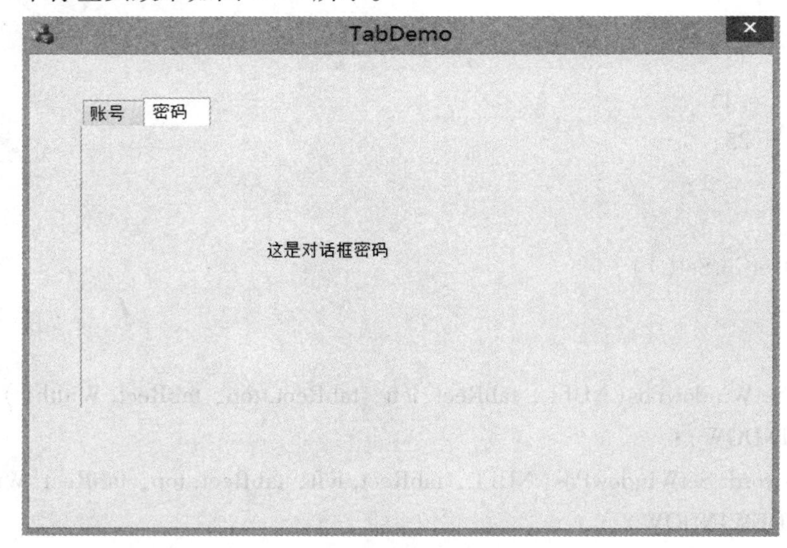

图2.42

2.2.6 ComBox 控件

(1)ComBox 控件简介

组合框同样相当常见,例如在Windows系统的控制面板上设置语言或位置时,有很多选项,用来进行选择的控件就是组合框控件。它为我们的日常操作提供了很多方便。

（2）ComBox 控件应用

①创建一个基于对话框的 MFC 工程，名称设置为"ComBoxDemo"。

②在自动生成的对话框模板 IDD_COMBOXDEMO_DIALOG 中，删除"TODO：Place dialog controls here."静态文本控件、"OK"按钮和"Cancel"按钮。添加一个 Combo Box 控件，ID 设置为"IDC_COMBO_WEB"，Type 属性设置为"Drop List"，为下拉列表式组合框，编辑框不允许用户输入，Sort 属性设置为"False"，以取消排序显示。再添加一个静态文本控件和一个编辑框，静态文本控件的 Caption 属性设置为"您选择的网站："，编辑框的 ID 设置为"IDC_EDIT_WEB"，Read Only 属性设置为"True"。此时的对话框模板如图 2.43 所示。

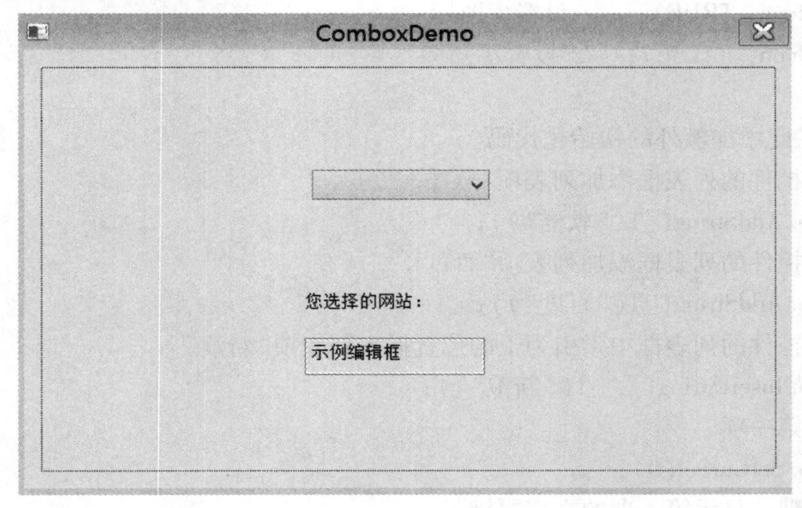

图 2.43

③为组合框 IDC_COMBO_WEB 添加 CComboBox 类型的控件变量 m_comboWeb，如图 2.44 所示。

图 2.44

④在对话框初始化时,设计者将站点名加入组合框中,并默认选择第一项,那么需要修改 CComboxDemoDlg::OnInitDialog()函数为:

```
BOOL CComboxDemoDlg::OnInitDialog()
{
    CDialogEx::OnInitDialog();

    // 设置此对话框的图标。当应用程序主窗口不是对话框时,框架将自动
    //  执行此操作
    SetIcon(m_hIcon, TRUE);  // 设置大图标
    SetIcon(m_hIcon, FALSE);  // 设置小图标

    // TODO: 在此添加额外的初始化代码
    // 为组合框控件的列表框添加列表项"软酷"
    m_comboWeb.AddString(_T("软酷"));
    // 为组合框控件的列表框添加列表项"百度"
    m_comboWeb.AddString(_T("百度"));
    // 在组合框控件的列表框中索引为1的位置插入列表项"新浪"
    m_comboWeb.InsertString(1, _T("新浪"));
    // 默认选择第一项
    m_comboWeb.SetCurSel(0);
    // 编辑框中默认显示第一项的文字"软酷"
    SetDlgItemText(IDC_EDIT_WEB, _T("软酷"));
    return TRUE;  // 除非将焦点设置到控件,否则返回 TRUE
}
```

⑤我们希望在组合框中选中的列表项改变时,将最新的选择项实时显示到编辑框中,那么这就要用到 CBN_SELCHANGE 通知消息。为列表框 IDC_COMBO_WEB 的通知消息 CBN_SELCHANGE 添加消息处理函数 CComboxDemoDlg::OnCbnSelchangeComboWeb(),如图 2.45 所示。

⑥对 CComboxDemoDlg::OnCbnSelchangeComboWeb(),修改如下:

```
void CComboxDemoDlg::OnCbnSelchangeComboWeb()
{
    // TODO: 在此添加控件通知处理程序代码
    CString strWeb;
    int nSel;

    // 获取组合框控件的列表框中选中项的索引
    nSel = m_comboWeb.GetCurSel();
    // 根据选中项索引获取该项字符串
    m_comboWeb.GetLBText(nSel, strWeb);
    // 将组合框中选中的字符串显示到 IDC_SEL_WEB_EDIT 编辑框中
    SetDlgItemText(IDC_EDIT_WEB, strWeb);
}
```

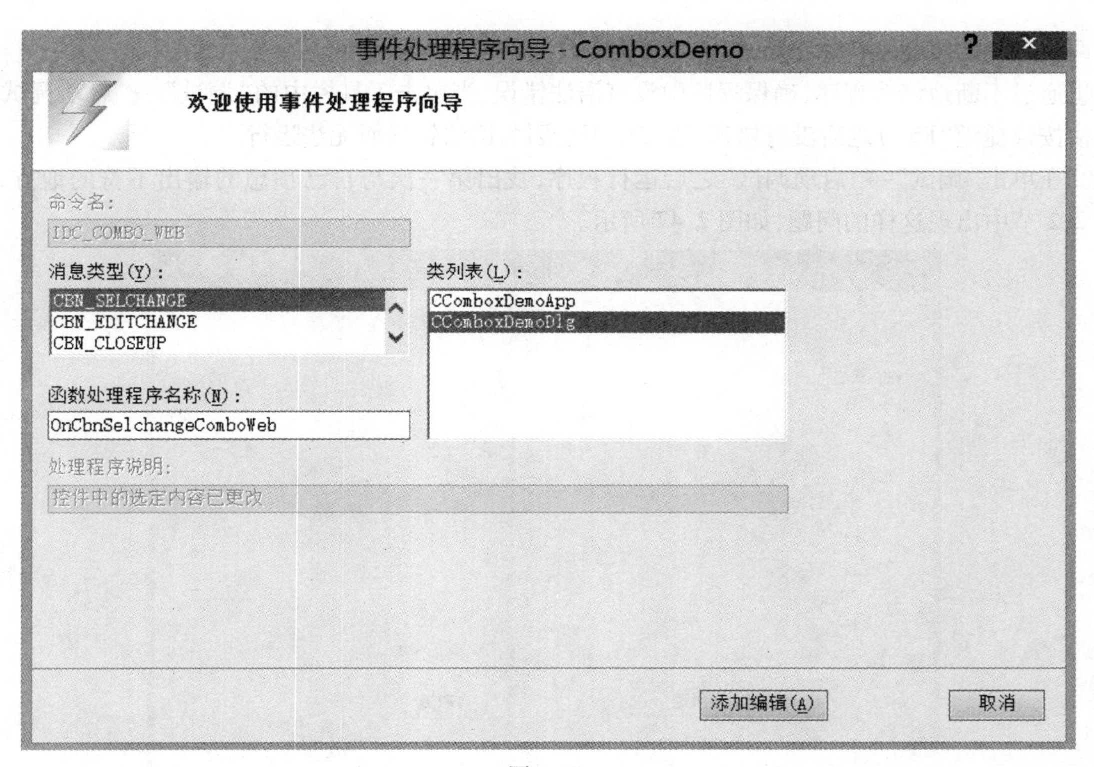

图 2.45

⑦运行程序，弹出结果对话框，在对话框的组合框中改变选择项时，编辑框中的显示会相应改变，如图 2.46 所示

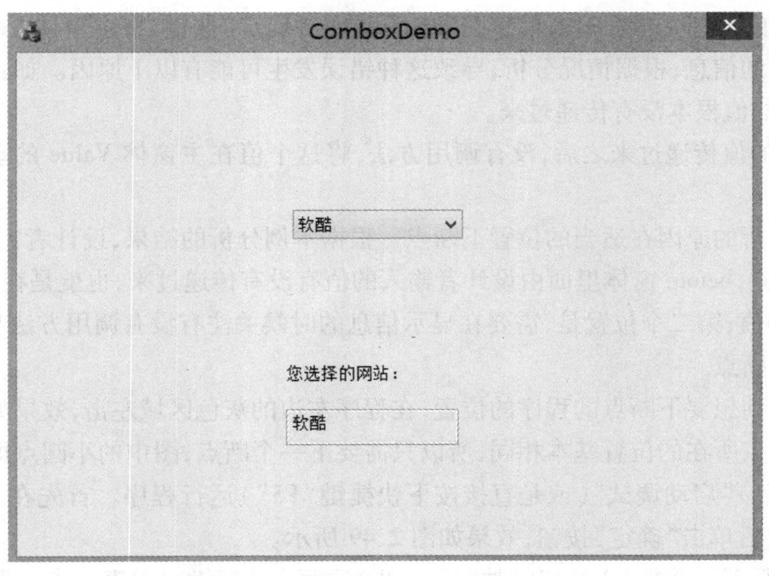

图 2.46

2.2.7　MFC 程序调试

在编写 MFC 程序时，经常会遇到程序的输出与自己的预想不符，或是直接出现 Bug，使程序直接崩溃。为了解决这一问题，就要用到调试这一程序员必备的能力了，本节将介绍怎样调试一个 MFC 程序。在 VS2010 开发环境之中设计者可以直接使用开发环境自带的工具进行调试，本节将以 2.2.2 节中的程序为例讲述怎样调试一个 MFC 程序。

调试程序的步骤主要如下所述。

①通过不断地修改程序,确保程序中没有语法错误,当单击工具栏中的“调试”→“启动调试”(或是直接按快捷键“F5”)之后没有错误,程序就不会因为语法错误而无法运行。

②在单击“调试”→“启动调试”之后运行程序,找出第一次与自己预想的输出不符的地方,例如在2.2.2节中出现这样的问题,如图2.47所示。

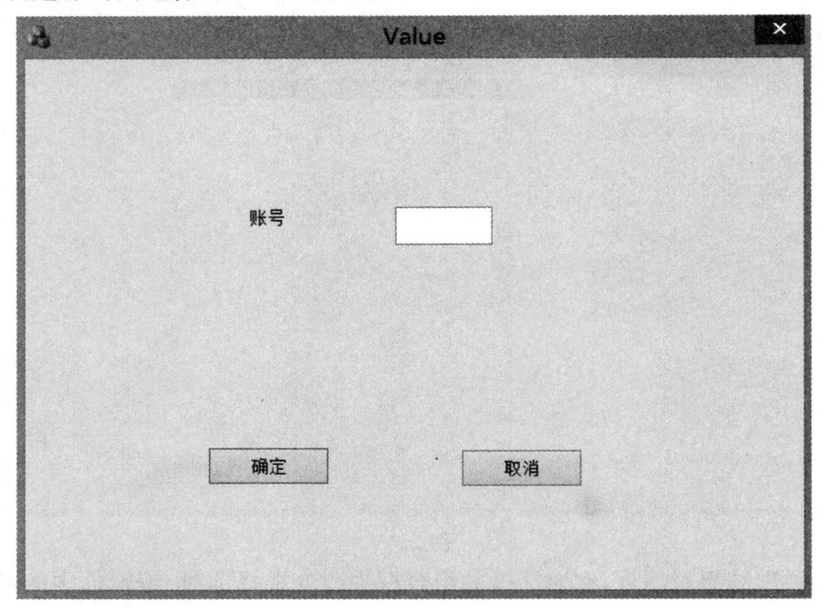

图2.47

在before窗体的动态文本框输入信息“123”后,单击“确定”按键,在主窗体Value之中没有显示出设计者想要传递的信息,根据情况分析,导致这种错误发生可能有以下原因。如:

a. before窗体的值根本没有传递过来。

b. before窗体的值传递过来之后,没有调用方法,将这个值在主窗体Value的动态文本框里面显示出来。

③根据自己分析的原因在适当的位置下断点。根据本例分析的结果,设计者需要查看的是在before窗体关闭的时候,before窗体里面由设计者输入的值有没有传递过来,也就是在before窗体关闭后Value中m_csID的值;第二个位置是,需要在显示信息的时候关注有没有调用方法显示信息。所以需要在这两个地方下断点。

④下断点。找到想要下断点的程序的位置,在程序左边的灰色区域左击,效果如图2.48所示。

因为这两个断点所在的位置基本相同,所以只需要下一个断点,图中的小圆点即为断点的位置。

⑤单击“调试”→“启动调试”(或是直接按下快捷键“F5”)运行程序。首先在before窗体的文本框内输入“123”,然后单击“确定”按钮,效果如图2.49所示。

⑥运用F5(执行下一个断点)和F10(执行下一步)这两个快捷键对程序一步一步地运行,在下面的“监视1”中观察所要查看的变量的值,如果设计者想要查看变量的值在“监视1”中没有,设计者可以通过手动输入,或是在代码之中双击选定这个变量名,然后用鼠标左键将这个变量拖进“监视1”。

在本例中设计者通过按F10快捷键发现在主窗体中的m_csID的值是空的,通过观察设计者发现的错误是将“m_csID = m_DlgBefore→m_csID”写成了“m_DlgBefore→m_csID = m_csID”,然后可单击“窗口”→“停止调试”(或是使用快捷键Shift+F5)退出调试,以对错误的地方进行修改。

```
END_MESSAGE_MAP()


// CValueDlg 消息处理程序

BOOL CValueDlg::OnInitDialog()
{
    CDialogEx::OnInitDialog();

    // 设置此对话框的图标。当应用程序主窗口不是对话框时，框架将自动
    //  执行此操作
    SetIcon(m_hIcon, TRUE);        // 设置大图标
    SetIcon(m_hIcon, FALSE);       // 设置小图标

    // TODO: 在此添加额外的初始化代码

    CDlgBefore* m_DlgBefore;
    m_DlgBefore = new CDlgBefore(this);
    m_DlgBefore->DoModal();
    m_DlgBefore->m_csID = m_csID;
    UpdateData(FALSE);

    return TRUE;  // 除非将焦点设置到控件，否则返回 TRUE
}

// 如果向对话框添加最小化按钮，则需要下面的代码
//  来绘制该图标。对于使用文档/视图模型的 MFC 应用程序，
//  这将由框架自动完成。
```

图2.48

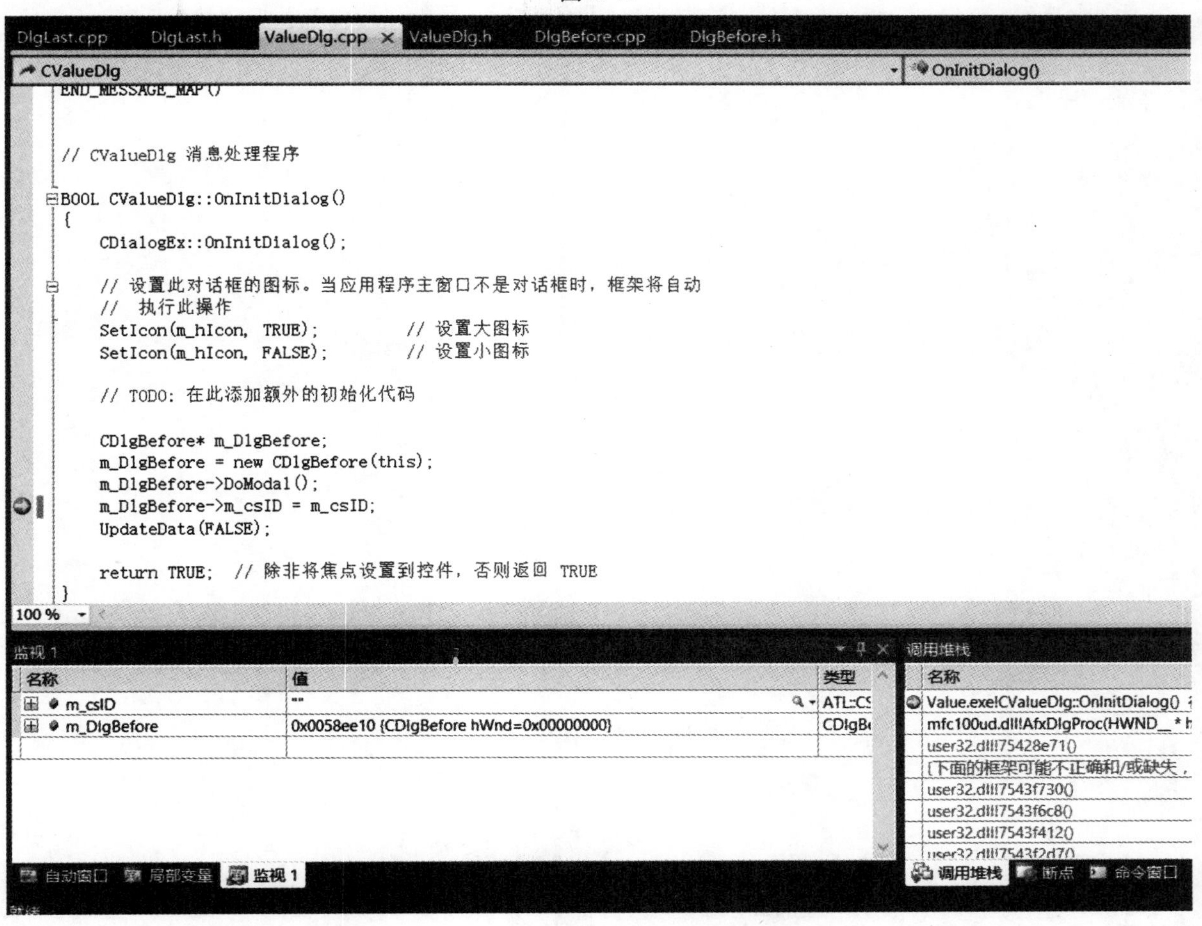

图2.49

⑦完成之后在单击“调试”→“启动调试”(快捷键F5)进行调试，发现得到了预期的结果，效果如图2.50所示。

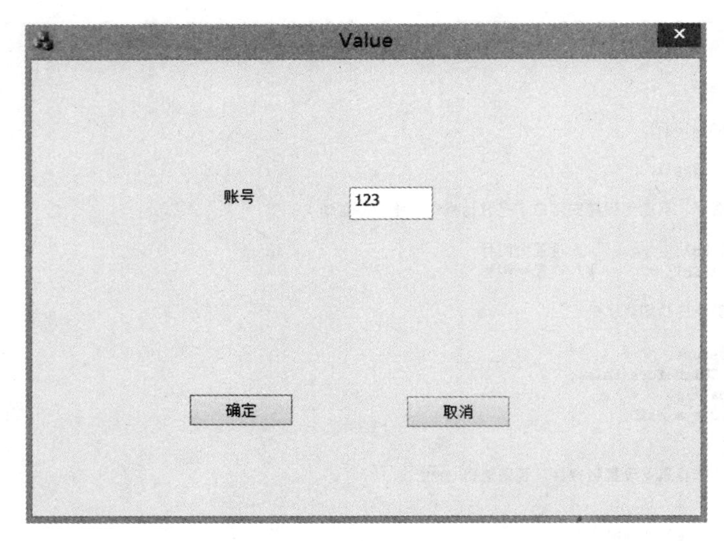

图 2.50

第3章 软件工程实训项目案例一:五子江湖

【项目介绍】

五子棋游戏源远流长,它源于古代中国,发展于日本,风靡于欧洲。五子棋不仅能增强思维能力,提高智力,而且富含哲理,有助于修身养性。五子棋既有现代休闲的明显特征"短、平、快",又有古典哲学的高深学问"阴阳易理";它既有简单易学的特性,为人民群众所喜闻乐见,又有深奥的技巧和高水平的国际性比赛;其棋文化源远流长,具有东方的神秘和西方的直观;既有"场"的概念,也有"点"的连接。它是中西文化的交流点,是古今哲理的结晶。

本系统实现了网络五子棋游戏,可使用户身临其境地体验进行网络五子棋游戏!

功能包括游戏、设置、帮助。采用古典画风,操作简单、直接。

项目的功能结构图如图3.1所示。

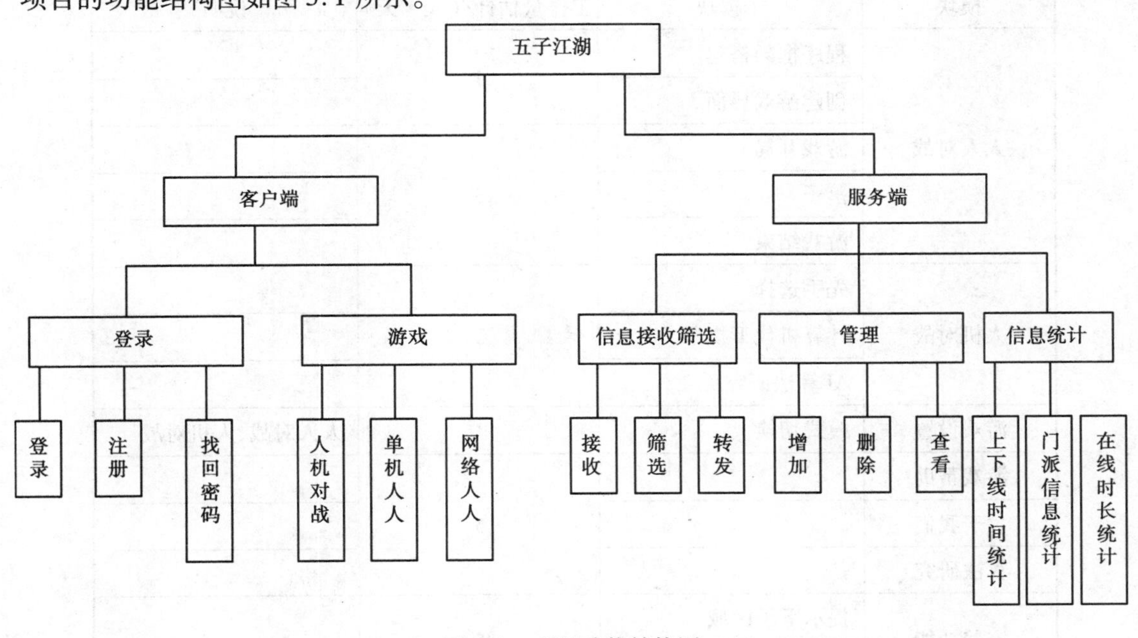

图3.1　项目功能结构图

3.1 项目立项报告

3.1.1 项目提出

项目提出见表3.1。

表3.1 项目提出

Project ID 项目 ID	Project Name 项目名称
v8.400.2161.34	五子江湖

3.1.2 项目目标

①完成五子棋游戏的基本功能:落子(GDI贴图)、算法的编写(胜负判断、AI算法)、悔棋和认输功能。

②努力实现一些拓展功能:如背景音乐的选择、游戏主题的设计、棋盘内容的保存、局域网间的玩家对战(Socket通信)等。

3.1.3 系统边界

不涉及第三方,边界等同于项目目标。

3.1.4 工作量估计

工作量估计见表3.2。

表3.2 工作量估计

模块	子模块	工作量估计/(人·天)	说明
人人对战	程序框架搭建	1	
	创建游戏界面		
	游戏开局	3	
	落子		
	游戏结束		
人机对战	先手选择	5	
	计算机代下棋子		
	AI算法研究		
游戏设置	模式切换	1	人人对战,人机对战
游戏帮助		5	
关于我们			
算法研究			
完善功能	提示下子区域	5	
	悔棋		

续表

模块	子模块	工作量估计/(人·天)	说明
完善功能	计时	5	
	落子音效		
	背景音效		
	认输		
	设计游戏的主题	5	
	背景音乐选择		
	落子音乐选择		
	背景图片选择		
	棋子图片选择		
	棋盘标签显示情况		
总工作量/(人·天)	25		

备注:"人·天"即几个人几天的工作量。

3.1.5 开发团队组成和计划时间

项目计划(Project Plan):2014年08月1—31日

项目成员(Project Team Member Number): 1人 (备注:单人项目)

3.2 软件项目计划

3.2.1 项目简介

五子棋游戏源远流长,它源于古代中国,发展于日本,风靡于欧洲。五子棋不仅能增强思维能力,提高智力,而且富含哲理,有助于修身养性。五子棋既有现代休闲的明显特征"短、平、快",又有古典哲学的高深学问"阴阳易理";它既有简单易学的特性,为人民群众所喜闻乐见,又有深奥的技巧和高水平的国际性比赛;其棋文化源远流长,具有东方的神秘和西方的直观;既有"场"的概念,也有"点"的连接。它是中西文化的交流点,是古今哲理的结晶。本系统实现了网络五子棋游戏,用户可身临其境地体验进行网络五子棋游戏!功能包括游戏、设置、帮助。采用古典画风,操作简单、直接。

3.2.2 交付件

交付件见表3.3。

表 3.3　交付件

S. No.	Deliverable 交付件
01	项目立项报告
02	项目计划(简版)
03	需求规格说明书
04	系统设计说明书
05	项目最终代码
06	项目介绍 PPT
07	项目关闭总结报告
08	个人总结

3.2.3　WBS 工作任务分解

WBS 工作任务分解见表 3.4。

表 3.4　WBS 工作任务分解表

序号	工作包	工作量/(人·天)	前置任务	任务易难度	负责人
1	项目启动	0.5	无	易	
2	项目规划	0.5	1	易	
3	需求分析	0.5	2	中	
4	需求评审	0.5	3	中	
5	系统设计	0.5	4	难	
6	设计评审	0.5	5	难	
7	模式选择实现及测试	1	13	易	
8	游戏介绍实现及测试	1	13	易	
9	设置背景音乐实现及测试	1	13	易	
10	退出游戏实现及测试	1	13	易	
11	登录模块实现及测试	1	12	易	
12	注册模块实现及测试	1	6	易	
13	找回密码模块实现及测试	1	11	易	
14	人机对战模块实现及测试	3	15	难	
15	人人对战(单机)模块实现及测试	2	10	中	
16	人人对战(联网)模块实现及测试	3	15	难	
17	创建房间模块实现及测试	1	15	易	
18	快速匹配模块实现及测试	1	15	易	
19	重新开始模块实现及测试	1	14	易	
20	保存进度模块实现及测试	1	14	易	

续表

序号	工作包	工作量/(人·天)	前置任务	任务易难度	负责人
21	悔棋模块实现及测试	2	14	中	
22	积分计算模块实现及测试	1	23	易	
23	聊天室模块实现及测试	2	16	难	
24	管理用户信息模块实现及测试	0.5	6	中	
25	处理积分信息模块实现及测试	0.5	6	中	
26	系统测试	1	25	难	
27	项目验收	1	26	中	
工作量总计/(人·天):30					

3.3　软件需求规格说明书

关键词(Keywords):RPG 角色扮演;人机对战;人人对战;游戏大厅

摘要(Abstract):本文主要描述了五子棋应用程序的软件需求,包括对软件的概述、系统的功能需求、性能需求、接口需求、软件质量的保证、需求分析的等级、其他需求等作了说明。

1　**简介**(Introduction)

1.1　目的(Purpose)

本文主要描述了五子棋应用程序的软件需求,作为系统设计和系统实现的参考文档,可使开发人员清晰地知道需要完成的任务定义和所需要实现的软件功能,保证项目得以正常并顺利进行,使用户能够利用程序完成他们的任务。本文档的预期读者有:项目开发组人员、测试组人员、验收组人员。

1.2　范围(Scope)

本文档包含的是五子江湖 RPG 五子棋系统项目的总体概述、功能需求、性能需求、接口需求、总体设计约束、软件质量性能需求等,详细描述了整个游戏系统项目的各个模块各个方面的需求,本文档并不包含系统以外的其他需求分析,例如不喜爱棋类和 RPG 类游戏的玩家的需求等。

2　**总体概述**(General description)

2.1　软件概述(Software perspective)

2.1.1　项目介绍(About the Project)

针对目前广阔而又竞争激烈的游戏市场,设计者推出了自己独特的集棋类游戏益智、休闲、策略和 RPG 游戏惊险、刺激、有代入感的种种优点于一身的 RPG 五子棋游戏系统——五子江湖。游戏具有丰富的 RPG 角色信息,精彩刺激合理的剧情设计,集单机对战、网络对战于一身,提供等级/积分制,让同等水平的玩家进行对战,保证游戏的合理公平性,配以生动活泼的对弈界面,幽默诙谐的对话信息,古典优雅的背景音乐,让用户在轻松愉快的氛围中以江湖侠客的身份感受五子棋盘上没有硝烟的战争,达到娱乐身心的效果。

2.1.2　项目环境介绍(Environment of Project)

本项目是独立的并且完全自我包含的,核心游戏模块包括无网时的人人对战、人机对战,联网时的人人对战和国战,并配以丰富精彩合理的剧情,并且根据不同的角色会分配不同的技能(分别为先手、减少对方思考时间、延时自己的思考时间、悔棋、和棋、交换共6个),为游戏添加了无限的可能;主要的组件功能有:对于用户有登录、注册、密码保护、游戏模式选择、背景音乐控制、游戏帮助等,对于管理员有用户信息的增删查改、游戏平台的相关信息统计等。本游戏游戏界面唯美、古装大气、背景音乐清新,满足玩家的心理需求。

2.2 软件功能(Software function),如图3.2、图3.3所示。

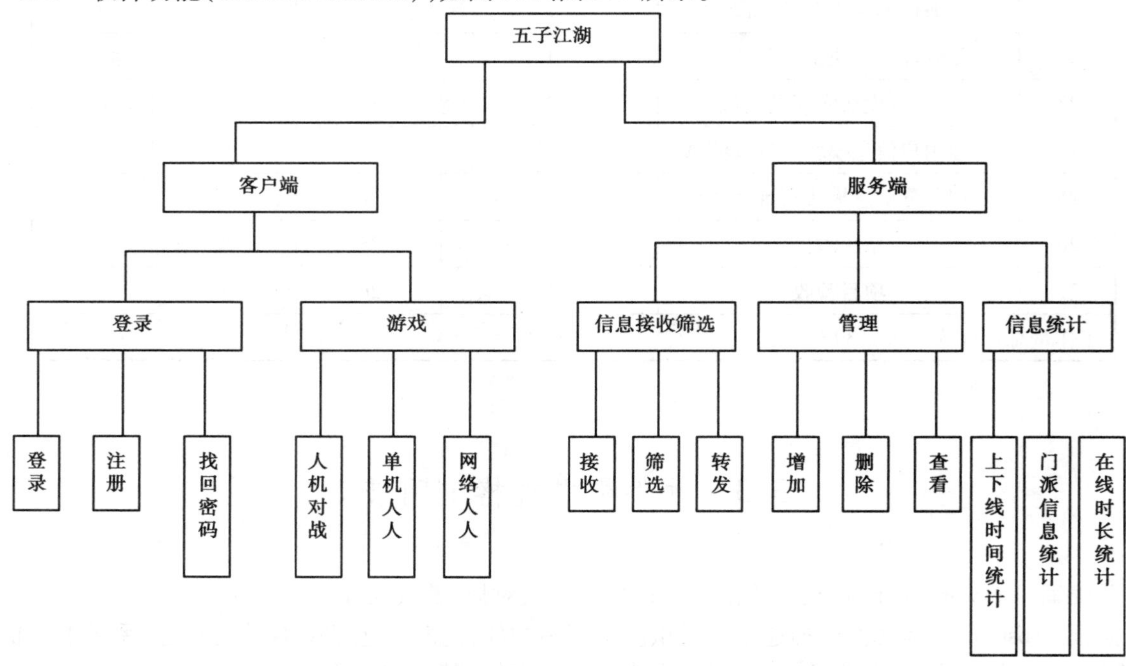

图3.2 五子江湖游戏系统功能模块图

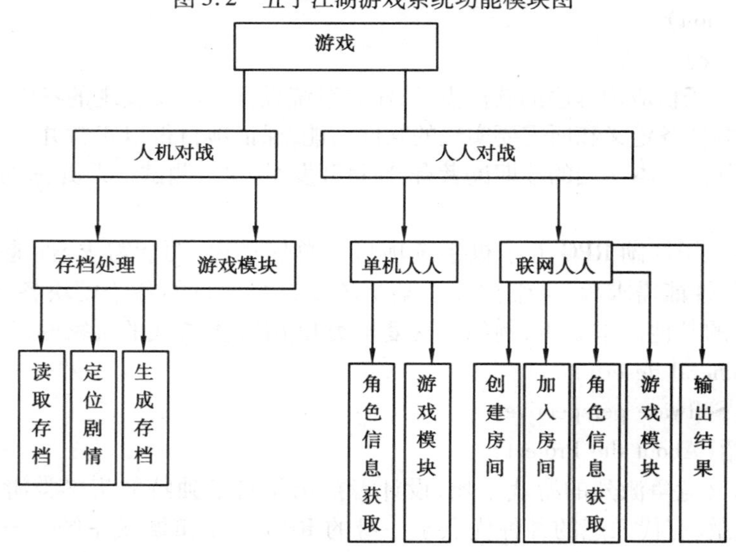

图3.3 平台游戏模块功能结构图

使用本文档的用户如下:

管理员:管理游戏平台用户信息,进行平台信息统计。

游戏玩家:玩家通过登录进入游戏界面。

系统架构师:根据此文档,设计软件框架。

系统测试师:根据文档,对软件进行测试。

UI设计师:根据文档进行界面设计和后期美化。

开发人员:根据文档,进行系统实现。

2.3　假设和依赖关系(Assumptions & Dependencies)

2.3.1　功能需求(Functional Requirements),如图3.4所示。

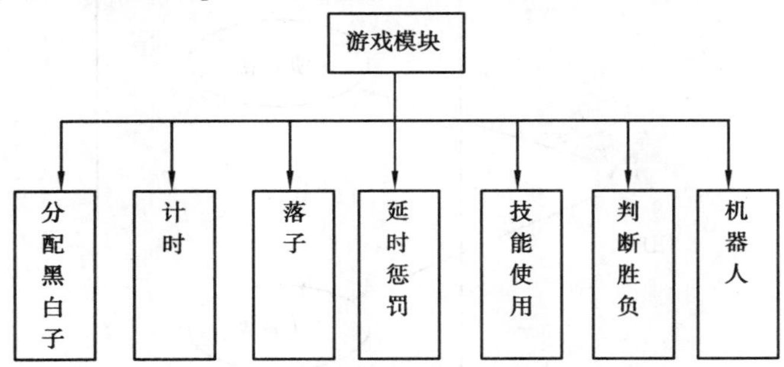

图3.4　对弈模块功能结构图

RPG五子棋顶层用例图(Use Case Diagram)如图3.5所示。

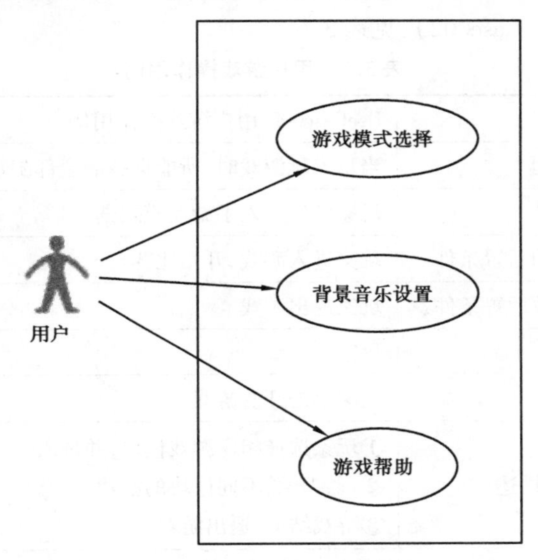

图3.5　RPG五子棋顶层用例图

顶层用例(UseCase001),见表3.5。

表3.5　顶层用例

<table>
<tr><td colspan="2">用例名:</td><td>UseCase001 顶层用例</td></tr>
<tr><td colspan="2">简要说明</td><td>游戏开始界面的功能</td></tr>
<tr><td colspan="2">前置条件</td><td>玩家选择此款游戏</td></tr>
<tr><td rowspan="2">后置条件</td><td>成功后置条件</td><td>玩家进入游戏</td></tr>
<tr><td>失败后置条件</td><td>玩家退出游戏</td></tr>
<tr><td colspan="2">Actor 活动参与者</td><td>玩家</td></tr>
<tr><td colspan="2">触发事件</td><td>玩家单击此款游戏,进入游戏</td></tr>
<tr><td colspan="2">基本事件流描述</td><td>无</td></tr>
<tr><td colspan="2">备选事件流</td><td>无</td></tr>
<tr><td colspan="2">特殊需求</td><td>无</td></tr>
</table>

用户游戏操作用例如图3.6所示。

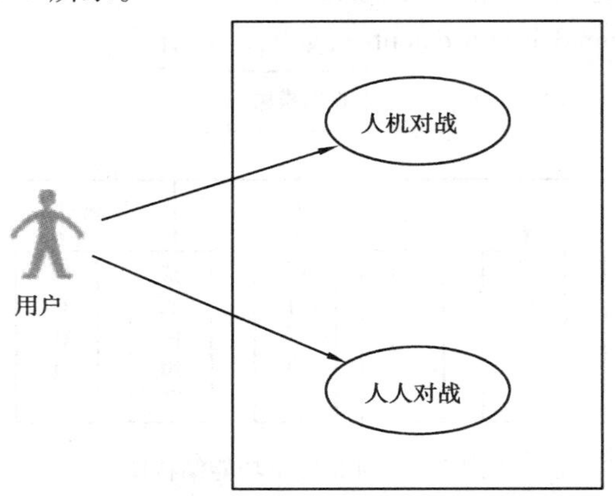

图3.6 用户游戏操作用例

用户游戏操作用例(Use Case002),见表3.6。

表3.6 用户游戏操作用例

用例名:		UseCase002 用户游戏操作用例
简要说明		当玩家玩游戏时,所能选择的全部游戏模式
前置条件		玩家已经进入了游戏模式选择
后置条件	成功后置条件	玩家进入游戏,开始比赛
	失败后置条件	玩家退出游戏
Actor 活动参与者		玩家
触发事件		玩家单击开始游戏
基本事件流描述		①玩家选择相应游戏模块,并进入 ②玩家开始不同模块的游戏 ③游戏结束,退出游戏
备选事件流		无
特殊需求		无

用户平台交互用例如图3.7所示。

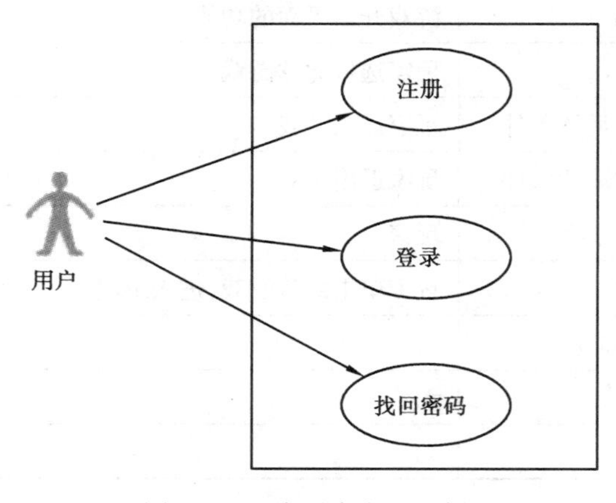

图3.7 用户平台交互用例

用户平台交互用例(Use Case003),如表3.7所示。

表3.7　用户平台交互用例

用例名:		UseCase003 用户平台交互用例
简要说明		用户的注册,登录,修改信息,找回密码
前置条件		玩家选择网络对战游戏模式
后置条件	成功后置条件	玩家进行网络对战
	失败后置条件	玩家进行单机游戏
Actor 活动参与者		玩家
触发事件		玩家填写信息并提交响应模块
基本事件流描述		①输入相应信息 ②提交信息
备选事件流		无
特殊需求		无

管理员用例如图3.8所示。

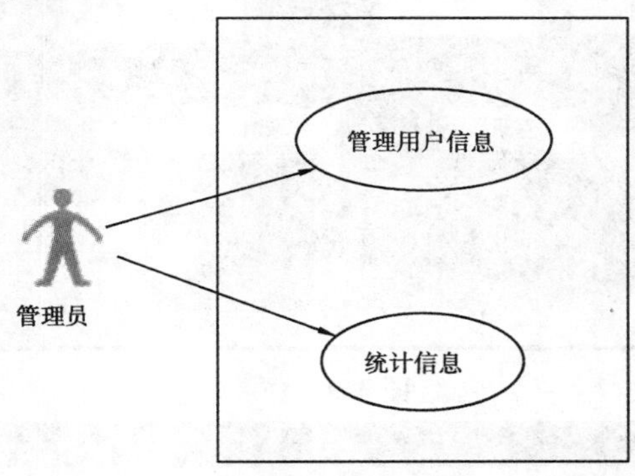

图3.8　管理员用例

管理员用例(Use Case004),见表3.8。

表3.8　管理员用例表

用例名:		UseCase004 管理员用例
简要说明		管理员对平台用户信息的管理和统计
前置条件		打开服务器端程序
后置条件	成功后置条件	进行管理和统计
	失败后置条件	无法进行任何操作
Actor 活动参与者		管理员
触发事件		单击相关操作按钮
基本事件流描述		①管理员根据选择的不同操作输入相关用户信息。 ②进行数据库交互。 ③管理统计信息返回。
备选事件流		无
特殊需求		无

2.3.2　性能需求(Performance Requirements)

机器配置的要求:对CPU和内存的要求都比较低,CPU最低配置为奔腾处理器即可,内存512M以上即可,如果需要进行网络对战,还必须提供局域网。本游戏客户端运行的操作系统要求为Windows XP和Windows 7操作系统,服务端运行的操作系统要求为Windows XP和Windows 7操作系统。

网络环境要求:如果玩家想要进行局域网对战,必须要有可以使用的局域网,才能在局域网内进行玩家对战。

2.3.3　接口需求(Interface Requirements)

(1)用户接口(User Interface)

交互界面采用PC机显示屏,能在1 024×768的分辨率下很好地显示,并自动适应其分辨率的显示。用户界面如图3.9—图3.21所示。

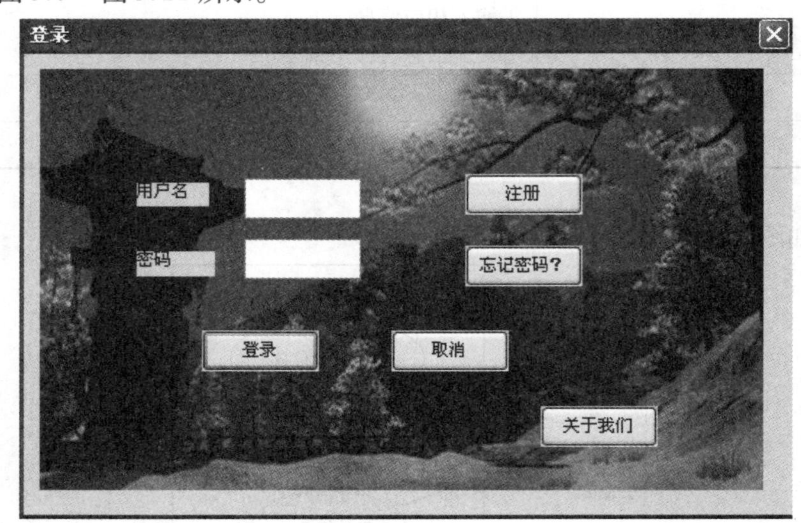

图3.9　登录

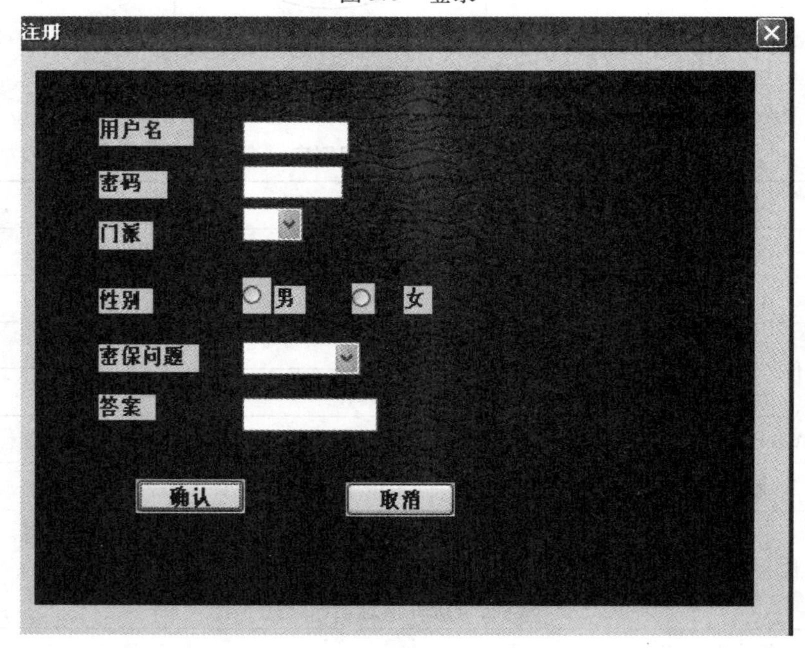

图3.10　注册

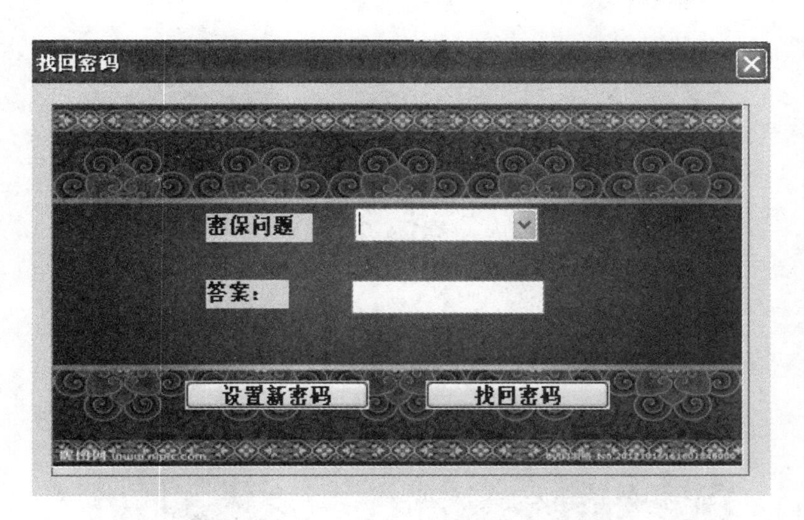

图3.11　找回密码

图3.12　返回密码信息

图3.13　模式选择

图3.14　剧情介绍

图3.15　峨嵋派介绍

图3.16　丐帮介绍

图3.17　少林介绍

图 3.18　武当介绍

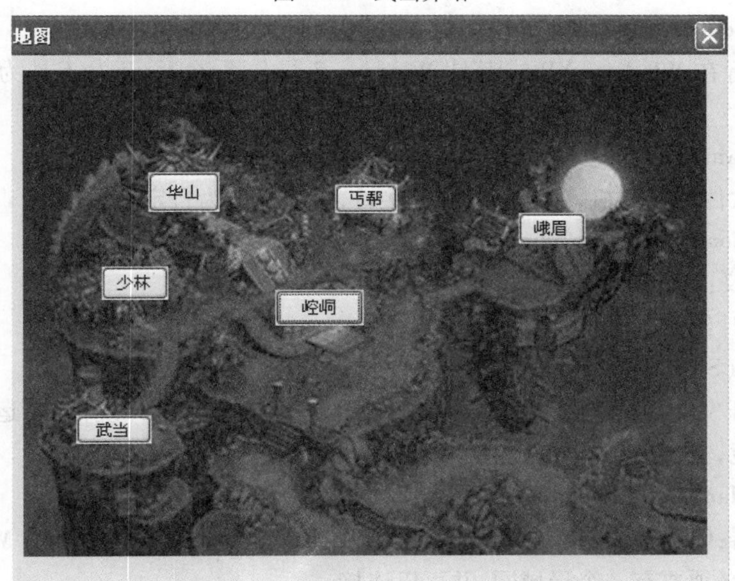

图 3.19　剧情关卡

图 3.20　人人对战

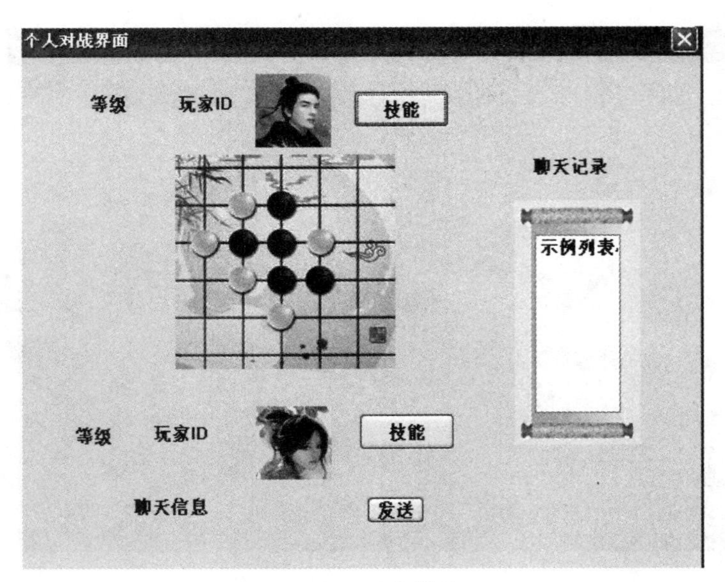

图3.21　对弈模块

(2)软件接口(Software Interface)

本程序全部运行在 Windows XP 或者是 Windows 7 操作系统下,开发工具为 VS2010,开发框架为 MFC。

硬件接口(Hardware Interface)

能运行服务器软件的计算机,公共信息服务接口,接口标准为自定义。

(3)通信接口(Communication Interface)

Internet 接入协议:TCP/IP、HTTP。

2.3.4　总体设计约束(Overall Design Constraints)

(1)标准符合性(Standards compliance)

本应用程序的开发在源代码上遵循 C++编程规范,遵循 C++开发标准,运用 MicroSoft Visual Studio 2010 开发环境,文档依据深圳软酷网络科技有限公司。

(2)硬件约束(Hardware Limitations)

用户应用服务器:CPU 和内存要求都比较低,CPU 要求是 P4 以上,内存 512 M 以上即可,如果需要进行网络对战,还必须要有一个局域网,并可以连接。

(3)技术限制(Technology Limitations)

编程规范:用 C++编写,并用 MFC 框架开发服务器端和客户端的程序,开发工具为 VS2010,数据库限定为 SqlServer2005。

2.3.5　软件质量特性(Software Quality Attributes)

(1)可靠性(Reliability)

容错性:在出现软件错误时仍然能够维持某种层次性能的能力。

可测试性:产品的单元模块和最终产品的功能都是可验证和可测试的。

可恢复性:当应用程序出现故障或机器硬件出现断电等情况,应用程序应该能自动恢复数据和安全性等方面的功能。

可靠性:提供给用户的最终产品在6个月的运行期间,不能有致命的错误,严重错误不超过5次,一般不超过15次。

可维护性:提供可维护的接口,本程序未实现的功能正在完善。

灵活性:功能可随着需求进行扩展。

(2)易用性 (Usability)

易懂性:用户比较容易通晓软件的逻辑概念和软件的适用性。

易学性:此软件没有复杂操作,用户比较容易学会。

易操作性:只需要通过鼠标来操作此软件。

适应性:在操作方式、运行环境、与其他系统的接口以及开发计划等发生变化时,应具有的适应能力。

2.3.6　其他需求(Other Requirements)

(1)数据库(Database)

本项目用到 Sql Server 2005,用于玩家信息的存储和修改。

(2)操作(Operations)

用户进入虚拟系统后进行探索,角色进行成长并满足自我实现。探索主要表现为进入游戏场景、提示、尝试新功能等。玩家总是希望能够尽快熟悉虚拟世界当中的各种属性,以便完成成长与个人实现。玩家还有交互需求,虚拟世界中的交互实现是以角色为基本单元对象进行的,交互在本项目中主要为对话、聊天等。

玩家:打开游戏,游戏操作有:注册用户、登录平台、修改信息、找回密码;选择游戏模式、进行游戏;查看游戏帮助;设置游戏音效;等等。

管理员:管理用户信息,分为增加、删除、修改、查看等功能;统计平台用户信息等。

(3)本地化(Localization)

只支持中文。

需求分级(Requirements Classification),见表3.9。

表3.9　需求分级表

Requirement ID 需求 ID	Requirement Name 需求名称	Classification 需求分级
1	用户登录	A
2	用户注册	A
3	修改个人信息	A
4	找回密码	A
5	退出游戏	A
6	模式选择	A
7	游戏介绍	A
8	人机对战	A
9	人人对战	A
10	游戏大厅国战	A
11	创建房间	A
12	快速匹配	A
13	重新开始	A

续表

Requirement ID 需求 ID	Requirement Name 需求名称	Classification 需求分级
14	管理用户信息	A
15	设置背景	A
16	保存进度	B
17	积分管理	B
18	玩家技能	B
19	聊天室	C

2.4　Appendix 附录

2.4.1　可行性分析结果(Feasibility Study Results)

本应用程序在初级实现阶段功能实现比较简单,根据开发人员自身知识掌握水平和开发环境估计,国战、人机对战、快速匹配等方面还没有研究出具体的解决方案,其余的都能按时完成。

2.4.2　词汇表(Glossary)

3.4　软件设计说明书

关键词(Keywords):系统设计;概要设计

摘要(Abstract):本文档描述了五子江湖的五子棋游戏的概要设计,以及操作类的概要设计。

1　**简介**(Introduction)

1.1　目的(Purpose)

本文档描述了 RPG 五子棋的概要设计过程,作为以后详细设计的基础。

本文档的预期读者为中间用户(软件的管理人员、设计人员、开发人员、测试人员、维护人员)。

1.2　范围(Scope)

本文档描述了在《软件需求规格说明书》文档中提到的所有功能需求。

(1)软件名称(Name)

五子江湖(RPG 五子棋)。

(2)软件功能(Functions)

2　**系统总体设计**(System Design)

2.1　软件系统上下文定义(Software System Context Definition)

待开发应用程序为 RPG 五子棋游戏,此应用程序为完全独立的系统,不考虑与外部的接口。

2.2　设计思路(可选)[Design Considerations (Optional)]

(1)Design Alternatives 设计可选方案

游戏设计可选方案:一、在人机对战时,玩家胜一盘棋后增加一定的积分。

二、在人机对战时,玩家胜一盘棋后,进入下一关。

因为人机对战没有联网,无法在数据库中更新积分,最终选择方案二。

该开发应用程序选择 Microsoft VS2010。

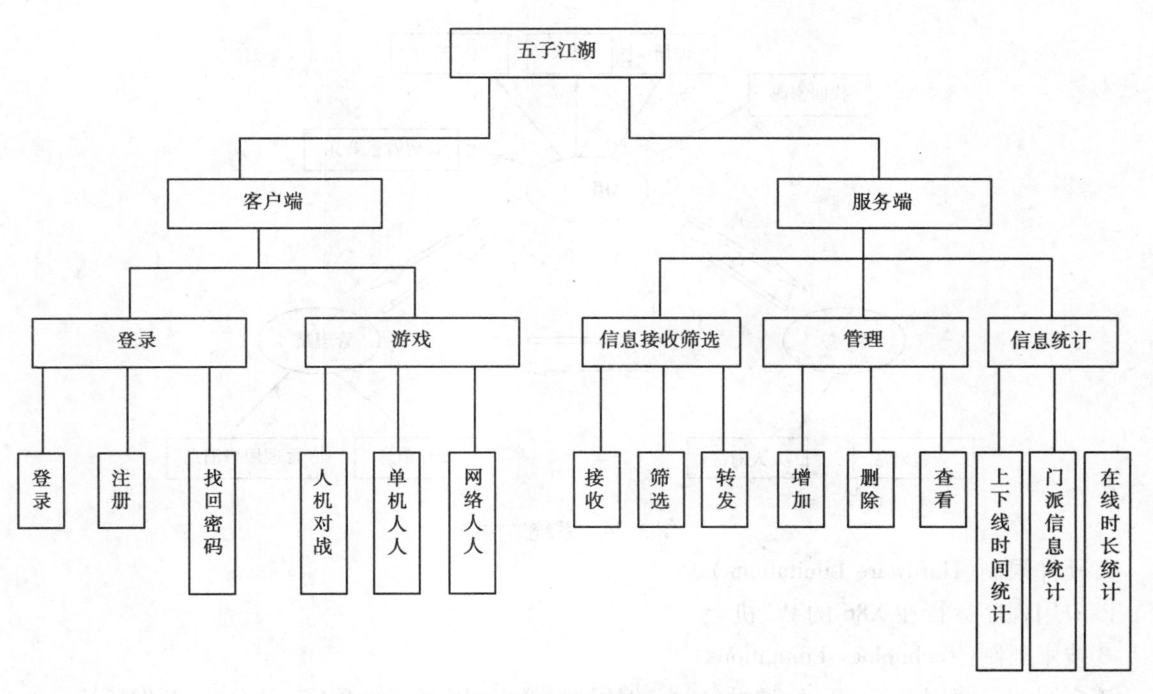

图3.22　五子江湖游戏系统功能模块图

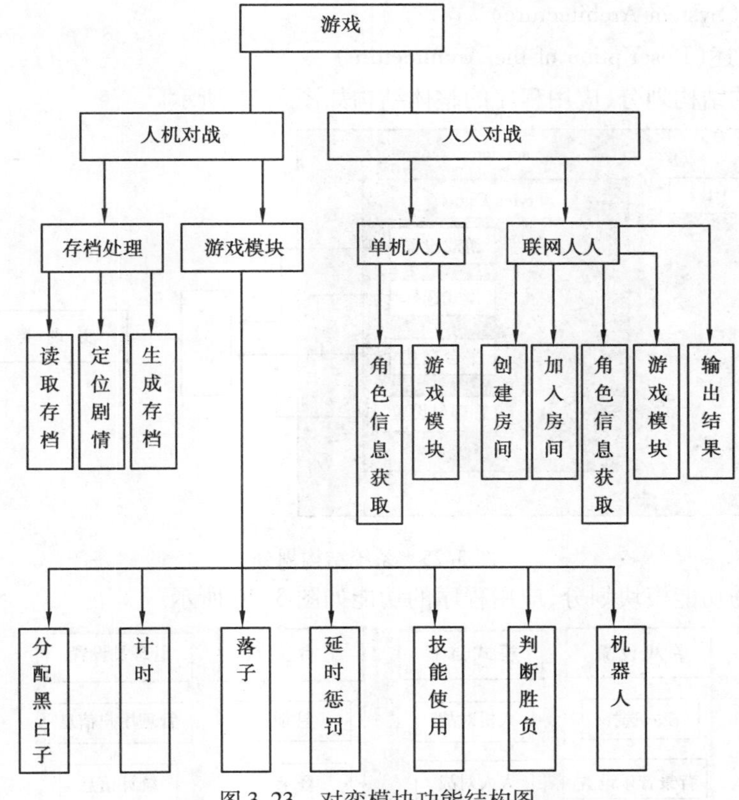

图3.23　对弈模块功能结构图

(2)设计约束(Design Constraints)

①遵循标准(Standards compliance)

该应用程序是C++开发的一个程序,遵循C++标准。

本应用程序三层框架见附件。

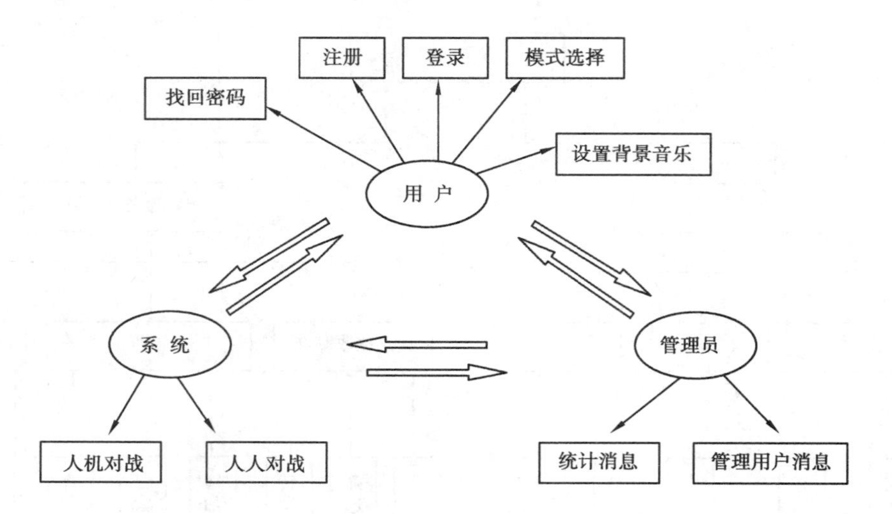

图 3.24　系统结构图

②硬件限制(Hardware Limitations)

该应用程序运行在 X86 的 PC 机上。

③技术限制(Technology Limitations)

该应用程序使用 C++开发,遵循《C++编码规范》,运用 Microsoft Visual C++开发环境。

2.3　系统结构(System Architecture)

(1)系统结构描述(Description of the Architecture)

a. 按应用程序的结构划分,应用程序的整体结构如图 3.25 所示。

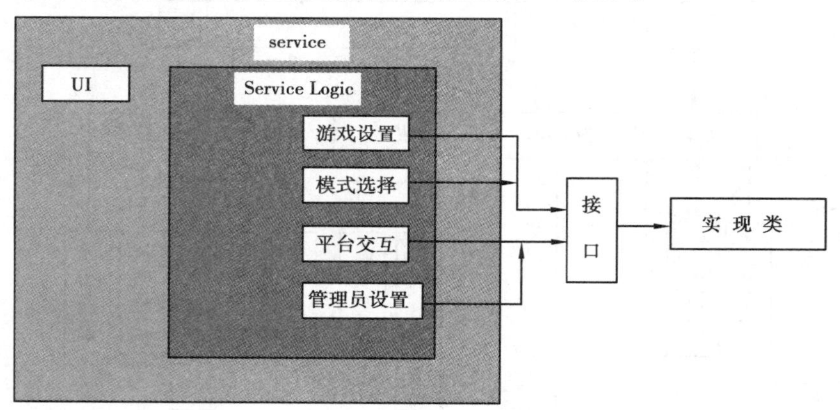

图 3.25　系统结构划分

b. 按应用程序的功能模块划分,应用程序的功能如图 3.26 所示。

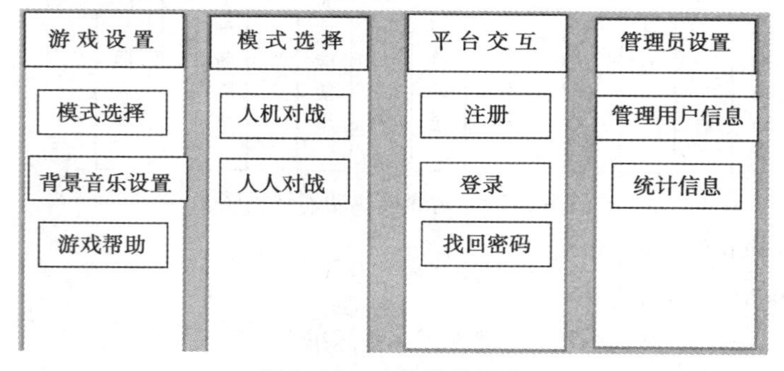

图 3.26　功能模块划分

(2)Representation of the Business Flow 业务流程说明

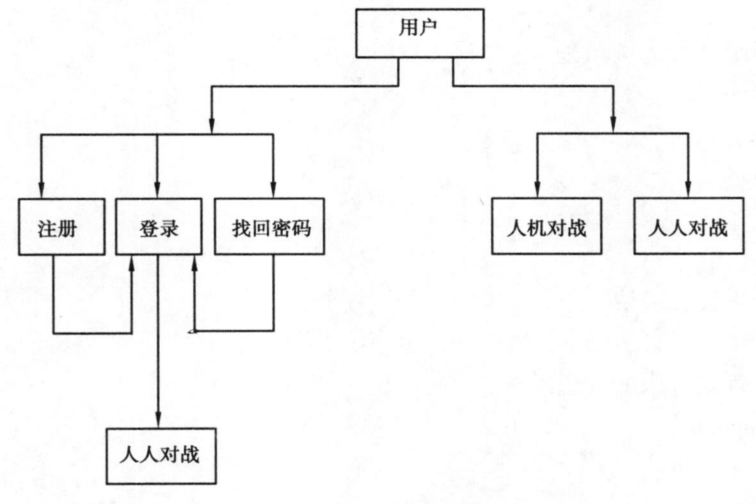

图3.27　用户流程图

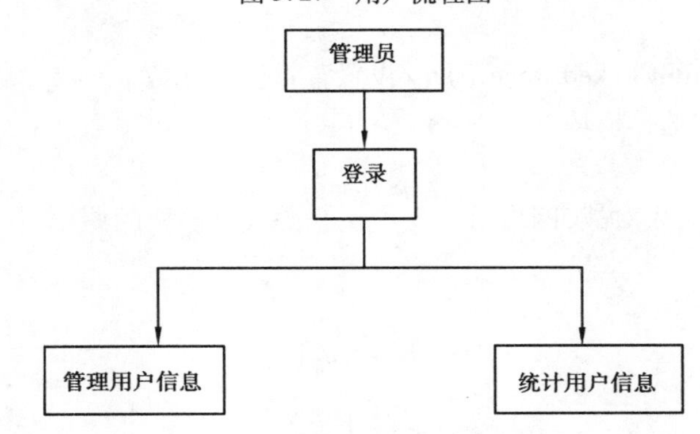

图3.28　管理员流程图

2.4　分解描述(Decomposition Description)

(1)客户端描述(Module/Subsystem 1 Description)

①模块名称:游戏开始模块。

简介:

功能:实现模式选择,音乐设置,关于我们,退出游戏4个模块的调用

头文件:StartPage. h

源文件:StartPage. cpp

类名:CStartPage

功能列表:

```
//调用退出游戏:
void CStartPage::OnBnClickedBtnQuit()
//调用关于我们:
void CStartPage::OnBnClickedBtnAbout()
//调用音乐设置模块:
void CStartPage::OnBnClickedBtnMusic()
//调用游戏模式选择模块:
void CStartPage::OnBnClickedBtnPattern()
```

②模块名称:关于我们。
简介:
功能:展示项目组开发人员风采
头文件:AboutPage.h
源文件:AboutPage.cpp
类名:CAboutPage
功能列表:
无
③模块名称:音乐设置模块。
简介:
功能:实现游戏背景音乐的设置
头文件:MusicPage.h
源文件:MusicPage.cpp
类名:CMusicPage
功能列表:
void CPatternPage::OnBnClickedBtnSet() //设置背景音乐函数
④模块名称:游戏模式选择模块。
简介:
功能:实现人机对战,人人对战,网络对战3个核心游戏子模块的调用
头文件:PatternPage.h
源文件:PatternPage.cpp
类名:CPatternPage
功能列表:
void CPatternPage::OnBnClickedBtnPbgame()//选择人机对战模块
void CPatternPage::OnBnClickedBtnPpgame()//选择人人对战模块
void CPatternPage::OnBnClickedBtnNetgame()//选择网络对战模块
⑤模块名称:人机对战模块。
简介:
功能:游戏核心功能之一,融入主要的RPG剧情,实现完整的人机对战
头文件:PBGamePage.h
源文件:PBGamePage.cpp
类名:CPBGamePage
功能列表:
void CPBGamePage::OnBnClickedBtnNew()//新的征程
void CPBGamePage::OnBnClickedBtnOld()//旧的记忆
⑥模块名称:选择游戏门派(人机)模块。
简介:
功能:人机对战时,玩家开启新的征程,玩家可以选择自己的门派
头文件:ChooseMenpaiPage.h
源文件:ChooseMenpaiPage.cpp
类名:CChooseMenpaiPage

功能列表:
void CChooseMenpaiPage::OnBnClickedBtnGaibang()//选择丐帮
void CChooseMenpaiPage::OnBnClickedBtnShaolin()//选择少林
void CChooseMenpaiPage::OnBnClickedBtnWudang()//选择武当
void CChooseMenpaiPage::OnBnClickedBtnEmei()//选择峨眉
void CChooseMenpaiPage::OnBnClickedBtnKongtong()//选择崆峒
void CChooseMenpaiPage::OnBnClickedBtnHuashan()//选择华山
⑦模块名称:剧情介绍。
简介:
功能:人机对战时,选择不同的门派之后,生成不同的剧情介绍
头文件:JuqingPage.h
源文件:JuqingPage.cpp
类名:CJuqingPage
功能列表:CJuqingPage::ShowJuqing();//根据用户信息相关参数生成剧情
⑧模块名称:对弈模块。
简介:
功能:游戏模块的对战核心模块,各种模式的游戏最终都进入此模块进行双方玩家的五子棋对战
头文件:JuqingPage.h
源文件:JuqingPage.cpp
类名:CJuqingPage
功能列表:
void CPKPage::OnInitDialog()//初始化对弈相关参数,绘制棋盘
void CPKPage::OnLButtonDown()//左键单击,响应下棋函数
void CPKPage::OnMouseMove()//即时获取当前鼠标客户区坐标
void CPKPage::Bind()//附着算法,落子的时候使用
void CPKPage::PaintBoard()//重绘棋盘
void CPKPage::Computer()//机器人算法
void CPKPage::OnBnClickedBtnQuit()//逃跑游戏
void CPKPage::OnBnClickedBtnSave()//保存游戏
void CPKPage::OnBnClickedBtnRestart()//重新开始游戏
//悔棋-→修改操作记录相关参数,重绘棋盘
void CPKPage::OnBnClickedBtnRegret()
void CPKPage::InteCompute()//积分等级计算
⑨模块名称:门派选择模块(单机人人)。
简介:
功能:选择单机版人人对战的时候,进入对战双方的门派选择模块
头文件:ChooseMenpaippPage.h
源文件:ChooseMenpaippPage.cpp
类名:CChooseMenpaippPage
功能列表:
void CChooseMenpaippPage::OnBnClickedBtnPk()

//选择好门派之后,开始游戏

⑩模块名称:创建房间等待界面。

简介:

功能:进行人人对战和国战时,创建房间之后的匹配等待界面

头文件:ConnectWaitingPage.h

源文件:ConnectWaitingPage.cpp

类名:CConnectWaitingPage

功能列表:

⑪模块名称:注册。

简介:

功能:进行网络游戏时必须先进行注册,本模块就是实现注册功能

头文件:RegisterPage.h

源文件:RegisterPage.cpp

类名:CRegisterPage

功能列表:

void CRegisterPage::OnBnClickedBtnRegister()//填写好信息之后单击注册按钮,开始注册

⑫模块名称:登录。

简介:

功能:玩家进行网络对战的时候,首先要进行登录,本模块实现登录功能

头文件:LoginPage.h

源文件:LoginPage.cpp

类名:CLoginPage

功能列表:

void CLoginPage::OnBnClickedBtnLogin()//发送消息进行登录验证

void CLoginPage::OnStnClickedStaticRegister()//调用注册模块

void CLoginPage::OnStnClickedStaticFindpass()//调用找回密码模块

void CLoginPage::RecvMsg(CCommunicateSocket *pSocket)

//接收服务器传递的信息

⑬模块名称:找回密码。

简介:

功能:玩家如果忘记密码,本模块可实现找回密码功能

头文件:FindPass.h

源文件:FindPass.cpp

类名:CFindPass

功能列表:

void CFindPassPage::OnBnClickedBtnFindpass()

//单击找回密码按钮找回密码

⑭模块名称:客户端通信套接字。

简介:

功能:实现服务器和客户端的信息交换

头文件:CCommunicateSocket.h

源文件:CommunicateSocket. cpp

类名:CCommunicateSocket

功能列表:

void CCommunicateSocket::OnReceive(int nErrorCode)

//接收客户端传递过来的消息

(2)服务器端描述(Module/Subsystem 2 Description)

①模块名称:筛选信息模块。

简介:

功能:服务器服务功能的核心模块,对玩家发送过来的信息进行筛选,根据不同的信息类型执行不同的处理。

头文件:RPGGoBangServerDlg. h

源文件:RPGGoBangServerDlg. cpp

类名:CRPGGoBangServerDlg

功能列表:

void CRPGGoBangServerDlg::AcceptClient(void)//监听客户端连接

void CFindPassPage::RecvMsg()//接收客户端发送过来的信息并进行解析

void CFindPassPage::ScreenInfo()//根据不同的信息类型进行筛选并调用不同的模块

CString CFindPassPage::FindPassVertify()//验证找回密码相关信息,并返回结果信息

CInfo CFindPassPage::LoginVertify()//验证登录信息,更新数据库上线信息

CInfo CFindPassPage::RegisterVertify()//验证注册信息,更新至数据库并返回结果信息

void CFindPassPage::LogoutFlag()//更新离线信息

void CFindPassPage::GameInfo()//更新用户积分等级相关信息

void CFindPassPage::UserChangedInfo()//更新用户个人相关信息

void CRPGGoBangServerDlg::OnBnClickedBtnLogin()

//调用管理员登录模块

②模块名称:登录。

简介:

功能:管理员执行管理功能之前必须进行登录,该模块提供了管理员登录功能

头文件: LoginPage. h

源文件: LoginPage. cpp

类名:C LoginPage

功能列表:

void CLoginPage::OnBnClickedBtnLogin()//填写个人信息之后进行登录

③模块名称:管理功能选择。

简介:

功能:管理员登录成功之后可以进行管理功能选择

头文件:ChooseManagePage. h

源文件:ChooseManagePage. cpp

类名:CChooseManagePage

功能列表:

void CChooseManagePage::OnBnClickedBtnUserinfomanage()

//调用用户信息管理模块
void CChooseManagePage::OnBnClickedBtnUserinfocount()
//调用用户信息统计模块
④模块名称:用户信息管理模块。
简介:
功能:为管理员提供平台所有用户的所有信息的增删查改操作
头文件:UserInfoManagePage.h
源文件:UserInfoManagePage.cpp
类名:CUserInfoManagePage
功能列表:
void CRegisterPage::OnBnClickedAdd()//增加
void CRegisterPage::OnBnClickedDelete()//删除
void CRegisterPage::OnBnClickedFind()//查询
⑤模块名称:用户信息统计。
简介:
功能:为管理员实现用户信息各种形式的信息统计功能
头文件:UserInfoCountPage.h
源文件:UserInfoCountPage.cpp
类名:CUserInfoCountPage
功能列表:
void CRegisterPage::LoginLogoutCount()//上下线时间统计
void CRegisterPage::GameTimeCount()//在线时长统计
void CRegisterPage::SchoolInfoCount()//门派信息统计
⑥模块名称:服务器监听套接字。
简介:
功能:为服务器监听客户端套接字的连接
头文件:ServerSocket.h
源文件:ServerSocket.cpp
类名:CServerSocket
功能列表:
void CServerSocket::OnAccept(int nErrorCode)//监听
⑦模块名称:服务器通信套接字。
简介:
功能:实现服务器和客户端的信息交换
头文件:CCommunicateSocket.h
源文件:CommunicateSocket.cpp
类名:CCommunicateSocket
功能列表:
void CCommunicateSocket::OnReceive(int nErrorCode)
//接收客户端传递过来的消息

(3)依赖性描述(Dependency Description)

玩家打开此游戏后,先进行模式选择,人机对战,人人对战,国战模式,当联网的时候,需要进行注册和登录,用户不进行登录,就不能联网游戏,系统提供模式选择,管理员对用户的信息进行统计和管理。

(4)接口描述(Interface Description)

①登录/游戏接口描述(Login/Game Interface Description)。

头文件:LoginInfo. h

源文件:LoginInfo. cpp

类名:CLoginInfo

```
类成员变量:m_csUserName            //用户名
           m_csUserPassword        //密码
主要函数:void SetUserName(CString)
         Void SetUserPassword(CString)
         CString GetUserName()
         CString GetUserPassword()
```

②注册/游戏接口描述(Register/Game　Interface Description)。

头文件:RegisterInfo. h

源文件:RegisterInfo. cpp

类名:CRegisterInfo

```
类成员变量:m_csUserName            //用户名
           m_csUserPassword        //密码
           m_csSex                 //性别
           m_csSchool              //门派
           m_csPasswordQuestion    //密保问题
           m_csAnswer              //答案
主要函数:void SetUserName(CString)
         void SetUserPassword(CString)
         void SetSex(CString)
         void SetSchool(CString)
         void SetPasswordQuesstion(CString)
         void SetAnswer(CString)
         CString GetUserName()
         CString GetUserPassword()
         CString GetSex()
         CString GetSchool ()
         CString GetPasswordQuestion()
         CString GetAnser()
```

③忘记密码/游戏接口描述(FindPass/Game Interface Description)。

头文件:FindPassInfo. h

源文件:FindPassInfo. cpp

类名:CFindPassInfo

类成员变量:m_csPasswordQuestion　　//密保问题
　　　　　m_csAnswer　　//答案
主要函数:void SetPasswordQuestion(CStrig)
　　　　Void SetAnswer (CString)
　　　　CString GetPasswordQuestion()
　　　　CString GetAnswer()

④游戏信息/游戏接口描述(GameInfo/Game Interface Description)。
头文件:GameInfo.h
源文件:GameInfo.cpp
类名:CGameInfo
类成员变量:m_csUserName　　//用户名
　　　　　m_ixPos　　//落子 X 坐标
　　　　　m_iyPos　　//落子 Y 坐标
　　　　　m_csChatMessage　　//聊天信息
主要函数:void SetUserName(CString)
　　　　Void SetixPos(Int)
　　　　Void SetiyPos(Int)
　　　　Void SetChatMessage(CString)
　　　　CString GetUserName()
　　　　Int GetixPos()
　　　　Int GetiyPos()
　　　　CString GetChatMessage()

⑤游戏结束/游戏接口描述(GameResultInfo/Game Interface Description)。
头文件:GameResultInfo.h
源文件:GameResultInfo.cpp
类名:CGameResultInfo
类成员变量:m_csUserName　　//用户名
　　　　　m_iGameResult　　//游戏胜负
　　　　　m_iIntegral　　//积分
　　　　　m_iLevel　　//等级
主要函数:void SetUserName(CString)
　　　　Void Integral(Int)
　　　　Void Level(Int)
　　　　Void SetGameResult(Int)
　　　　CString GetUserName()
　　　　Int GetGameResult()
　　　　Int GetIntegral()
　　　　Int GetLevel()

3.5　软件测试计划

1　**简介**(Introduction)

1.1　目的(Purpose)

该计划主要是制订五子江湖项目系统测试计划,主要包括测试计划、进度计划、测试目标、测试用例和交付件等,本文档的读者为参加项目系统测试的测试人员,在系统测试阶段的测试工作需按本文档的流程进行。

1.2　范围(Scope)

此文档适用于五子江湖,其比较全面地涵盖了各个模块的系统测试计划,规划了今后每个阶段的测试进程,包含了功能测试、健壮性测试、性能测试和用户界面测试,主要覆盖项目中的游戏模块、登录注册模块、管理模块、信息筛选和统计模块。

2　**测试计划**(Test Plan)

2.1　资源需求(Resource Requirements)

2.1.1　软件需求(Software Requirements)

表3.10　软件需求表(Software Requirements)

Resource 资源	Description 描述	Qty 数量
操作系统	Microsoft Windows XP	1
编程开发工具	VS2010	1
通信协作工具	FeiQ	1
数据库	SQL server 2005 数据库	1

2.1.2　硬件需求(Hardware Requirements)

表3.11　硬件需求表(Hardware Requirements)

Resource 资源	Description 描述	Qty 数量
计算机	Pentium4(3.0 G)、内存2 G、硬盘160 G	1
移动硬盘	500 G	1

2.1.3　其他设备(Other Materials)

2.1.4　人员需求(Personnel Requirements)

表3.12　人员需求表(Personnel Requirements Table)

Resource 资源	Skill Level 技能级别	Qty 数量	Date 到位时间	Duration 工作期间
需求分析人员	基础	1	2014.8.1	
系统设计人员	基础	1	2014.8.1	
编码人员	基础	1	2014.8.1	
测试人员	基础	1	2014.8.1	

2.2　过程条件(Process Criteria)

2.2.1　启动条件(Entry Criteria)

完成全部系统编码。完成设定需要的各项功能要求。

2.2.2　结束条件(Exit Criteria)

完成所有服务器端的性能测试、系统功能测试等测试要求,达到客户所需标准。

2.2.3　挂起条件(Suspend Criteria)

①基本功能没有实现时。

②有致命问题导致50%用例堵塞无法执行时。

③需求发生重大改变导致基本功能发生变化时。

④其他原因。

2.2.4　恢复条件(Resume Criteria)

基本功能都已实现,没有严重问题。

致命问题已经解决并通过单元测试。

2.3　测试目标(Objectives)

2.3.1　接口测试

确保接口调用的正确性。

2.3.2　集成测试

检测需求中业务流程,数据流的正确性。

2.3.3　功能测试

确保测试的功能正常,其中包括导航、数据输入、处理和检索等功能。

2.3.4　用户界面测试

核实以下内容:通过测试进行的浏览可正确反映业务的功能和需求,这种浏览包括页面与页面之间、字段与字段之间的浏览,以及各种访问方法的使用页面的对象和特征都符合标准。

性能测试

核实所制订的业务功能在以下情况下的性能行为:正常的预期工作量、预期的最繁重工作量。

2.4　回归测试策略(Strategy of Regression Test)

在下一轮测试中,对本轮测试发现的所有缺陷对应的用例进行回归,确认所有缺陷都已经过修改。

2.4.1　测试用例(Test Cases)

表3.13

需求功能名称	测试用例名称
用户中心	用户注册,登录
个人设置	进入相应页面
人人对战	进入人人对战界面
人机对战	进入人机对战界面
背景设置	单击切换背景
音乐设置	单击切换音乐
历史记录	单击查看历史记录
托盘	最小化到托盘
管理配置	用户和资源管理
常规设置	进入设置页面

2.4.2　工作交付件(Deliverables)

表3.14　Deliverables Table 工作交付件列表

Name 名称	Author 作者	Delivery Date 应交付日期
产品说明书		
系统测试文档		

3.6　软件测试报告(示例)

1　**环境描述**(Test environment)

应用服务器配置:

CPU:Inter Pentium Dual-Core E5300

ROM:2G

OS:Windows XP SP4

客户端:Microsoft VS2010

2　**测试概要**(Test Overview)

2.1　对测试计划的评价(Test Plan Evaluation)

测试案例设计评价:测试案例基本涵盖了所有功能点,包括主要的几个功能模块、游戏模块、登录注册模块、信息筛选模块、信息统计模块以及管理模块等,对功能的实现有了很好的测试。

进度安排:基本与测试计划相符,在下载功能模块上由于出现了许多Bug,拖延了几天测试的进度,但在组员的共同努力下,还是较好地跟上了整个测试计划的进度。

执行情况:大体上能很好地按照计划执行,虽然遇到了许多意想不到的困难,但在大家的努力下进行了较好的测试,以找到代码上的不足,不断进行修改后得到了需要的结果。

测试进度控制(Test Progress Control)

- 测试人员的测试效率:很好地完成了功能点的测试。
- 开发人员的修改效率:能够及时地在编写代码过程中随时进行各个接口、函数等的测试。
- 在原订测试计划时间内顺利完成功能符合型测试和部分系统测试,对软件实现的功能进行全面系统的测试。并对软件的安全性、易用性、健壮性各个方面进行选择性测试。达到测试计划的测试类型要求。
- 测试的具体实施情况见表3.15。

表3.15

编号	任务描述	任务状态
1	需求获取和测试计划	完成
2	案例设计、评审、修改	完成
3	功能点_业务流程_并发性测试	完成
4	回归测试	完成
5	用户测试	完成

2.2 缺陷统计(Defect Statistics)

测试结果统计(Test Result Statistics)

- bug 修复率:第一、二、三级问题报告单的状态为 Close 和 Rejected 状态。
- bug 密度分布统计:项目共发现 bug 总数 N 个,其中有效 bug 数目为 N 个, Rejected 和重复提交的 bug 数目为 N 个。
- 按问题类型分类的 bug 分布图如下:

(包括状态为 Rejected 和 Pending 的 bug)

表 3.16

问题类型	问题个数
代码问题	0
数据库问题	0
易用性问题	0
安全性问题	0
健壮性问题	0
功能性错误	0
测试问题	0
测试环境问题	0
界面问题	0
特殊情况	无
交互问题	0
规范问题	0

- 按级别的 bug 分布如下:(不包括 Cancel),见表 3.17。

表 3.17

严重程度	1 级	2 级	3 级	4 级	5 级
问题个数	0	0	0	0	0

测试用例执行情况(Situation of Conducting Test Cases)

表 3.18

需求功能名称	测试用例名称	执行情况	是否通过
用户中心	用户注册,登录	执行	通过
个人设置	进入相应页面	执行	通过
人人对战	进入人人对战界面	执行	通过
人机对战	进入人机对战界面	执行	通过
背景设置	单击切换背景	执行	通过
音乐设置	单击切换音乐	执行	通过

续表

需求功能名称	测试用例名称	执行情况	是否通过
历史记录	单击查看历史记录	执行	通过
托盘	最小化到托盘	执行	通过
管理配置	用户和资源管理	执行	通过
常规设置	进入设置页面	执行	通过

2.3　测试活动评估(Evaluation of Test)

对项目提交的缺陷进行分类统计,测试组提出的有价值的缺陷总个数 N 个。以下是归纳缺陷的结果:

2.4　覆盖率统计(Test cover rate statistics)

表 3.19

需求功能名称	覆盖率
游戏功能	100%
登录注册功能	100%
信息获取功能	100%
设置功能	100%
界面	100%
整体覆盖率	100%

2.5　测试对象评估(Evaluation of the test target)

(1)功能性

系统正确实现了人机对战、人人对战、登录注册、管理设置、信息统计等功能,实现了页面各项功能的设置,系统还实现了将功能细化到菜单等功能,此外还有最小化托盘以及悬浮窗的计划。

(2)易用性

查询、添加、删除、修改操作相关提示信息的一致性,可理解性。

输入限制的正确性。

输入限制提示信息的正确性、可理解性、一致性。

现有系统存在如下易用性缺陷:

界面排版不美观。

输入、输出字段的可理解性差。

输入缺少解释性说明。

(3)可靠性

现有系统的可靠性控制不够严密。

现有系统的容错性不高,如果系统出现错误,容易退出程序。

(4)兼容性

现有系统支持 Windows 下的操作。

现有系统未进行其他兼容性测试。

(5)安全性

用户名和密码应对大小写敏感。

2.6　测试设计评估及改进(Evaluation of test design and improvement suggestion)

测试计划的制订需更细致,利于项目的随时跟进。

开发人员在编码时需要随时测试模块中的函数、接口等的正确性。

整体上基本符合整个项目测试的要求。

交付的测试工作产品(Deliveries of the test)

①测试计划 Test Plan

②测试方案 Test Scheme

③测试用例 Test Cases

④测试规程 Test Procedure

⑤测试日志 Test Log

⑥测试问题报告 Test Issues Report

⑦测试报告 Test Report

⑧测试输入及输出数据 Test Input and Output

⑨测试工具 Test Tools

⑩测试代码及设计文档 Test Codes and Design

3.7　项目验收报告(示例)

1　项目介绍

本系统主要的组件功能有:对于用户有登录、注册、密码保护、游戏模式选择、背景音乐控制、游戏帮助等;对于管理员有用户信息的增删查改、游戏平台的相关信息统计等。本游戏游戏界面唯美、古装大气、背景音乐清新,能充分满足玩家的心理需求。

2　项目验收原则

①审查项目实施进度的情况。

②审查项目管理情况,是否符合过程规范。

③审查提供验收的各类文档的正确性、完整性和统一性,审查文档是否齐全、合理。

④审查项目功能是否达到了合同规定的要求。

⑤对项目的技术水平作出评价,并得出项目的验收结论。

3　项目验收计划

①审查项目进度。

②审查项目管理过程。

③应用系统验收测试。

④项目文档验收。

4　项目验收情况

4.1　项目进度

项目进度见表3.20。

表3.20

序号	阶段名称	计划起止时间	实际起止时间	交付物列表	备注
1	项目立项	2014.8.1	2014.8.1	项目立项报告	
2	项目计划	2014.8.1	2014.8.1	项目计划报告	
3	业务需求分析	2014.8.2	2014.8.3	需求规格说明书、测试计划	
4	系统设计	2014.8.3	2014.8.4	系统设计说明书	
5	编码及测试	2014.8.5	2014.8.29	代码、系统测试设计、系统设计报告	
6	验收	2014.8.30	2014.8.30	最终产品、录像、PPT、用户手册	

4.2　项目管理过程

项目管理过程见表3.21。

表3.21

序号	过程名称	是否符合过程规范	存在问题
1	项目立项	是	
2	项目计划	是	
3	需求分析	是	
4	详细设计	是	
5	系统实现	是	

4.3　应用系统

应用系统见表3.22。

表3.22

序号	需求功能	验收内容	是否符合代码规范	验收结果
1	人人对战	子模块	是	通过
2	人机对战	子模块	是	通过
3	密码保护	子模块	是	通过
4	登录	子模块	是	通过
5	系统设置	子模块	是	通过
6				

4.4　文档

表3.23

过程		需提交文档	是否提交(√)	备注
01-COEBegin		学员清单、课程表、学员软酷网测评(软酷网自动生成)、实训申请表、学员评估表(初步)、开班典礼相片	√	

续表

过程		需提交文档	是否提交(√)	备注
02-Initialization	01-Business Requirement	项目立项报告	√	
03-Plan		①项目计划报告 ②项目计划评审报告	√ √	
04-RA	01-SRS	①需求规格说明书(SRS) ②SRS 评审报告	√ √	
	02-STP	①系统测试计划 ②系统测试计划评审报告	√ √	
05-System Design		①系统设计说明书(SD) ②SD 评审报告	√ √	
06-Implement	01-Coding	代码包	√	
	02-System Test Report	①测试计划检查单 ②系统测试设计 ③系统测试报告	√ √ √	
07-Accepting	01-User Accepting Test Report	用户验收报告	√	
	02-Final Products	最终产品	√	
	03-User Handbook	用户操作手册	√	
08-COEEnd		①学员个人总结 ②实训总结(项目经理,一个班一份) ③照片(市场) ④实验室验收检查报告(IT) ⑤实训验收报告(校方盖章)	√	
09-SPTO	01-Project Weekly Report	项目周报	√	
	02-Personal Weekly Report	个人周报	√	
	03-Exception Report	项目例外报告		
	04-Project Closure Report	项目关闭总结报告	√	
10-Meeting Record	01-Project kick-off Meeting Record	项目启动会议记录	√	
	02-Weekl Meeting Record	项目周例会记录	√	

4.1.5　项目验收情况汇总表

表 3.24

验收项	验收意见	备注
应用系统	√	
文档	√	
项目过程	√	
总体意见: 项目验收负责人(签字): 项目总监(签字):		
未通过理由: 项目验收负责人(签字):		

3.8　项目关闭总结报告(示例)

1　项目基本情况

表 3.25　项目基本情况

项目名称	五子江湖	项目类别:	游戏架构与编程
项目编号	v8.400.2161.34	采用技术:	MFC 编程,GDI 贴图
开发环境	VS2010	运行平台:	Windows 7
项目起止时间	2014.8.1—2014.8.31	项目地点:	重庆大学软酷卓越 2 号实验室
项目经理	××		
项目组成员	××		
项目描述	五子棋游戏源远流长,它源于古代中国,发展于日本,风靡于欧洲。五子棋不仅能增强思维能力,提高智力,而且富含哲理,有助于修身养性。五子棋既有现代休闲的明显特征“短、平、快”,又有古典哲学的高深学问“阴阳易理”;它既有简单易学的特性,为人民群众所喜闻乐见,又有深奥的技巧和高水平的国际性比赛;其棋文化源远流长,具有东方的神秘和西方的直观;既有“场”的概念,也有“点”的连接。它是中西文化的交流点,是古今哲理的结晶。		

2 项目的完成情况

①创建项目工程(工程和项目名不允许出现中文),完成界面布局,并实现界面之间的跳转功能。

②完成背景图片的加载,实现棋盘的显示,以及单击开始游戏进行整个棋盘的刷新。

③实现落子,根据有效单击次数的奇偶性,能够加载不同的棋子,并将落子的数据保存到二维数组中。

④完成胜负判断功能。胜负的判断,就是在落子后判断以这个棋点为中心的4个方向(区域为9×9)的任意一个存在连续5个同类棋子,如果存在,则游戏结束,弹出提示。

⑤完成计算机AI算法,参考“空棋位打分”,判断黑白子在所有空余棋位上面的各自得分,然后选取得分最大的棋位进行落子。

⑥完成游戏设置等相关内容,人人对战、人机对战、先手选择等相关设置。

⑦添加相应的扩展功能,切换背景音乐和落子音效、悔棋。

3 任务及其工作量总结

表3.26 任务及其工作量总结

姓名	职责	负责模块	代码行数/注释行数	文档页数
××	代码编写以及调试	全部项目内容	1 499/597	42
合计			1 499/597	42

4 项目进度

表3.27 项目进度

项目阶段	计划		实际		项目进度偏移/天
	开始日期	结束日期	开始日期	结束日期	
立项	2014.8.1	2014.8.1	2014.8.1	2014.8.1	0
计划	2014.8.2	2014.8.2	2014.8.2	2014.8.2	0
需求	2014.8.3	2014.8.3	2014.8.3	2014.8.3	0
设计	2014.8.4	2014.8.4	2014.8.4	2014.8.4	0
编码	2014.8.5	2014.8.29	2014.8.5	2014.8.29	0
测试	2014.8.30	2014.8.30	2014.8.30	2014.8.30	0

5 经验教训及改进建议

(1)经验教训

①对C++有了更深刻的理解,特别是对面向对象的思想有提升。

②体会到完成一个项目的艰辛,也从中得到了宝贵的开放经验,为下次开放做了经验积累。

③明白了一个项目的开放需要做什么准备,干什么事情,也明白了应该如何规划自己的项目进度。

(2)改进意见

不懂的或遗忘的知识应及时去找回来,加强记忆。

对于新的知识应该不断地去亲手操作,以便理解。

第 4 章

软件工程实训项目案例二：酷 Down 下载

【项目介绍】

下载(DownLoad)通常简称为“当”(Down)，即将信息从互联网或其他电子计算机上输入某台电子计算机上(与“上传”相对)。也就是把服务器上保存的软件、图片、音乐、文本等下载到本地计算机中。

随着互联网的迅猛发展，人们可以从互联网上找到想要的任何资源。如何永久地获得这些资源，成为了一代又一代互联网人的追求目标，于是各种各样的下载工具顺势而生。有局域网内的 FTP 工具，也有广域网上的 HTTP 工具，这些工具在一定程度上满足了各种各样网络环境的需求。

但是，互联网发展了多年，其规模是越变越大，但其网络质量从未有较好的改善。很多网络用户应碰到过在下载任务眼看要完成时突然遭遇网络中断而造成下载工作前功尽弃。如何保存已下载的资源且等网络恢复的时候能够从中断处继续开始下载，于是断点续传技术应运而生。断点续传指的是在下载或上传时，将下载或上传任务(一个文件或一个压缩包)人为地划分为几个部分，每一个部分采用一个线程进行上传或下载，如果碰到网络故障，可以从已经上传或下载的部分开始继续上传下载未上传或下载的部分，而没有必要重新开始上传下载，可节省时间、提高速度。

4.1 项目立项报告

4.1.1 Project Proposal 项目提出

- 项目 ID：

v8.3958.2162.4

- 项目目标：

实现见面的设计、下载功能、帮助信息。

界面设计：下载文件地址栏、文件保存栏、保存按钮、取消、创建登录与注册界面、新建下载任务窗体，已下载文件窗体。

注册模块；登录、注册、退出。

文件下载:指定保存路径、新建线程下载、下载暂停、下载继续、显示已下载文件。

额外任务:多任务下载、删除下载任务、删除已下载任务。

- 系统边界:

不涉及第三方,边界等同于项目目标。

- 工作量估计:

表 4.1 工作量估算

Phase 阶段	Effort 工作量/(人·天)
需求分析	1
设计	2
实现	25
测试	2
合计/(人·天):	30

备注:"人·天"即 1 个人工作 8 小时的量就是 1 人·天。

4.1.2 开发团队组成和计划时间(Team building and Schedule)

- 项目计划(Project Plan): 2014 年 08 月 1 日—2014 年 08 月 30 日
- 项目成员(Project Team Member Number):1 人(备注:单人项目)

4.2 软件项目计划

1 **简介**(Introduction)

目的(Purpose)

为酷 Down 下载系统软件项目制订项目开发计划以保证项目得以顺利进行。

Scope 范围

项目计划主要包含以下内容:

- 项目特定软件过程
- 项目的交付件及验收标准
- 工作产品及其审批
- WBS
- 角色和职责
- 招聘与培训计划
- 相关方参与计划
- 规模、工作量的估计
- 关键计算机资源
- 里程碑及进度计划
- 风险管理计划
- 配置管理计划

- 产品集成策略
- 项目监控计划
- 项目知识库管理
- 标准与约定

2　**项目特定的软件过程**(Project Specific Software Processes)

2.1　项目类别(Project Type)

Development of new application　开发一个新的应用项目

2.2　项目范围(Project Scope)

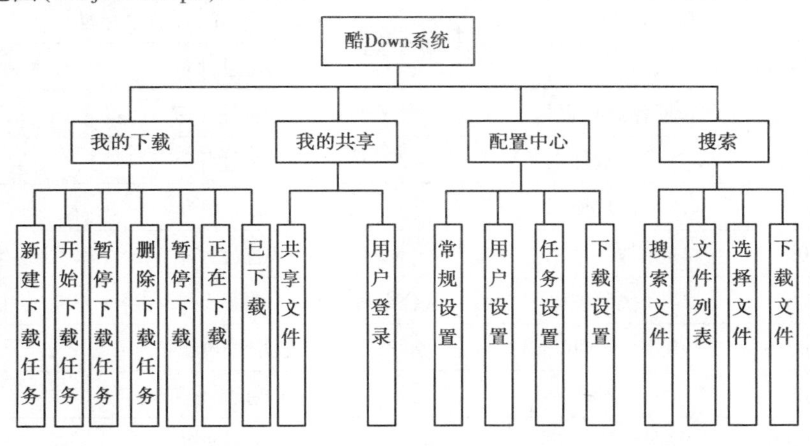

图4.1

2.3　生命周期描述(Life Cycle Description)

表4.2

阶段	开班	项目启动	技术储备	系统分析	制订项目计划	系统实现	项目验收	结业
时间								

2.4　过程裁剪(Process Tailoring)

选用活动:需求分析、概要分析、功能项目分析、系统实现、系统测试、系统验收

2.5　需求管理(Requirements Management)

2.5.1　需求的来源(Source of requirements)

大部分需求由项目经理提出,部分需求根据学员自由发挥。

2.5.2　挖掘需求(Elicitation of Requirements)

仿造迅雷下载软件,深挖其各项功能。

2.5.3　评审需求(Review of requirements)

业务逻辑清晰、代码注释规范、程序正常运行、效率良好、无影响使用的bug

2.5.4　需求变更控制(Change control)

在时间充裕的情况下适当加入一些需求变更。

2.6　交付件与验收标准(Deliverables and Acceptance Criteria)

2.6.1　给客户的交付件(Customer Deliverables)

表4.3

S. No.	Deliverable 交付件	Acceptance Criteria 验收标准
01	运行程序	通过系统测试和验收测试
02	用户手册	使用户在1个小时内熟练掌握基本操作

2.6.2 内部交付件(Internal Deliverables)

表4.4

S. No.	Deliverable 交付件	Acceptance Criteria 验收标准
01	项目立项报告	通过评审
02	项目计划报告	通过评审
03	项目责任书	通过评审
04	需求规格书	通过评审
05	详细计划书	通过评审
06	代码包	符合编程规范,无明显bug,注释率60%以上
07	数据库和SQL文件	能实现功能需求
08	视频	通过评审
09	项目验收报告	通过评审

3 工作任务分解(WBS)

表4.5

序号	工作包	工作量/(人·天)	前置任务	任务易难度	负责人
1	项目计划	1	立项	难	
2	需求调研分析	1	计划	难	
3	概要设计	1	需求	一般	
4	详细设计	1	概要设计	难	
5	前台开发设计	3	详细设计	一般	
6	数据库开发设计	3	详细设计	一般	
7	下载模块实现及测试	5	详细设计	难	
8	共享模块实现及测试	3	详细设计	难	
9	系统设置模块实现及测试	3	详细设计	难	
10	搜索模块实现及测试	3	详细设计	难	
11	服务器端实现及测试	3	详细设计	难	
12	系统测试	2	各模块的实现	难	
13	用户验收	1	系统测试	一般	
工作量总计/(人·天):30					

4　角色和职责(Roles and Responsibilities)

表 4.6　组织和职责表 Roles and Responsibilities Table

No.	Role 角色	Responsible 职责
1	Customer Representative 客户代表	用户验收
2	Project Consultant(s) 项目顾问	现场顾问
3	Chief Project Manager CPM(项目总监)	项目监督
4	Project Manager PM(项目经理)	领导项目开发
5	QA (质量保证工程师)	保证系统质量
6	Metrics Coordinator MC(度量协调员)	度量分析
7	Test Coordinator TC(测试协调员)	协调系统测试
8	Configuration Librarian 配置管理员	管理各方面资源配置
9	Team Members 项目组成员	系统开发
10	Technical Review Members 技术评审人员	

5　相关方参与计划(Stakeholder involvement plan)

5.1　外部接口(External Interfaces)

表 4.7　与客户沟通表(Communication with Client Activities)

No.	Phase 阶段	Communication Activities 沟通活动
1	Project　Initiation Phase/项目准备阶段	熟悉项目业务需求/Understand Business requirement
2	Project planning Phase/项目计划阶段	确认项目的范围/ Confirm the scope of the project from the customer
2	Requirements Analysis Phase/需求调研阶段	确认项目需求/ Confirm requirements
3	High Level Design Phase/概要设计阶段	确认系统接口及系统的应用环境/Confirm the interfaces of the system and the application environment with the customer
4	System Testing Phase/系统测试阶段	参加测试/ Invite the customer to attend system test

5.2 内部支持小组(Internal Support Groups)

表4.8 内部支持小组(Internal Support Groups)

S. No.	Group	Coordination required for
01	HR 人力资源	Obtaining required human resources 获取人力资源
02	Training 培训	Organizing project specific training 针对项目的培训
03	System administration 系统管理员	Hardware and software requirements 软硬件的需求 Networking requirements 网络需求 Link requirements 链接需求
04	QA 质量保证	Reviews etc. 评审
05	Testing dept 测试部门	System test 系统测试
06	SEPG	Usage of OSSP 组织标准过程的使用

6 规模、工作量的估计(Estimated Size and Effort)

表4.9

Phase 阶段	Effort 工作量/(人·天)
需求分析	1
设计	2
实现	25
测试	2
合计/(人·天):	30

7 相关资源(Relatively Resources)

软件资源(Software Resources)

表4.10

软件名称	单位	数量
VS2010	重庆大学	1
SQL Sever	重庆大学	1

硬件资源(Hardware Resources)

表4.11

硬件名称	单位	数量
台式机	重庆大学	1

8　**里程碑及进度计划**(Milestones and Schedule Plan)

表4.12　**里程碑及进度计划**(Milestones and Schedule Plan)

Phase 阶段	Estimated Start date 估计开始日期	Estimated finish date 估计结束日期
Project Planning 软件计划阶段	2014.8.1	2014.8.1
Requirement Analysis 软件需求阶段	2014.8.2	2014.8.2
SD 系统设计阶段	2014.8.3	2014.8.4
PI 系统实现阶段	2014.8.5	2014.8.29
UAT 用户验收阶段	2014.8.30	2014.8.30
Project Closure 结项阶段	2014.8.30	2014.8.30

备注:如果发生重估计,则应在表中添加重估计后的起始日期和结束日期,并保留以前的日期。

9　**标准与约定**(Standards and conventions)

采用 C++MFC 通用标准。

10　**项目计划的修订**(Project plan revisions)

- 采用更好的工具调整方法和估计的参数
- 调整进度
- 修改需求
- 在发生如下事件时,PM 修订项目计划:

到达某里程碑,在每个阶段结束后如果必要的话修订项目计划。

项目的范围发生变化。

当风险成为现实时采取了相应的行动。

当进度、工作量、规模超出控制的范围并需要采取纠正行动时。

内部或外部审计导致的纠正活动。

对修订后的项目计划按照项目管理规程来批准和签发。

4.3　软件需求规格说明书

摘要(Abstract):下载,是将信息从互联网或其他计算机上输入某台计算机。断点续传是在下载或上传时,将下载或上传任务(一个文件或一个压缩包)人为地划分为几个部分,每一个部分采用一个线程进行上传或下载,如果碰到网络故障,可以从已经上传或下载的部分开始继续上传或下载以后未上传下载的部分,而没有必要重新开始上传下载。本系统为酷 Down 下载系统 1.0 版,分为 4 大模块,即我的下载、我的共享、配置中心、搜索。其中"我的下载"分为:新建下载、开始下载、暂停下载、删除下载、正在下载查看、已下载查看;"我的共享"分为:共享文件、用户登录;"配置中心"分为:常规设置、用户设置、任务设置、下载设置;"搜索"分为:搜索文件、文件列表、选择文件、下载文件。

缩略语清单(List of abbreviations):

表 4.13

Abbreviations 缩略语	Full spelling 英文全名	Chinese explanation 中文解释
MFC	Microsoft Foundation Classes	微软基础类,用于在 C++ 环境下编写应用程序的一个框架和引擎
ODBC	Open Database Connectivity	为各种类型的数据库管理系统提供了统一的编程接口,例如不同数据库系统的驱动程序
ADO	ActiveX Data Objects	一个用于存取数据源的 COM 组件。它提供了编程语言和统一数据访问方式 OLE DB 的一个中间层。

1 简介(Introduction)

1.1 目的(Purpose)

该需求规格说明书是关于用户对于酷 Down 下载系统的功能和性能的要求的描述,该说明书的预期读者为:

- 用户。
- 项目管理人员。
- 测试人员。
- 设计人员。
- 开发人员。

这份软件需求说明书重点描述了酷 Down 下载系统的功能需求,明确所要开发的软件应具有的功能、性能,使系统分析人员及软件开发人员能清楚地了解用户的需求。

1.2 范围(Scope)

该文档以下内容从用户角度出发来导出"酷 Down 下载系统"的逻辑模型,主要是解决整个项目系统的"做什么"问题,涉及"酷 Down 下载系统"要为玩家提供的各种功能及服务。在该文档里还没有涉及开发技术,而主要是通过需求分析的方式来描述用户的需求,为用户、开发方等不同参与方提供一个交流平台。

2 总体概述(General description)

2.1 软件概述(Software perspective)

2.1.1 项目介绍(About the Project)

本系统为酷 Down 下载系统 1.0 版,分为 4 大模块:我的下载、我的共享、配置中心、搜索。其中"我的下载"分为:新建下载、开始下载、暂停下载、删除下载、正在下载查看、已下载查看;"我的共享"分为:共享文件、用户登录;"配置中心"分为:常规设置、用户设置、任务设置、下载设置;"搜索"分为:搜索文件、文件列表、选择文件、下载文件。

系统拓扑结构图:

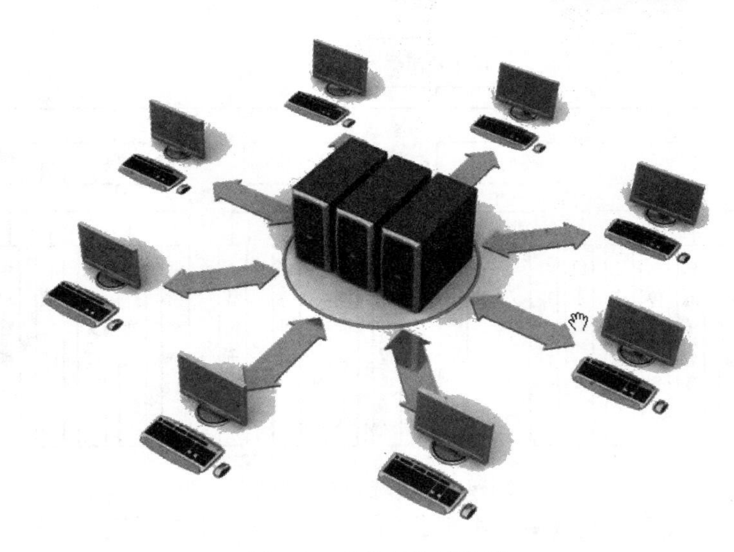

图4.2　系统拓扑结构图

2.1.2　产品环境介绍(Environment of Product)

①开发环境与平台。

操作系统:Windows XP Professional。

数据库:SQL Server 2005。

开发环境:VS2010。

②需求管理。

需求定义和管理工具:Borland Caliber。

UML软件:StarUML。

③产品主要外部接口

采用对话框方式,多功能窗口运行,用户的交互界面都通过PC显示屏交互,分辨率基本以1024×768为主,600×800的较少,软件界面能自适应屏幕大小。

屏幕格式尺寸:选择正常4:3。

软件接口:Windows XP Professional操作系统上,使用SQL Server 2005数据库进行数据存储。

硬件接口:支持各种X86系列PC机。

通信接口:Internet接入协议:TCP/IP。

2.2　软件功能(Software function)

①系统功能结构图

②功能概述

我的下载模块:

新建下载任务:用户可根据自己所需要的文件信息,通过输入文件名单击搜索按钮在服务器内搜索,若显示无资源找不到匹配文件,则表明没有资源,用户需要更改搜索内容;若返回匹配结果,则单击该返回结果,开始下载。此外,用户可以直接输入资源地址,服务器查询该资源地址是否有效,有效则可下载,否则报错。

下载地址:用户通过服务器搜索选择所需要的文件后,服务器会从数据库里获取目标文件,并反馈给客户端资源拥有方的下载信息,然后,客户端与资源拥有方建立连接。

文件重命名:用户在搜索得到所需资源后,单击下载的同时会弹出一个下载选项的对话框,用户可以在对话框中输入资源下载后的名称,则下载完成后会以该文件名进行存储。

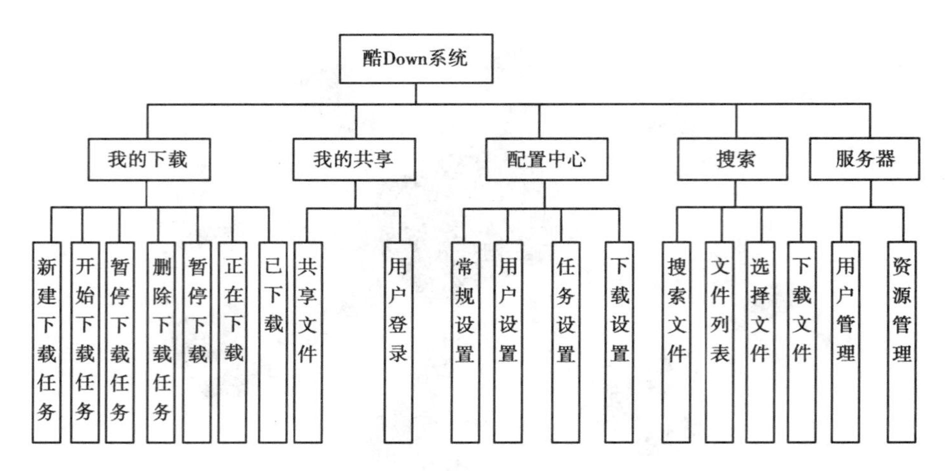

图4.3　系统功能结构图

选择保存路径:用户找到匹配资源单击下载的时候,弹出一个对话框,在该对话框中用户可以单击固定按钮进行存储路径的修改。

开始下载:当客户端与资源拥有方建立连接后,按照资源拥有方的个数进行连接,进行多线程同时下载。此时,会显示下载的相关进度。

暂停下载:在文件下载过程中,用户可通过单击暂停按钮暂停此项文件的下载任务,下载中断,此时服务器会将中断信息保存在临时文件中。

继续下载:用户通过选择继续下载的选项,可以恢复暂停的下载任务,此时程序会从临时文件中获取中断的信息继续下载。

断点续传:为了保证下载的人性化和更好地提供便利,在下载过程中需要有断点续传功能,即用户可以接着已下载的部分继续下载,而不用丢弃已经下载的而重新进行下载。主要步骤是客户端发送断点下载指令,客户端首先要读取下载文件信息记录,获取已经下载的字节数,然后将这些信息发送给服务器,服务器根据该信息,找到开始发送的起始位置,然后进行数据的传输。

正在下载:罗列所有正在下载的资源基本信息,包括资源名称、资源类型、资源大小、资源下载进度等。

已下载:罗列所有用户以前下载完成的资源的基本信息,包括资源名称、资源类型、资源大小、资源存储路径等。

我的共享模块:共享就是告诉服务器当前已有的文件,当有用户需要下载这些文件时,服务器可以返回拥有这些文件的客户的IP地址,然后客户与之建立连接,从这些机器上下载文件,共享就是要让客户充当服务器,实现一对多的下载功能。

配置中心模块。

a. **常规设置**:包括是否开机自启动,是否开启老板键、开启哪个老板键,下载完后有什么计划(关机或待机或退出)。

b. **用户设置**:包括修改密码和邮箱,个性设置有是否开启悬浮窗,是否最小化到托盘,单击关闭时是退出程序还是最小化到托盘等。

c. **下载设置**:包括启动任务时是否自动下载未完成任务,最大任务数是多少,最大连接数是多少,下载限速是多少等。

d. **任务设置**:包括下载目录的设置,连接端口的设置,消息的设置(有提示音、成功弹框和失败弹框)。

搜索模块:本系统设置了搜索功能模块,在用户界面上显示搜索文本框和搜索按钮,输入用户所需要的文件名后,单击搜索,将会从服务器段搜索对应的文件,若搜索成功则在用户界面上显示索引号、搜索文件名、文件对应 IP 地址、文件大小等;若搜索不成功则在用户界面上显示找不到匹配的文件。

服务器模块。

a. **用户管理**:用户管理模块是对所注册用户,以及所登录的用户进行基本的增删改查处理。

b. **资源管理**:资源管理模块主要是对服务器中已有资源进行管理,主要包括对于已有资源的显示,对于资源的备份和还原。

c. 系统客户端界面图

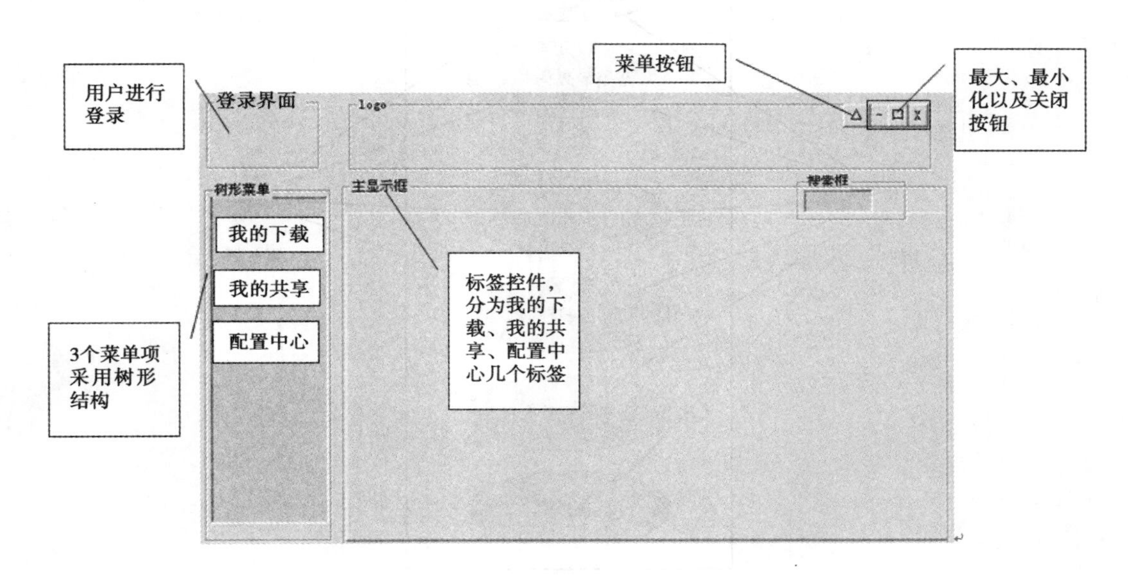

图 4.4　系统客户端界面图

d. 非功能性需求(Special Requirement)

可用性:系统具备友好的界面,好记易学、实用性高,令人满意。

可靠性:系统应经过完善的设计和充分的测试运行,具备较长时间内连续无故障的运行能力。

健壮性:系统应具备强大的容错、数据恢复与稳定运行的能力。

性能:系统在响应时间、数据吞吐量和持续高速性等多方面提供较高性能的数据处理和查询服务。

安全性:系统应提供全面、有效的系统安全机制,能有效防止病毒感染。

扩展性:系统应易于扩展和升级,能够根据具体需求快速、方便地定制、扩展原系统的功能,以更好地满足档案管理的新增和变更的需求。

开放性:系统应具备开发的标准化体系结构,可方便地与其他业务系统衔接,实现与其他业务系统间的无缝集成。

先进性:系统应采用业界先进、主流的档案数据管理、网络管理及信息安全技术,具备较强的可用性、可靠性、健壮性、性能、安全性、扩展性与开放性。

2.3　参与者(Actors)

①普通用户:系统体验者,可使用下载、配置、搜索功能,无法使用资源共享功能。

②已登录用户:系统体验者,可使用下载、配置、搜索功能以及资源共享功能。

③服务器管理员:维护服务器和数据库。

2.4　假设和依赖关系(Assumptions & Dependencies)

本系统将采用C++语言,Microsoft Visual Studio 2010 环境。一般情况下使用Windows操作系统,使用SQL Server 2005数据库作为数据存储。

功能需求(Functional Requirements)

用例图(Use Case Diagram)

R. INTF. CALC. 001 我的下载

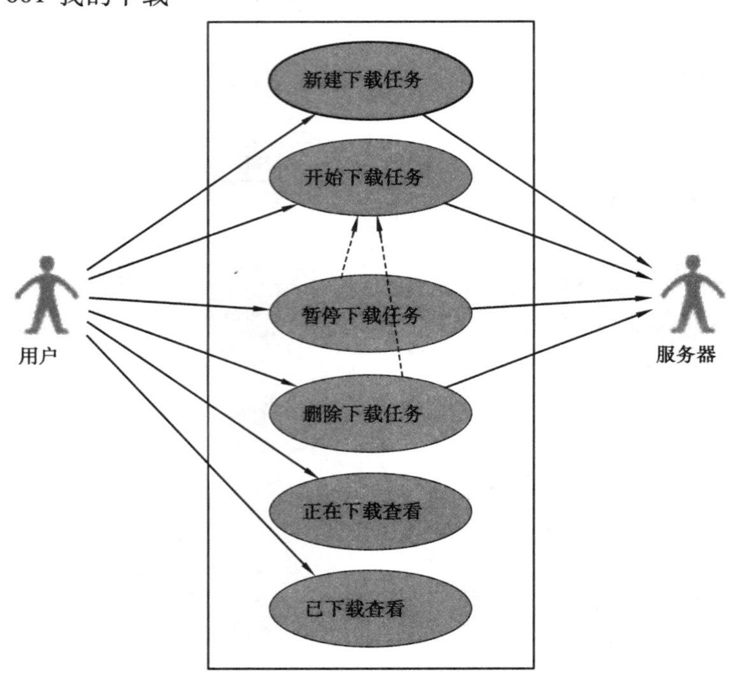

图4.5　我的下载模块用例图

2.5　简要说明(Goal in Context)

用户根据输入文件名通过服务器搜索自己所需的文件,若无匹配结果则返回重新输入,若返回所需的匹配结果则选定该结果单击下载文件,开始下载任务,首先客户端从服务器搜索资源文件,服务器从数据库中获取目标文件,并反馈给客户端资源拥有方的下载信息。然后,客户端与资源拥有方建立连接,假设有N个资源拥有方,则建立N个连接,客户端下载分为N个线程来下载,分为N块下载,分别从每个客户端下载一块。用户可在下载时选择修改文件名或者选择保存路径,还可以在下载过程中选择暂停下载,即客户发出中断请求,此时下载中断,并且将中断时的信息录入临时文件中,当下次下载继续时,从临时文件中获取信息继续下载。用户在下载过程中也可以随时取消下载,单击删除即将选中的正在进行下载的文件删除。用户也可以在下载列表中查看下载进度,当下载完成时文件就会保存在用户选择的保存路径下。

2.6　前置条件(Preconditions)

系统开启,网络连接正常,用户搜索到需下载的资源。

2.7　后置条件(End Condition)

Success End Condition 成功后置条件

资源下载成功,可以在“已下载”中查看,并且可以使用。

Failed End Condition 失败后置条件

目的地不可达:速度为0。

下载过程中网络中断:系统保存已下载的数据。

2.8　Actors

用户:包括普通用户和已登录用户。

2.9　触发条件(Trigger)

用户单击所需下载的资源。

2.10　基本事件流描述(Description)

2.10.1　Step 步骤

①客户端用户单击已搜索到的资源。

②系统服务器端根据拥有的资源方数目,建立相应数目的连接。

③系统将资源分割成几段,进行同步下载。

④用户单击“暂停下载”按钮。

⑤系统客户端发送关闭连接请求,服务器响应请求关闭连接。

⑥服务器保存资源下载进度等信息。

⑦用户单击“删除下载任务”按钮。

⑧客户端将下载任务删除,并向服务器发送删除任务请求。

⑨服务器响应请求,删除资源下载进度,关闭连接。

⑩用户单击“正在下载查看”按钮。

⑪系统罗列正在下载的任务列表。

⑫用户单击“已下载查看”按钮。

⑬系统罗列已下载的任务列表。

2.10.2　相关交互图

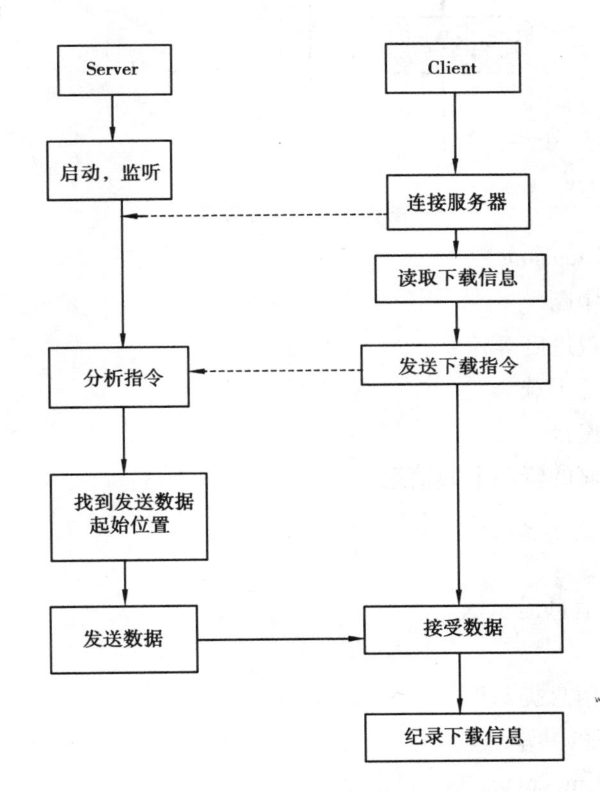

图 4.6　我的下载模块交互图

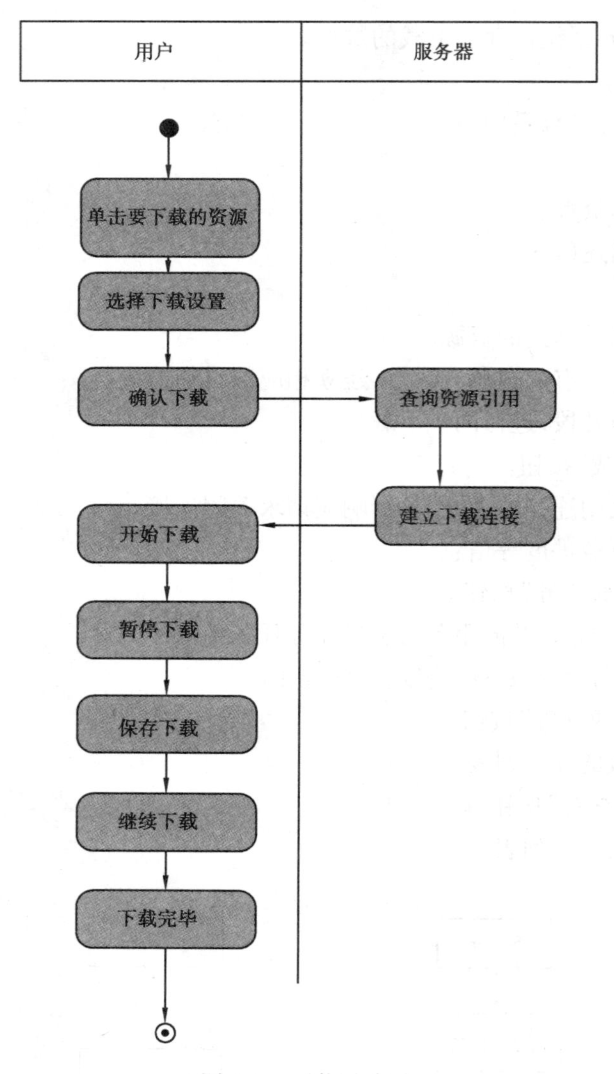

图4.7　下载活动图

2.11　备选事件流(Extensions)

①客户端服务器连接中断。

a. 服务器保存资源下载进度等信息。

b. 用户再次单击该资源下载。

c. 客户端服务器建立连接。

d. 服务器提取之前存储的资源下载信息。

e. 进行断点续传。

②请求超时。

a. 客户端弹出“超时”信息提示框。

③请求超时。

a. 客户端弹出“超时”信息提示框。

R. INTF. CALC. 002 我的共享

2.12　简要说明(Goal in Context)

共享就是告诉服务器当前已有的文件,当有客户要下载这些文件时,服务器可以返回拥有这些文

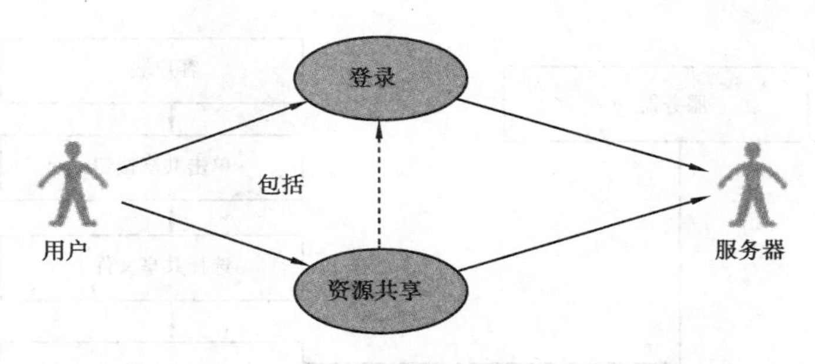

图4.8　我的共享模块用例图

件的客户的 IP 地址,然后客户与之建立连接,从这些机器上下载文件,共享就是要让客户充当服务器,实现一对多的下载功能。

2.13　前置条件(Preconditions)

系统开启,网络连接正常,用户已登录。

2.14　后置条件(End Condition)

Success End Condition 成功后置条件

资源共享成功,服务器建立资源索引。

Failed End Condition 失败后置条件

资源共享失败,服务器无相应资源索引。

2.15　Actors

用户:已登录用户。

2.16　触发条件(Trigger)

用户选择资源共享菜单项。

2.17　基本事件流描述(Description)

A. Step 步骤:

1. 用户单击“资源共享”按钮。

2. 系统弹出对话框,显示客户端 PC 机中的文件。

3. 用户勾选要共享的文件,单击“确定”按钮。

4. 客户端建立连接,将资源索引信息传递给服务器。

5. 服务器遍历资源索引表,若无该资源索引,则创建新资源,若有该资源,则资源拥有方数目增1。

6. 系统提示:上传成功。

B. 相关交互图:

2.18　备选事件流(Extensions)

1a 用户未登录

1a1 系统提示用户登录。

4a 请求超时。

5a1 客户端弹出“超时”信息提示框。

R. INTF. CALC. 003 我的配置

2.19　简要说明(Goal in Context)

系统设置模块主要分为两大部分:基本设置和下载设置。

基本设置分为两块:常规设置和用户设置。常规设置包括是否开机自启动,是否开启老板键、开启哪个老板键,下载完后有什么计划(关机或待机或退出);用户设置包括修改密码和邮箱,个性设置

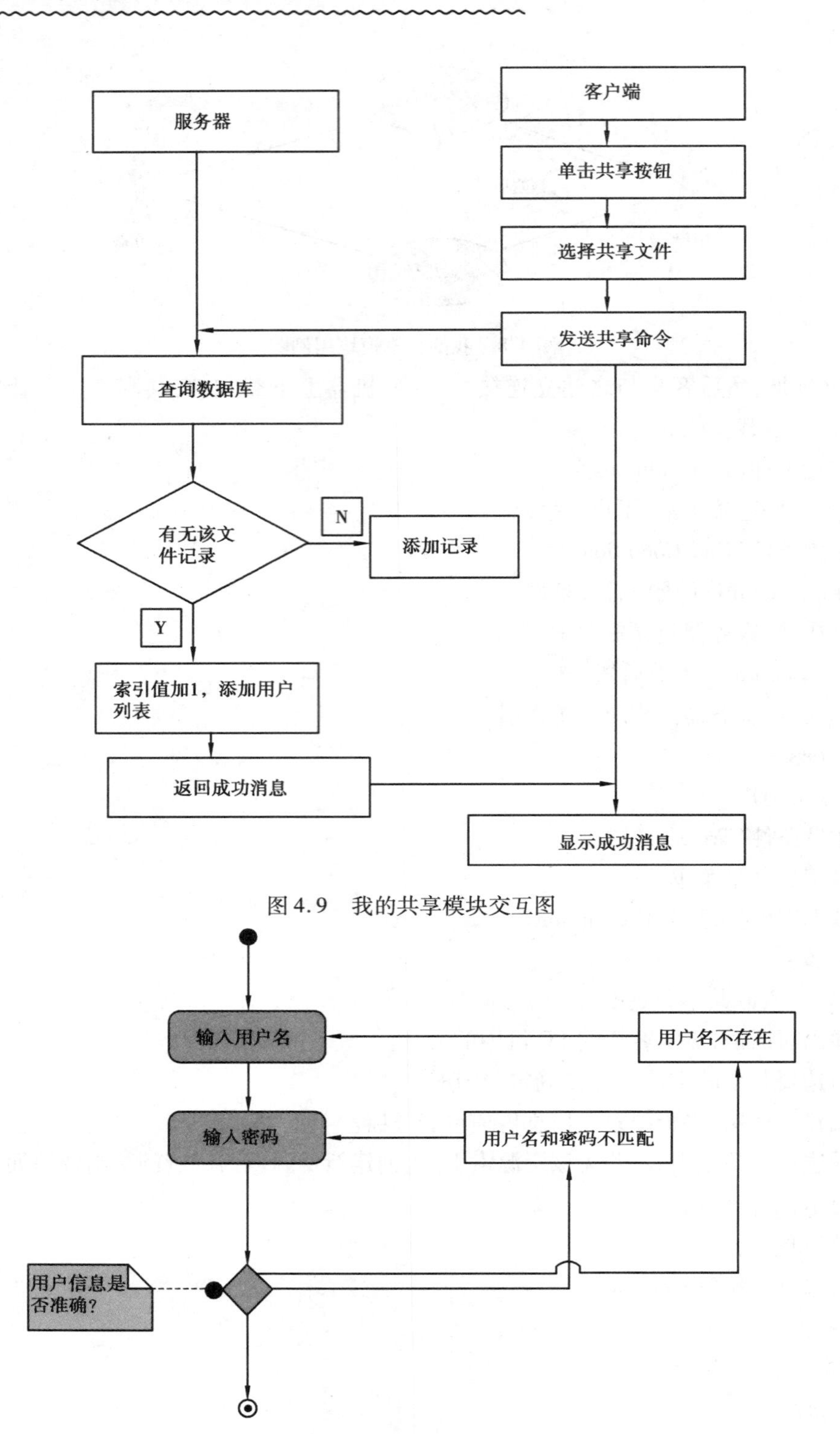

图 4.9　我的共享模块交互图

图 4.10　登录活动图

有是否开启悬浮窗,是否最小化到托盘,点关闭时是退出程序还是最小化到托盘等。

下载设置分为两块:常用设置和任务设置。常用设置包括启动任务时是否自动下载未完成任务,最大任务数是多少,最大连接数是多少,下载限速是多少等;任务设置主要包括下载目录的设置,连接端口的设置,消息的设置(有提示音、成功弹框和失败弹框)。

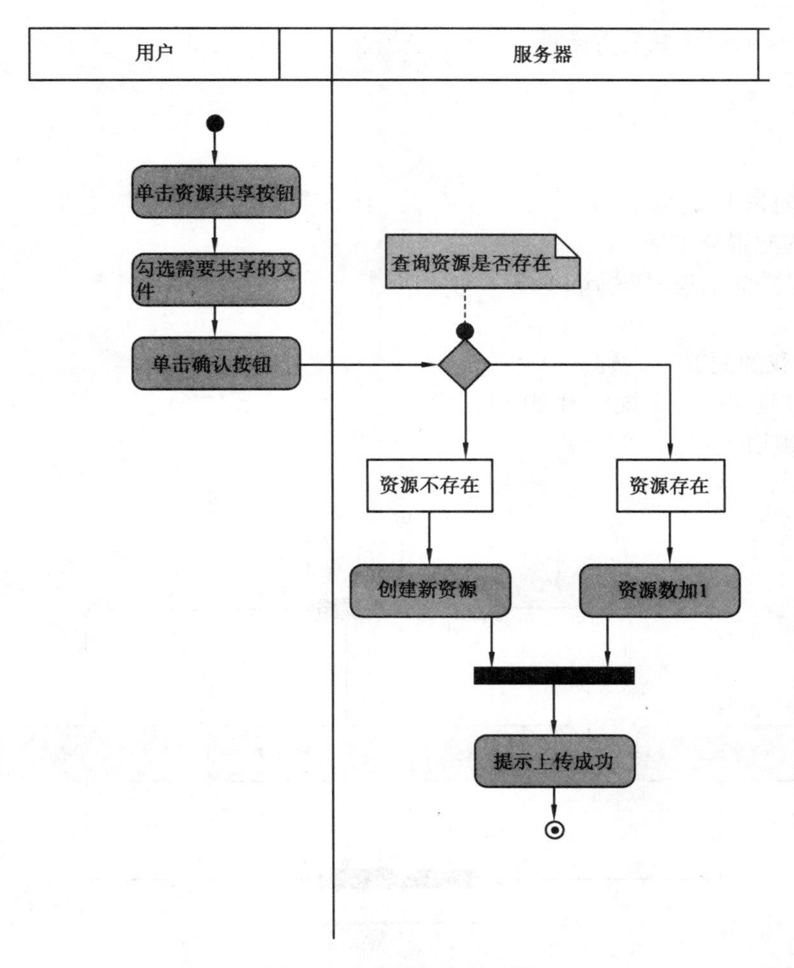

图 4.11　我的共享活动图

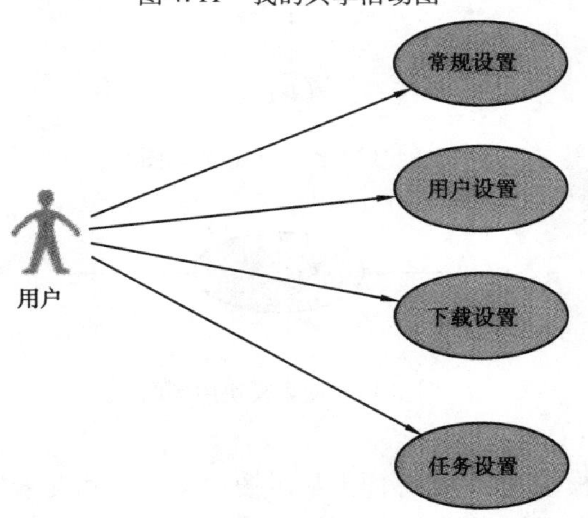

图 4.12　我的配置模块用例图

2.20　前置条件(Preconditions)

系统开启。

2.21　后置条件(End Condition)

Success End Condition 成功后置条件

根据用户所做设置,系统外观、附加功能作出相应改变。

Failed End Condition 失败后置条件

系统设置不变。

2.22　Actors

所有用户。

2.23　触发条件(Trigger)

用户选择我的配置菜单项。

2.24　基本事件流描述(Description)

A. Step 步骤:

①用户单击“我的配置”选项。

②用户根据自身需要对系统作出相应的设置。

③系统作出相应的变化。

B. 相关交互图:

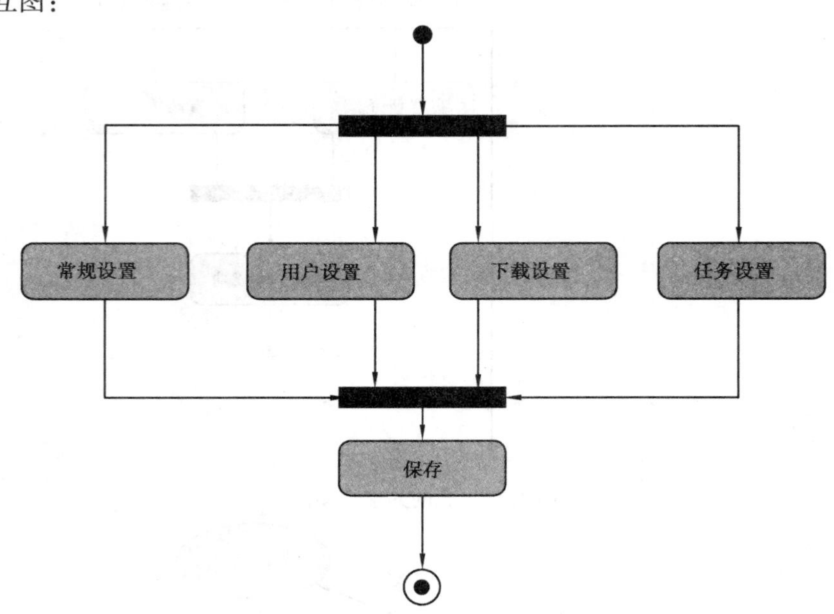

图 4.13　配置中心活动图

R. INTF. CALC. 004 搜索

图 4.14　搜索模块用例图

2.25　简要说明(Goal in Context)

本系统设置了搜索功能模块,在用户界面上显示搜索文本框和搜索按钮,输入用户所需要的文件名后,单击搜索,将会从服务器段搜索对应的文件,若搜索成功则在用户界面上显示索引号、搜索文件名、文件对应 IP 地址、文件大小等;若搜索不成功则在用户界面上显示找不到匹配的文件。

2.26　前置条件(Preconditions)

系统开启。

2.27　后置条件(End Condition)

Success End Condition 成功后置条件

用户搜索到所需资源。

Failed End Condition 失败后置条件

①所需资源不存在。

②系统连接超时。

2.28 Actors

所有用户。

2.29 触发条件(Trigger)

用户在搜索框中输入关键字进行搜索。

2.30 基本事件流描述(Description)

A. Step 步骤:

①用户在搜索框中输入关键字。

②客户端与服务器建立连接。

③服务器根据关键字搜索资源索引表。

④服务器罗列与关键字匹配的资源。

⑤列表控件显示资源。

B. 相关交互图:

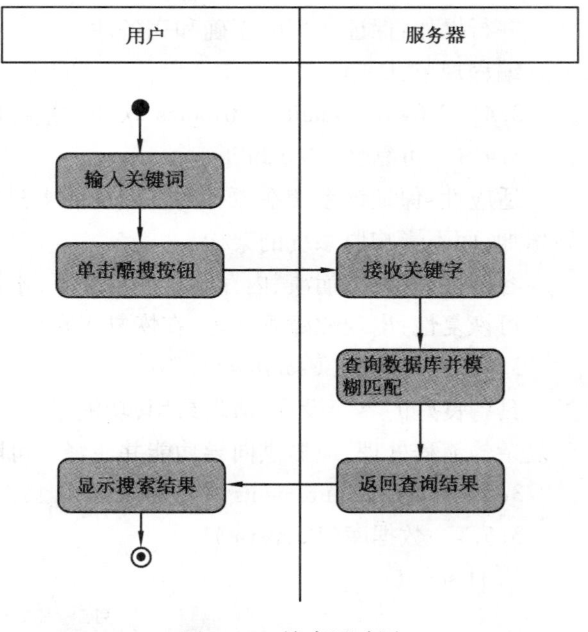

图4.15 搜索活动图

2.31 备选事件流(Extensions)

2a 请求超时;

2a1 客户端弹出"超时"信息提示框;

4a 无相应资源;

4a1 列表控件空白;

3 **性能需求**(Performance Requirements)

3.1 性能需求(Performance requirement)

静态的量化需求:

A. 支持的终端数目:20。

B. 支持的同时使用的用户数目:20。

C. 处理的文件和记录的数目:20。

D. 表和文件的大小:10M。

动态的量化需求:

A. 在正常和峰值工作量条件下特定时间段:1 小时。

B. 处理的事务和任务的数目以及数据量:20。

C. 响应时间:4s。

3.2 接口需求(Interface Requirements)

3.2.1 用户接口(User Interface)

实现用户操作图形化界面,用户的交互界面都通过 PC 显示屏交互,分辨率基本以 1 024 × 768 为主,600 × 800 的较少,软件界面能自适应屏幕大小。

屏幕格式尺寸:选择正常 4:3。

3.2.2 软件接口(Software Interface)

操作系统:Windows XP Professional。

数据库:使用 SQL Server 2005 数据库进行数据存储。

3.2.3 硬件接口(Hardware Interface)

支持各种 X86 系列 PC 机。

3.2.4　通信接口(Communication Interface)

Internet 接入协议:TCP/IP。

3.3　总体设计约束(Overall Design Constraints)

3.3.1　标准符合性(Standards compliance)

本应用程序的开发在源代码上遵循 SOCKET 编程规范及其开发标准,可以扩充以下所述规范中不存在的需求,但不能和规范相违背。反向竞拍网站应严格遵循如下规范:

《软酷　卓越实验室 COE 技术要求规范》《软酷 卓越实验室 COE 编程规范要求》。

3.3.2　硬件约束(Hardware Limitations)

CPU 和内存要求(最低配置):CPU 要求在 1 GHz、内存 128 MB。

在最低配置的机器能顺畅地跑起来,操作一项功能,在速度、延迟许可的条件下,要求尽快作出响应,不能给用户有迟滞的感觉。

3.3.3　技术限制(Technology Limitations)

并行操作:保证数据的正确和完备性。

编程规范:C++。

3.4　Software Quality Attributes 软件质量特性

3.4.1　可靠性(Reliability)

适应性:保证该系统在原有的基础功能上进行扩充,在原来的系统中增加新的业务功能,可方便地增加,而不影响原系统的架构。

容错性:在系统崩溃、内存不足的情况下,不造成该系统的功能失效,可正常关闭及重启。

可恢复性:出现故障等问题,在恢复正常后,系统能正常运行。

3.4.2　易用性(Usability)

具备良好的界面设计,清晰易用,功能要高度集中。阻止用户输入非法数据或进行非法操作,对于复杂的流程处理,应提供向导功能并注释。可随时给用户提供使用帮助。

3.5　Other Requirements 其他需求

3.5.1　数据库(Database)

(1)Userinfo

列名	数据类型	允许空
name	varchar(20)	☑
password	varchar(20)	☑
online	int	☑
ip	varchar(50)	☑
		☐

(a)

name	password	online	ip
zcl	123	0	10.6.12.40
jcx	123	0	10.6.12.165
lj	123	0	10.6.12.196
yyj	123	0	10.6.12.61
lm	123	0	10.6.12.94
NULL	NULL	NULL	NULL

(b)

图 4.16

(2)Fileinfo

列名	数据类型	允许空
filename	varchar(50)	☑
md5	varchar(128)	☑
userlists	varchar(100)	☑
filenum	int	☑
		☐

(a)

filename	md5	userlists	index
少女时代亚洲巡回演唱会.mkv	d41d8cd98f00b204e9800998ecf8427e	lj lm	2
NULL	NULL	NULL	NULL

(b)

图4.17

3.5.2　本地化(Localization)

本系统目前只支持中文。

3.6　需求分级(Requirements Classification)

表4.14

Requirement ID 需求 ID	Requirement Name 需求名称	Classification 需求分级
1	新建下载任务	A
2	开始下载任务	A
3	暂停下载任务	A
4	删除下载任务	A
5	正在下载查看	A
6	已下载查看	B
7	用户登录	B
8	共享文件	A
9	常规设置	B
10	用户设置	B
11	任务设置	B
12	下载设置	B
13	资源搜索	A
14	用户管理	A
15	资源管理	A

重要性分类如下：

A.必需的绝对基本的特性：如果不包含，产品就会被取消。

B.重要的不是基本的特性：但这些特性会影响产品的生存能力。

C.最好有期望的特性：但省略一个或多个这样的特性不会影响产品的生存能力。

3.7 附录(Appendix)

词汇表(Glossary)

①SQL Server 2005：SQL Server 是一个关系数据库管理系统。它最初是由 Microsoft、Sybase 和 Ashton-Tate 3 家公司共同开发的，于 1988 年推出了第一个 OS/2 版本。在 Windows NT 推出后，Microsoft 与 Sybase 在 SQL Server 的开发上就分道扬镳了，Microsoft 将 SQL Server 移植到 Windows NT 系统上，专注于开发推广 SQL Server 的 Windows NT 版本；Sybase 则较专注于 SQL Server 在 UNIX 操作系统上的 SQL Server 安装界面应用。

②客户机/服务器模式：在 TCP/IP 网络中两个进程间相互作用的主机模式是客户机/服务器模式(Client/Server model)。该模式的建立基于两点，即非对等作用和通信完全是异步的。

③P2P 技术：端对端技术(Peer-to-Peer，简称 P2P)，又称对等互联网络技术，是一种网络新技术，依赖网络中参与者的计算能力和带宽，而不是将依赖都聚集在较少的几台服务器上。但 P2P 并非纯粹的点对点技术，实为解作群对群(Peer-to-Peer)。在虚拟私人网络 VPN (Virtual Private Network)中，也有 P2P 这个名称，它才是真正解作点对点(Point-to-Point)。

④多线程：多线程共存于应用程序中，是现代操作系统中的基本特征和重要标志。为了提高程序的运行效率，在操作系统中提出了进程和线程的概念，在一个进程中可以包含多个线程，进程作为资源分配的基本单位，线程作为独立运行和独立调度的基本单位。既然提到了进程和线程，就涉及进程(线程)的并发执行以及互斥对象的访问。这些在网络编程中都是十分重要的知识点。

⑤MD5：Message-Digest Algorithm 5(信息-摘要算法 5)，用于确保信息传输完整一致。是计算机广泛使用的杂凑算法之一(又译摘要算法、哈希算法)，主流编程语言普遍已由 MD5 实现。MD5 的典型应用是对一段 Message(字节串)产生 fingerprint(指纹)，以防止被“篡改”。举个例子，使用者将一段话写在一个名为 readme. txt 文件中，并对这个 readme. txt 产生一个 MD5 的值并记录在案，然后使用者可以将这个文件传播给别人，别人如果修改了文件中的任何内容，使用者对这个文件重新计算 MD5 时就会发现(两个 MD5 值不相同)。如果再有一个第三方的认证机构，用 MD5 还可以防止文件作者的“抵赖”，这就是所谓的数字签名应用。

⑥托盘：托盘区就是在 Windows 操作系统桌面上位于任务栏最右边的状态区，显示时间和一些小图标。这些图标代表着特定的功能或程序，当用户用鼠标单击窗口最小化按钮，程序的窗口会关闭；图标显示在托盘区，然后再单击托盘区的图标，窗口会恢复。这些图标会使软件用起来很方便，而且会让程序更具有专业水准。

⑦模糊搜索：所谓“模糊搜索”就是根据一个关键字，搜索到相关的资料，这里的“相关”是指资料中有类似这个关键字的字符串。例如“Name”这个关键字，只要数据库资料中包含“Name”这个关键字的都要将它们找出来。模糊搜索的实现其实很简单，只要使用一个 SQL 语句就可以了。在网络搜索时，为了查询到比较准确的资料，用户通常会输入多个关键字，并且用空格或者逗号将多个关键字隔开，这就是多个关键字的查询。

4.4　软件设计说明书

关键词(Keywords):酷 Down;下载

摘要(Abstract):下载,即将信息从互联网或其他电子计算机上输入某台电子计算机上。断点续传是在下载或上传时,将下载或上传任务(一个文件或一个压缩包)人为地划分为几个部分,每一个部分采用一个线程进行上传或下载,如果碰到网络故障,可以从已经上传或下载的部分开始继续上传下载未上传下载的部分,而没有必要重新开始上传下载。本系统为酷 Down 下载系统 1.0 版,分为 4 大模块:我的下载、我的共享、配置中心、搜索。其中“我的下载”分为:新建下载、开始下载、暂停下载、删除下载、正在下载查看、已下载查看;“我的共享”分为:共享文件、用户登录;“配置中心”分为:常规设置、用户设置、任务设置、下载设置;“搜索”分为:搜索文件、文件列表、选择文件、下载文件。

缩略语清单(List of abbreviations)

表 4.15

Abbreviations 缩略语	Full spelling 英文全名	Chinese explanation 中文解释
MFC	Microsoft Foundation Classes	微软基础类,用于在 C++环境下编写应用程序的一个框架和引擎
ODBC	Open Database Connectivity	为各种类型的数据库管理系统提供了统一的编程接口,例如不同数据库系统的驱动程序
C/S	Client/Server	客户端服务器模型
P2P	Peer-to-Peer	又被称为“点对点”“对等”技术,是一种网络新技术,依赖网络中参与者的计算能力和带宽,而不是将依赖都聚集在较少的几台服务器上

1　**简介**(Introduction)

1.1　目的(Purpose)

该文档主要读者是系统的编码人员和测试人员,使他们能够更加快速准确地实现系统的各个功能,减少系统的 bug,使各模块、各部门之间衔接协调,接口一致。

1.2　范围(Scope)

1.2.1　软件名称(Name)

酷 Down 下载系统。

1.2.2　软件功能(Functions)

本系统为酷 Down 下载系统 1.0 版,是 C/S 模型,服务器端主要功能是实现用户的登录验证,数据库的操作,下载线程的分配等。客户端主要分为 4 大模块:我的下载、我的共享、配置中心、搜索。其中“我的下载”分为:新建下载、开始下载、暂停下载、删除下载、正在下载查看、已下载查看;“我的共享”分为:共享文件、用户登录;“配置中心”分为:常规设置、用户设置、任务设置、下载设置;“搜索”分为:搜索文件、文件列表、选择文件、下载文件。

1.2.3 软件应用(Applications)

本软件为P2P模式,面向所有普通用户,方便用户下载资源,实现资源的共享。

2 第0层设计描述(Level 0 Design Description)

2.1 软件系统上下文定义(Software System Context Definition)

无。

2.2 设计思路(Design Considerations)[可选(Optional)]

设计可选方案(Design Alternatives)

本系统基于MFC对话框框架,通信采用CSocket通信。

设计约束(Design Constraints)

2.3 遵循标准(Standards compliance)

采用C++MFC通用标准。

2.4 硬件限制(Hardware Limitations)

支持各种X86系列PC机。

2.5 技术限制(Technology Limitations)

C++、MFC。

2.6 其他(Other Design Considerations)

客户端与服务器采用TCP连接,P2P采用UDP连接。

3 第一层设计描述(Level 1 Design Description)

3.1 系统结构(System Architecture)

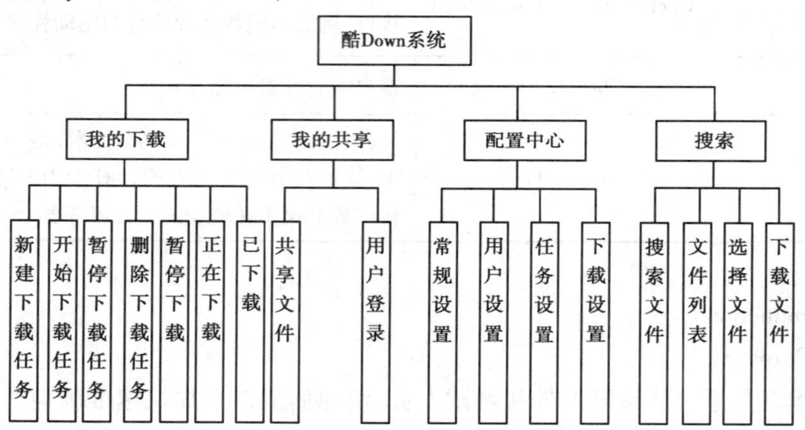

图4.18 系统功能结构图

3.2 业务流程说明(Representation of the Business Flow)

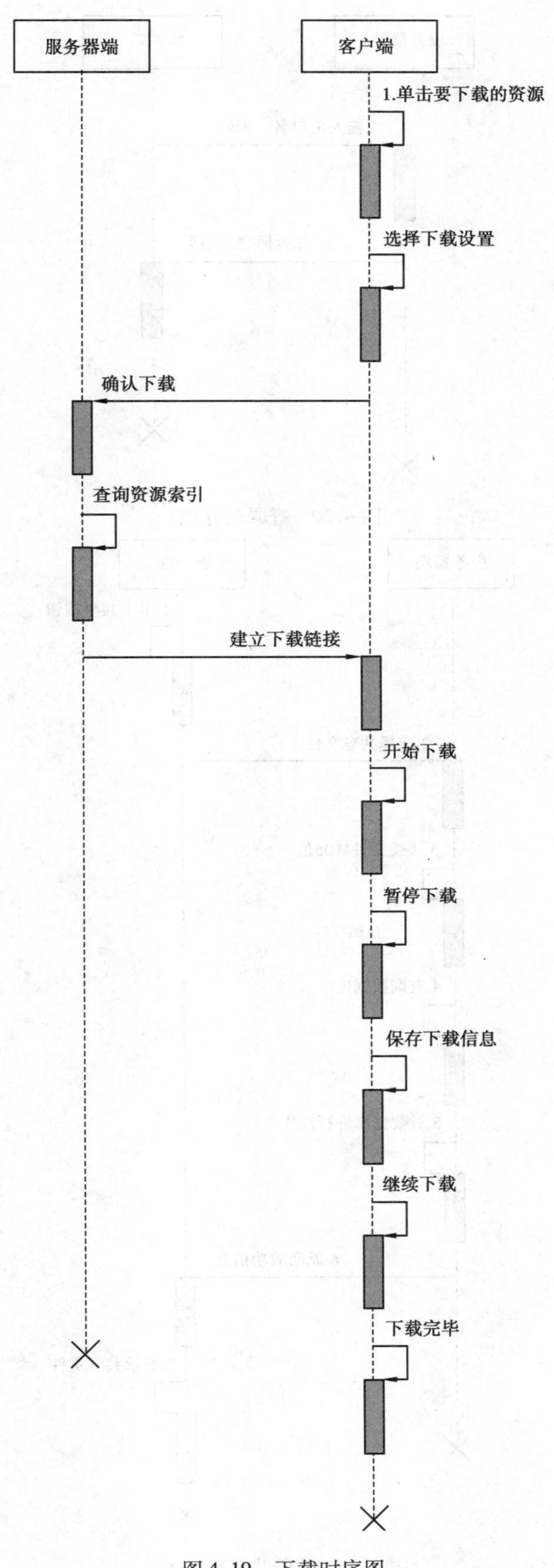
服务器端
客户端
1.单击要下载的资源
选择下载设置
确认下载
查询资源索引
建立下载链接
开始下载
暂停下载
保存下载信息
继续下载
下载完毕

图 4.19　下载时序图

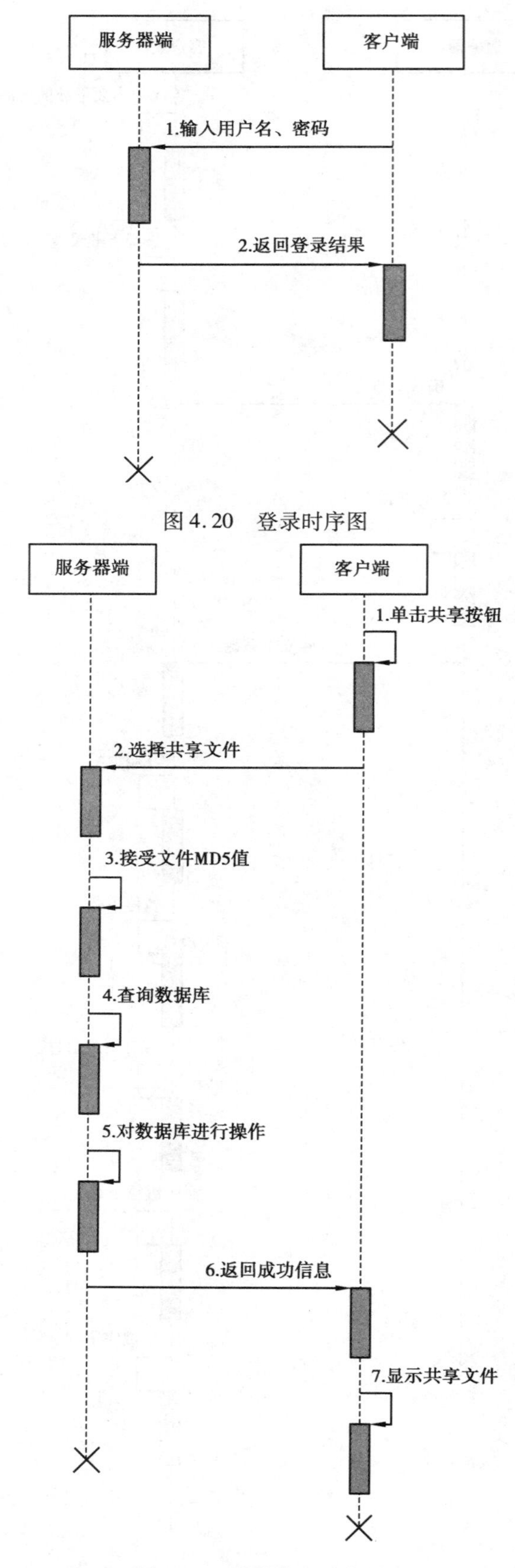

图 4.20　登录时序图

图 4.21　我的共享时序图

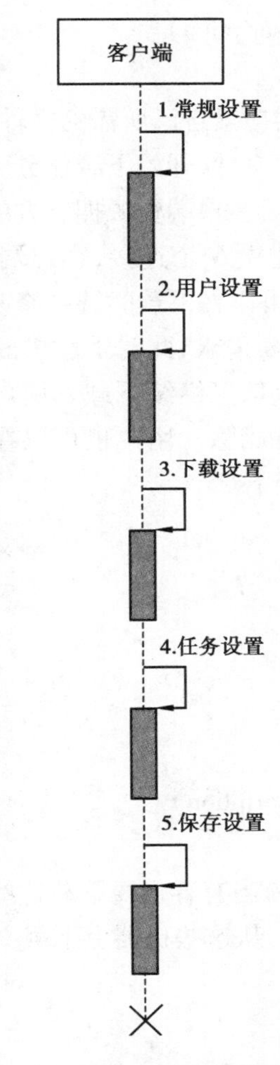

图 4.22　配置中心时序图

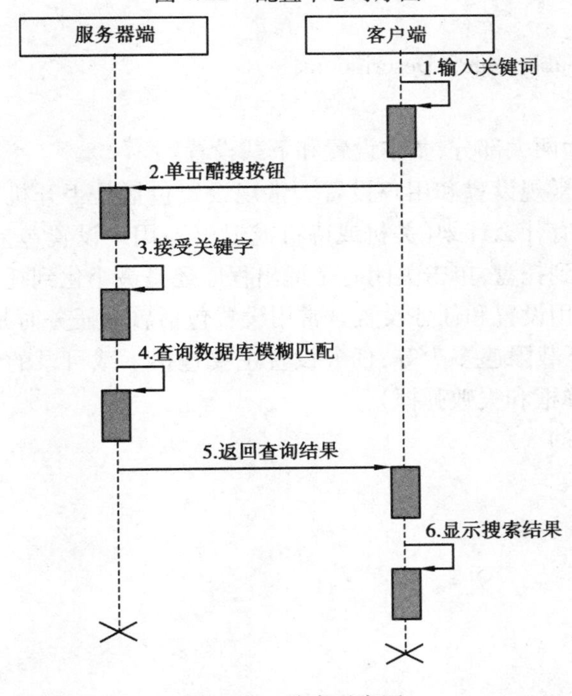

图 4.23　搜索时序图

模块1/我的下载(Module/Subsystem 1 Description)

(1)简介(Overview)

用户根据输入文件名后可通过服务器搜索自己所需的文件,若无匹配结果则返回重新输入,若返回所需的匹配结果则选定该结果单击下载文件,开始下载任务。首先客户端从服务器搜索资源文件,服务器从数据库中获取目标文件,并反馈给客户端资源拥有方的下载信息。然后,客户端与资源拥有方建立连接,假设有 N 个资源拥有方,则建立 N 个连接,客户端下载分为 N 个线程来下载,分为 N 块下载,分别从每个客户端下载一块。用户可以在下载时选择修改文件名或者选择保存路径,还可以在下载过程中选择暂停下载,即客户发出中断请求,此时下载中断,并且将中断时的信息录入临时文件中,当下次下载继续时,从临时文件中获取信息继续下载。用户在下载过程中也可以随时取消下载,单击删除即将选中的正在进行下载的文件删除。用户也可以在下载列表中观察下载进度,当下载完成时文件就会保存在用户选择的保存路径下。

(2)功能列表(Functions)

开始下载

暂停下载

分段多线程

断点续传

删除任务

模块2/我的共享(Module/Subsystem 2 Description)

(1)简介(Overview)

共享就是告诉服务器当前已有的文件,当有客户要下载这些文件时,服务器可以返回拥有这些文件客户的IP地址,然后客户与之建立连接,从这些机器上下载文件,实现P2P模式的下载功能。

(2)功能列表(Functions)

选择共享文件

删除共享文件

用户登录注册

模块3/配置中心(Module/Subsystem 3 Description)

(1)简介(Overview)

系统设置模块主要分为两大部分:基本设置和下载设置。

基本设置也分为两块:常规设置和用户设置。常规设置包括是否开机自启动,是否开启老板键、开启哪个老板键,下载完后有什么计划(关机或待机或退出);用户设置包括修改密码,个性设置有是否开启悬浮窗,是否最小化到托盘,单击关闭时是退出程序还是最小化到托盘等。

下载设置分为两块:常用设置和任务设置。常用设置包括启动任务时是否自动下载未完成任务、最大任务数、最大连接数、下载限速多少等;任务设置主要包括下载目录的设置、连接端口的设置、消息的设置(有提示音、成功弹框和失败弹框)。

(2)功能列表(Functions)

开机自启动

老板键

计划关机

修改密码

悬浮窗

托盘

提示音和提示框

模块 4/酷搜(Module/Subsystem 4 Description)

(1)简介(Overview)

本系统设置了搜索功能模块,在用户界面上显示搜索文本框和搜索按钮,输入用户所需要的文件名后,单击搜索,将会从服务器段搜索对应的文件,若搜索成功则在用户界面上显示索引号、搜索文件名、文件对应 IP 地址、文件大小等;若搜索不成功则在用户界面上显示找不到匹配的文件。

(2)功能列表(Functions)

搜索资源

选择资源

下载资源

模块 5/酷服务器(Module/Subsystem 5 Description)

(1)简介(Overview)

本系统基于 C/S 模型架构,服务器主要用于用户登录、存储资源索引、转发 P2P 连接等,起着中间桥梁的作用。

(2)功能列表(Functions)

数据库连接

表的各项操作

登录验证

转发客户端 P2P 连接请求

3.3　依赖性描述(Dependency Description)

搜索模块依赖服务器端为其查找数据库;共享模块需要登录才能显示,而登录必须要有服务器端的登录验证;下载模块依赖搜索模块为其查找资源,依赖配置模块为其设置参数,依赖服务器为其转发 P2P 连接请求。

3.4　接口描述(Interface Description)

表 4.16

pMsg = ” $name:psw:IP”	Socket 发送登录信息
pMsg = “#. . . . . . ”	Socket 发送 MD5 值
pMsg = “@ . . . . . . ”	Socket 发送文件属性
pMsg = “ * . . . . . . ”	Socket 发送搜索的关键词

模块 1/共享的接口描述(Module/Subsystem 1 Interface Description)

Name 名称:CCliFile

Description 说明:用于共享模块向服务器发送文件属性信息和服务器向搜索模块返回搜索到的文件信息。

Definition 定义:class CCliFile

```
{
public:
//成员变量,保存文件信息
char filename[100];//文件名,不包括扩展名
char filemd5[20];//文件 md5 值
```

```
        char fileuser[50];//文件所属用户名
        char filesize[20];//文件大小
        char filetype[20];//文件类型
        };
```

Name 名称:CSocRec

Description 说明:用于服务器和客户端通信

Definition 定义:

```
#pragma once
class CcooldownDlg;
class CSocRec : public CSocket
{
public:
CcooldownDlg * m_pmaindlg;
CSocRec(CcooldownDlg * pdlg);
virtual ~CSocRec();
virtual void OnReceive(int nErrorCode);
};
```

4　第二层设计描述(Level 2 Design Description)

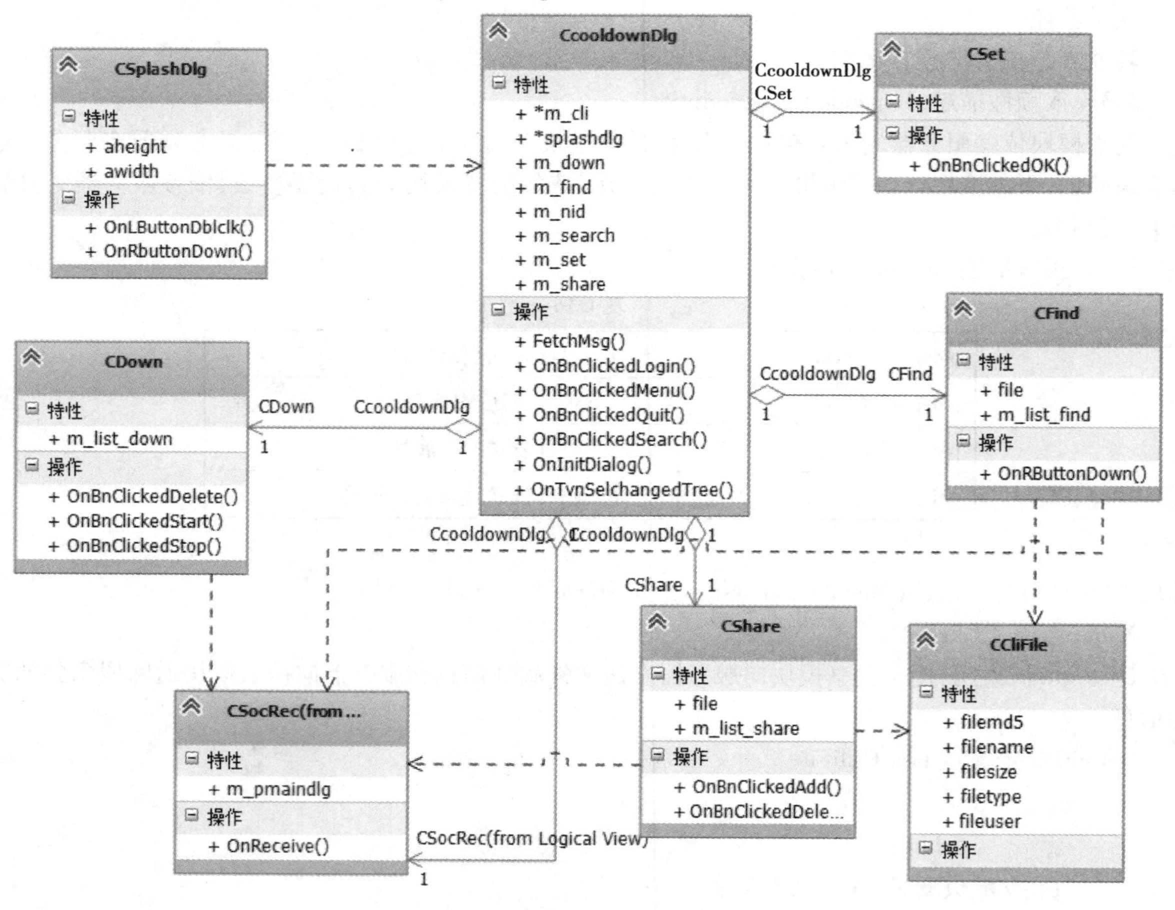

图 4.24　客户端类图

4.1　模块1　我的下载(Module Name (1))

4.1.1　模块设计描述(Design Description)

Class name1 # CDown

(1)CI Identification 标识

下载对话框类。

(2)Overview 简介

该类主要是管理下载的对话框类,负责程序的下载。

(3)Definition 类定义(Optional)

4.1.2　功能实现说明(Function Illustration)

下载对话框类主要有一个列表框的私有成员变量“m_list_down”,用来显示下载文件的信息,还有3个成员函数,OnBnClickedStart()是开始按钮消息响应函数,负责开始和继续下载,OnBnClickedStop()函数是停止按钮的消息响应函数,还有OnBnClickedDelete()函数是删除按钮的消息响应函数。

4.2　模块2　我的共享(Module Name (2))

4.2.1　模块设计描述(Design Description)

Class name1 # CShare

(1)CI Identification 标识

分享对话框类。

(2)Overview 简介

该类主要是管理文件的共享,负责上传文件给服务器以实现共享。

(3)Definition 类定义(Optional)

4.2.2　功能实现说明(Function Illustration)

分享对话框类主要有一个 ListCtrl 的私有成员变量 m_list_share,用来显示共享文件的信息,有一个 file 类里面存储了文件的各种信息,用来显示在列表框上。还有2个成员函数,OnBnClickedAdd()是上传按钮消息响应函数,负责上传要共享的文件,还有 OnBnClickedDelete()函数是删除按钮的消息响应函数,是取消该文件的共享。

4.3　模块3　配置中心(Module Name (3))

4.3.1　模块设计描述(Design Description)

Class name1 # CSet

(1)CI Identification 标识

配置对话框类。

(2)Overview 简介

该类主要是管理系统属性,负责系统的属性设置。

(3)Definition 类定义(Optional)

4.3.2　功能实现说明(Function Illustration)

配置对话框类主要有一个 OnBnClickedOk()函数表示确认按钮的消息,设置系统的属性。

4.4　模块4　酷搜(Module Name (4))

4.4.1　模块设计描述(Design Description)

Class name1 # CFind

(1)CI Identification 标识

搜索对话框类。

(2)Overview 简介

该类主要是管理文件的搜索,负责搜索文件并开始下载。

(3)Definition 类定义(Optional)

4.4.2 功能实现说明(Function Illustration)

搜索对话框类主要有一个 ListCtrl 的私有成员变量 m_list_find,用来显示搜索到的文件的信息,有一个 file 类里面存储了文件的各种信息,用来显示在列表框上。成员函数 OnRBnClickedAdd()是鼠标右键的消息响应函数,负责添加搜索文件到下载列表中。

4.5 模块5 酷服务器(Module Name (5))

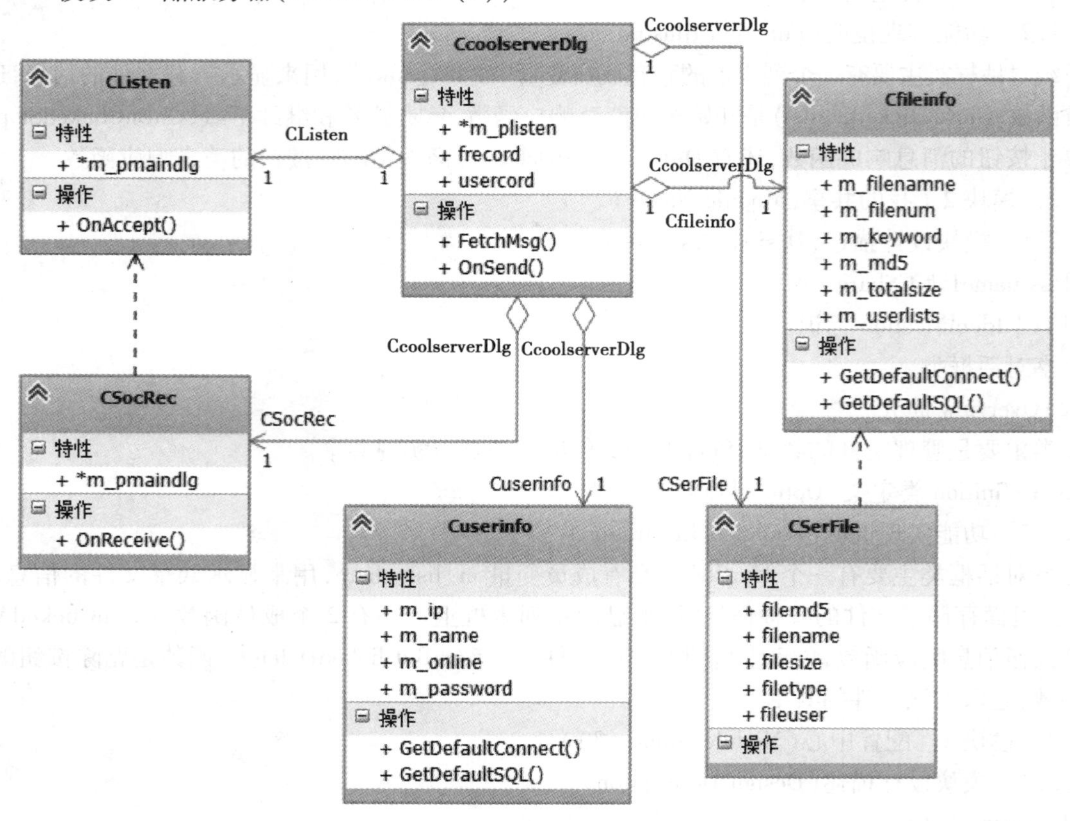

图4.25 服务器模块类图

4.5.1 模块设计描述(Design Description)

Class name1 # Cuserinfo

(1)CI Identification 标识

用户信息类。

(2)Overview 简介

该类是与数据库的 userinfo 表关联的,是与数据库进行通信的类。

(3)Definition 类定义(Optional)

Class name1 # Cfileinfo

(1)CI Identification 标识

资源信息类。

(2)Overview 简介

该类是与数据库的 fileinfo 表关联的,是与数据库进行通信的类。

(3)Definition 类定义(Optional)

4.5.2 功能实现说明(Function Illustration)

用户信息类是 MFC 的 ODBC 类,有 m_name 表示用户名,m_password 表示密码,m_online 表示是否在线,m_ip 表示用户的 IP 地址,还有取得默认连接和默认 SPL 语句的函数。

资源信息类是 MFC 的 ODBC 类,有 m_filename 表示文件名,m_md5 表示文件的 md5 值,m_uiserlists 表示用户列表,m_filenum 表示文件拥有者数目,m_totalsize 表示文件大小,m_keyword 表示文件的关键字,还有取得默认连接和默认 SQL 语句的函数。

5 **数据库设计**(Database Design)

5.1 实体定义(Entities Definition)

5.1.1 分解描述(Decomposition Description)

该系统主要有两个数据表,一个是 userinfo 表,还有一个表是 fileinfo。

表 4.17

字段名	类型	是否为空	备注
name	varchar(20)	NOTNULL	(主键)用户名
password	varchar(20)	NULL	密码
online	int	NULL	是否在线
ip	varchar(50)	NULL	用户 IP

5.1.2 内部依赖性描述(Internal Dependency Description)

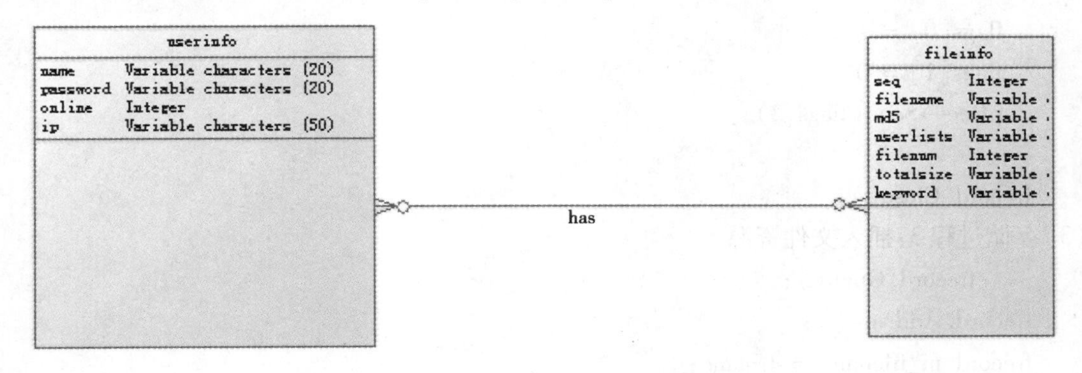

图 4.26

5.2 行为定义(Behaviors Definition)

5.2.1 分解描述(Decomposition Description)

(1)存储过程 1:查询用户名密码

```
    sqlstr = "select * from userinfo where name = '" + str1 + "' and password = '" + str2 + "'";
urecord.Open(AFX_DB_USE_DEFAULT_TYPE,sqlstr);
if(strcmp(urecord.m_name,"")! =0)
{
    flags[0] = '$';
    flags[1] = '1';
    pRec→Send(flags,2);
}
```

```
else
{
    flags[0] ='$';
    flags[1] ='0';
    pRec→Send(flags,2);
}
urecord.Close();
```

(2)存储过程2:查询资源MD5值

```
sqlstr = "select * from fileinfo where md5 ='" + str1 + "'";
frecord.Open(AFX_DB_USE_DEFAULT_TYPE,sqlstr);
strcpy(flags,"");
if(strcmp(frecord.m_md5,"")! =0)
{
    (frecord.m_filenum)++;
flags[0] ='#';
    flags[1] ='1';
    pRec→Send(flags,2);
}
else
{
    flags[0] ='#';
    flags[1] ='0';
    pRec→Send(flags,2);
}
frecord.Close();
```

(3)存储过程3:插入文件资源

```
        frecord.Open();
frecord.AddNew();
frecord.m_filename = strname;
frecord.m_md5 = strmd5;
frecord.m_userlists = struser;
frecord.m_filenum = 1;
frecord.m_totalsize = strsize;
frecord.m_keyword = strtype;
frecord.Update();
```

5.2.2 外部依赖性描述(External Dependency Description)

存储过程1主要提供登录模块的登录验证;存储过程2主要对共享模块提供的资源MD5值进行匹配,若匹配则资源数加1,若不匹配则新建资源;存储过程3就是新建资源索引,向资源表里面插入一条新的记录。

内部依赖性描述(Internal Dependency Description)

存储过程3依赖于存储过程2的结果,若过程2返回不匹配结果则调用过程3。

6　**模块详细设计**(Detailed Design of Module)

6.1　Class1 CDown 的设计

6.1.1　简介(Overview)

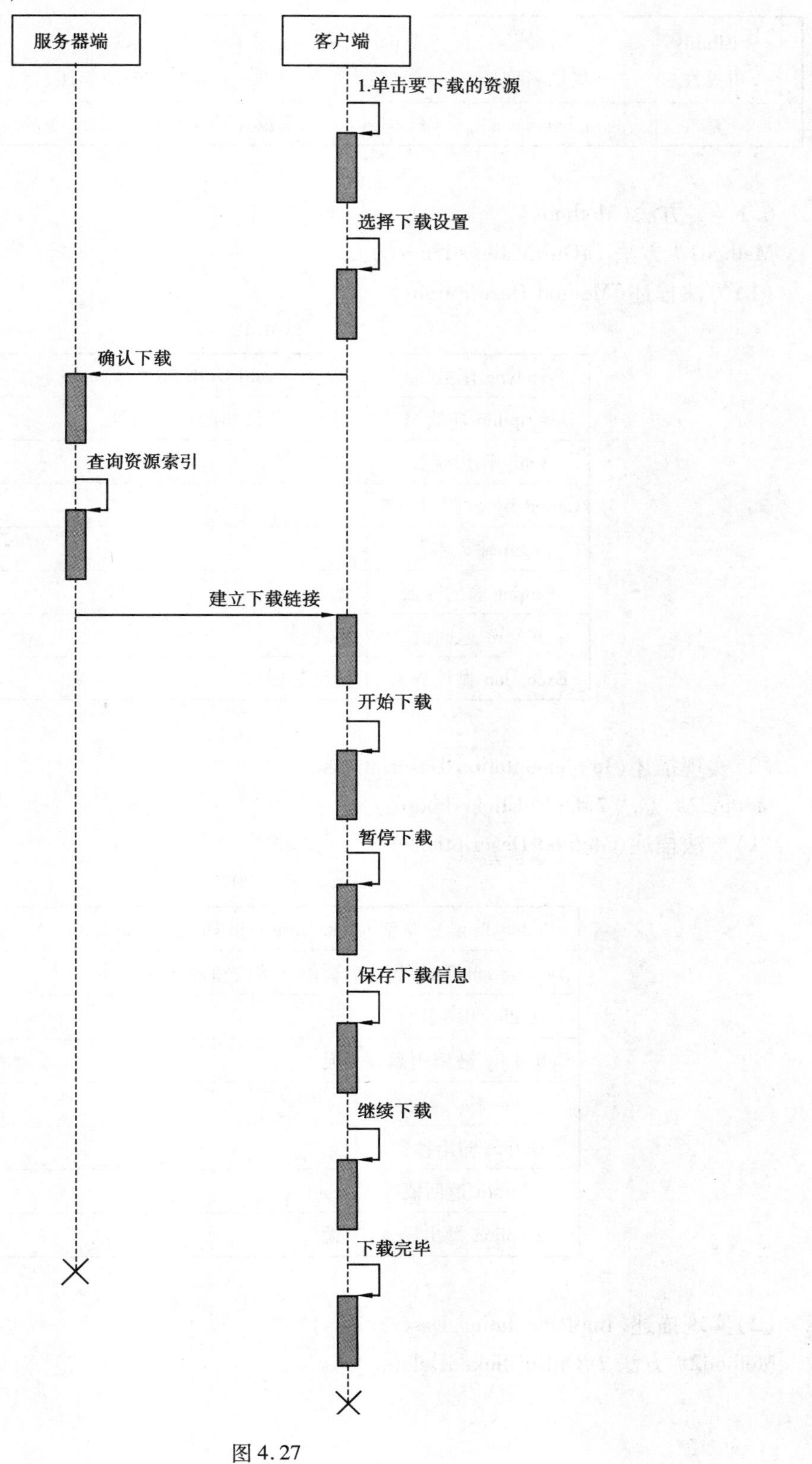

图 4.27

6.1.2 类图(Class Diagram)

图 4.28 类图

6.1.3 属性(Attributes)

表 4.18 属性

Visibility 可见性	Name 属性名称	Type 类型	Brief descriptions 说明(对属性的简短描述)
是	m_list_down	CListCtrl	下载对话框中列表的对应变量

6.1.4 方法(Methods)

Method1# 方法 1#OnBnClickedStart()

(1)方法描述(Method Descriptions)

表 4.19

Prototype 函数原型	afx_msg void OnBnClickedStart ()
Description 功能描述	开始下载按钮的响应事件
Calls 调用函数	无
Called By 被调用函数	无
Input 输入参数	无
Output 输出参数	无
Return 返回值	void
Exception 抛出异常	网络超时

(2)实现描述(Implementation Descriptions)

Method2# 方法 2#OnBnClickedStop()

(1)方法描述(Method Descriptions)

表 4.20

Prototype 函数原型	afx_msg void OnBnClickedStop ()
Description 功能描述	暂停下载按钮的响应事件
Calls 调用函数	无
Called By 被调用函数	无
Input 输入参数	无
Output 输出参数	无
Return 返回值	void
Exception 抛出异常	无

(2)实现描述(Implementation Descriptions)

Method2# 方法 2#OnBnClickedDelete()

(1)方法描述(Method Descriptions)

表4.21

Prototype 函数原型	afx_msg void OnBnClickedDelete ( )
Description 功能描述	删除任务按钮的响应事件
Calls 调用函数	无
Called By 被调用函数	无
Input 输入参数	无
Output 输出参数	无
Return 返回值	void
Exception 抛出异常	无

(2)实现描述(Implementation Descriptions)

6.2　Class2 CShare 的设计

6.2.1　简介(Overview)

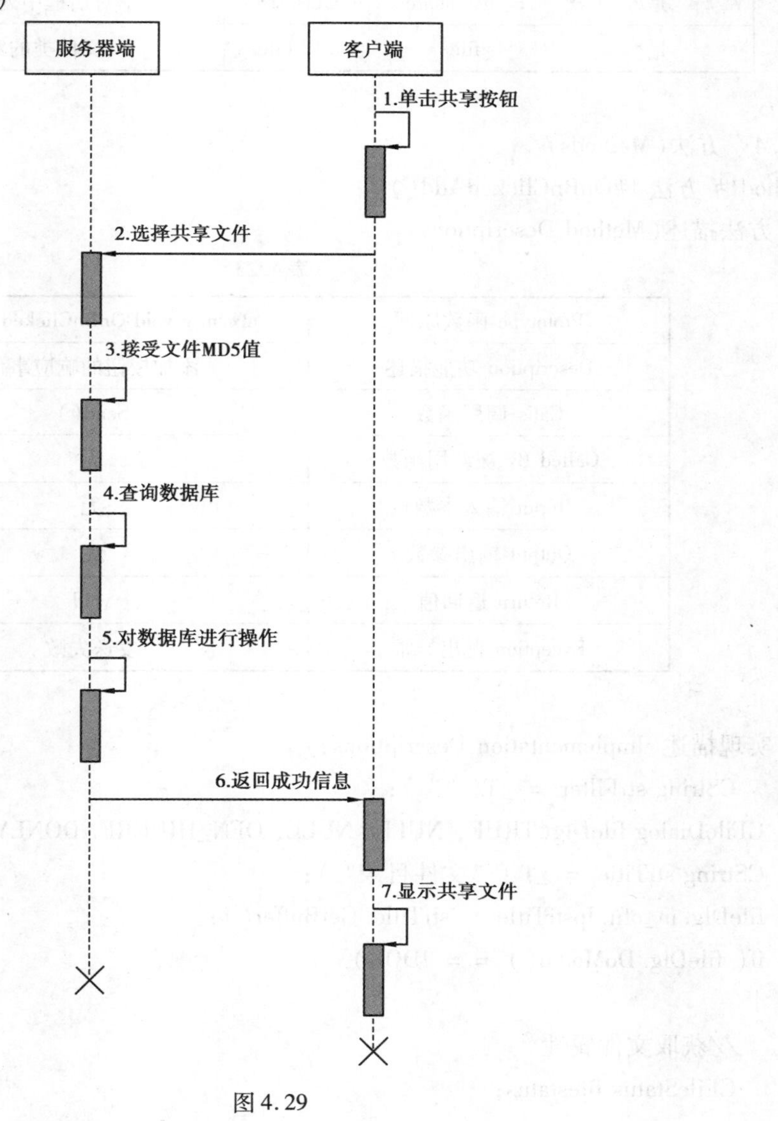

图4.29

6.2.2 类图(Class Diagram)

图 4.30

6.2.3 属性(Attributes)

表 4.22

Visibility 可见性	Name 属性名称	Type 类型	Brief descriptions 说明(对属性的简短描述)
是	m_list_share	CListCtrl	共享对话框中列表的对应变量
是	file	CCliFile	文件类的对象变量

6.2.4 方法(Methods)

Method1# 方法 1#OnBnClickedAdd()

(1)方法描述(Method Descriptions)

表 4.23

Prototype 函数原型	afx_msg void OnBnClickedAdd ()
Description 功能描述	添加按钮的响应事件
Calls 调用函数	Send()
Called By 被调用函数	无
Input 输入参数	无
Output 输出参数	无
Return 返回值	void
Exception 抛出异常	发送失败

(2)实现描述(Implementation Descriptions)

```
  CString strFilter = _T( "" );
CFileDialog fileDlg(TRUE, NULL, NULL, OFN_HIDEREADONLY, strFilter, this);
CString strTitle = _T ( "文件目录" );
fileDlg.m_ofn.lpstrTitle = strTitle.GetBuffer();
if( fileDlg.DoModal() == IDOK)
{
  //获取文件属性
  CFileStatus filestatus;
```

```
        CFile::GetStatus(fileDlg.GetPathName(),filestatus);
        sprintf(file.filename,"%s",fileDlg.GetFileName());
        sprintf(file.fileuser,"%s",username);
        itoa(filestatus.m_size,file.filesize,10);
    //获取文件类型
    char fileext[10];
    sprintf(fileext,"%s",fileDlg.GetFileExt());
    if ((! strcmp(fileext,"txt"))||(! strcmp(fileext,"doc"))||(! strcmp(fileext,"pdf")))
    {
        sprintf(file.filetype,"%s","文本文件");
    }
    //获取 md5 值
    char pMsg[10000];
    CString str,str1(file.filesize);
    str = fileDlg.GetPathName() + str1;
    sprintf(pMsg,"%s",str);
    MD5 md5;
    md5.update(pMsg);
    CString str2;
    str2.Format("%s",md5.toString());
    //数据发送
    CcooldownDlg *m_pdlg = (CcooldownDlg *)AfxGetApp()→m_pMainWnd;
    (m_pdlg→m_cli)→Send(pMsg,strlen(pMsg) +1);
}
```

Method2# 方法 2#OnBnClickedDelete()

(1)方法描述(Method Descriptions)

表 4.24

Prototype 函数原型	afx_msg void OnBnClickedDelete ()
Description 功能描述	删除共享文件按钮的响应事件
Calls 调用函数	Send()
Called By 被调用函数	无
Input 输入参数	无
Output 输出参数	无
Return 返回值	void
Exception 抛出异常	无

(2)实现描述(Implementation Descriptions)

```
        CString str;
    str.Format("%s",file.md5);
```

```
//数据发送
CcooldownDlg *m_pdlg=(CcooldownDlg *)AfxGetApp()→m_pMainWnd;
(m_pdlg→m_cli)→Send(pMsg,strlen(pMsg)+1);
```

6.3 Class2 CSet 的设计

6.3.1 简介(Overview)

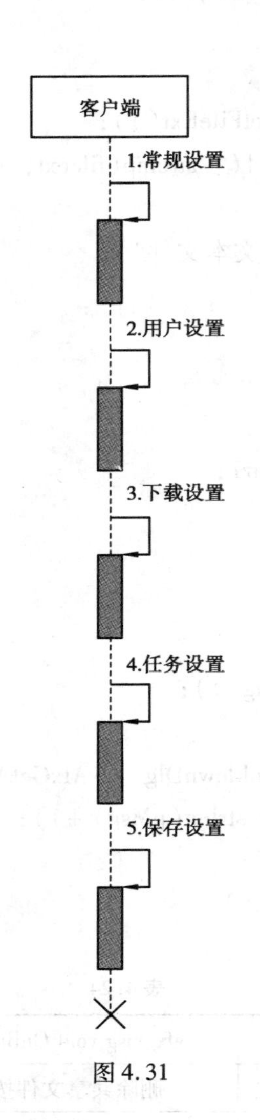

图 4.31

6.3.2 类图(Class Diagram)

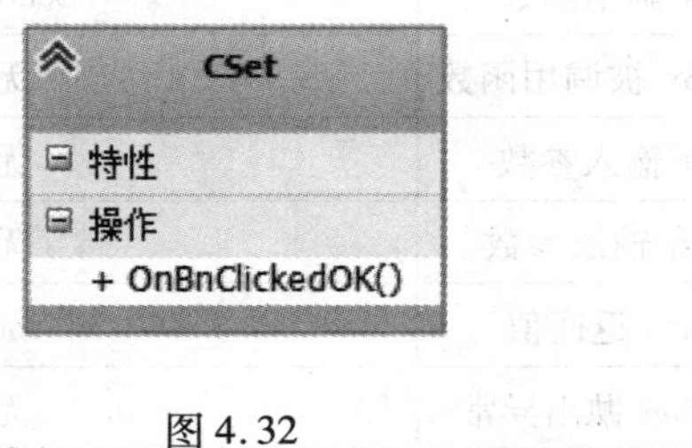

图 4.32

6.3.3 属性(Attributes)

6.3.4 方法(Methods)

Method1# 方法 1#OnBnClickedOk()

(1)方法描述(Method Descriptions)

表 4.25

Prototype 函数原型	afx_msg void OnBnClickedOk( )
Description 功能描述	确定按钮的响应事件
Calls 调用函数	无
Called By 被调用函数	无
Input 输入参数	无
Output 输出参数	无
Return 返回值	void
Exception 抛出异常	无

(2)实现描述(Implementation Descriptions)

6.4　Class2 CFind 的设计

6.4.1　简介(Overview)

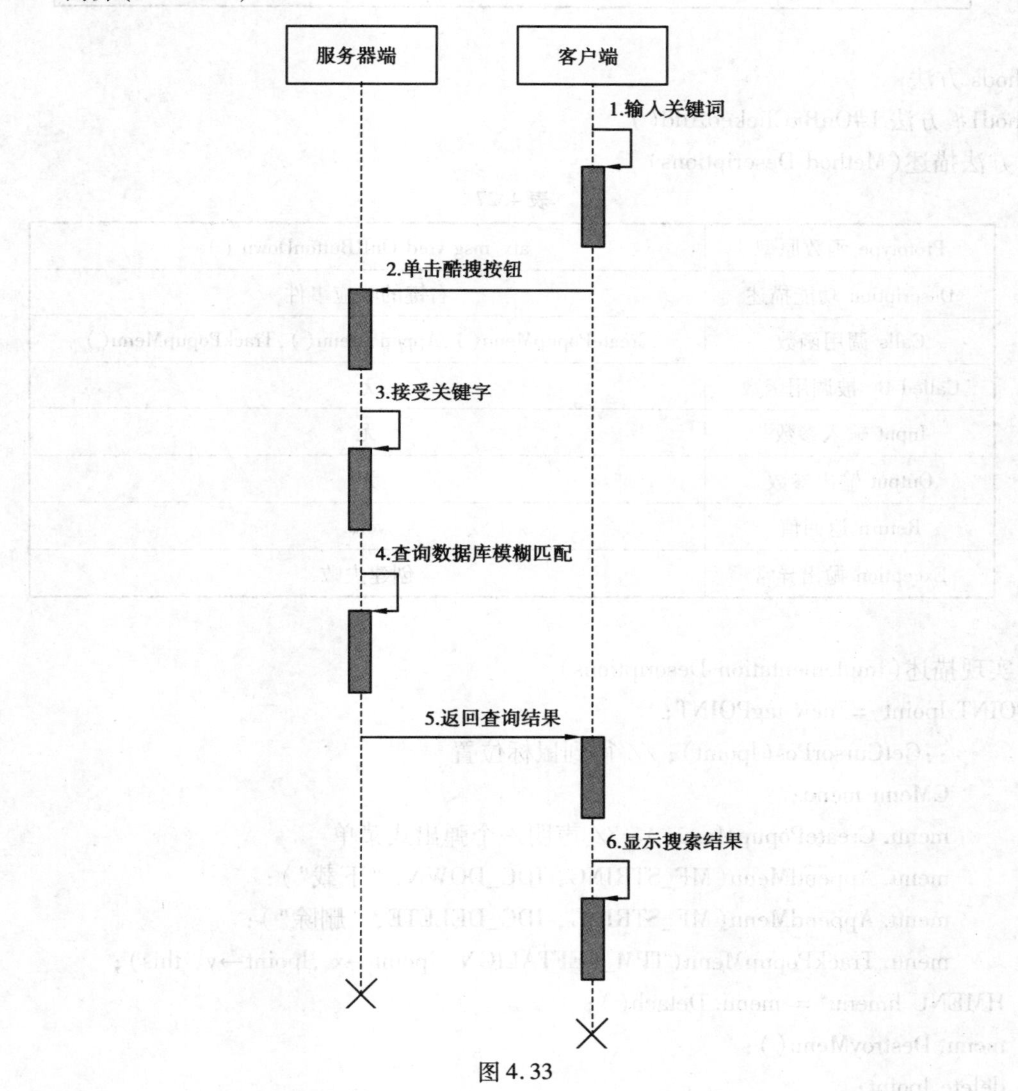

图 4.33

6.4.2 类图(Class Diagram)

图 4.34

6.4.3 属性(Attributes)

表 4.26

Visibility 可见性	Name 属性名称	Type 类型	Brief descriptions 说明(对属性的简短描述)
是	m_list_find	CListCtrl	搜索对话框中列表的对应变量
是	file	CCliFile	文件类的对象变量

Methods 方法

Method1# 方法 1#OnBnClickedAdd()

(1)方法描述(Method Descriptions)

表 4.27

Prototype 函数原型	afx_msg void OnRButtonDown ()
Description 功能描述	右键的响应事件
Calls 调用函数	CreatePopupMenu(), AppendMenu(), TrackPopupMenu()
Called By 被调用函数	无
Input 输入参数	无
Output 输出参数	无
Return 返回值	void
Exception 抛出异常	创建失败

(2)实现描述(Implementation Descriptions)

```
LPPOINT lpoint = new tagPOINT;
        ::GetCursorPos(lpoint); // 得到鼠标位置
        CMenu menu;
        menu.CreatePopupMenu(); // 声明一个弹出式菜单
        menu.AppendMenu(MF_STRING, IDC_DOWN, "下载");
        menu.AppendMenu(MF_STRING, IDC_DELETE, "删除");
        menu.TrackPopupMenu(TPM_LEFTALIGN, lpoint→x ,lpoint→y, this);
    HMENU hmenu = menu.Detach();
    menu.DestroyMenu();
    delete lpoint;
```

7　数据库详细设计(Detailed Design of the Database)

7.1　Stored Procedure1 # 存储过程 1#查询用户名密码

(1)描述(Descriptions)

表 4.28

Prototype 原型	
Function descriptions 功能描述	根据客户端发送过来的用户名和密码进行查询验证
Related database entities 使用的数据库对象	userinfo
Input 输入参数	Str1 表示表示用户名,str2 表示密码
Output 输出参数	“ $1”表示验证成功,”$0”表示验证失败
Return 返回值	无

(2)实现描述(Implementation Descriptions)

```
        sqlstr = " select  *  from userinfo where name = '" + str1 + " ' and password = '" + str2 + " ' " ;
  urecord. Open( AFX_DB_USE_DEFAULT_TYPE, sqlstr) ;
  if( strcmp( urecord. m_name, " " ) !  =0)
  {
      flags[0] = ' $ ';
      flags[1] = '1';
      pRec→Send( flags,2) ;
  }
  else
  {
      flags[0] = '$';
      flags[1] = '0';
      pRec→Send( flags,2) ;
  }
  urecord. Close( ) ;
```

7.2　Stored Procedure 2 # 存储过程 2#查询 MD5 值

(1)描述(Descriptions)

表 4.29

Prototype 原型	
Function descriptions 功能描述	根据用户发来的 MD5 值对资源进行匹配
Related database entities 使用的数据库对象	fileinfo
Input 输入参数	Str1 表示 MD5 值
Output 输出参数	“#1”表示匹配成功,“#2”表示匹配失败
Return 返回值	无

(2)实现描述(Implementation Descriptions)

```
        sqlstr = "select * from fileinfo where md5 = '" + str1 + "'";
    frecord.Open(AFX_DB_USE_DEFAULT_TYPE,sqlstr);
    strcpy(flags,"");
    if(strcmp(frecord.m_md5,"")! =0)
    {
        (frecord.m_filenum)++;
        flags[0] = '#';
        flags[1] = '1';
        pRec→Send(flags,2);
    }
    else
    {
        flags[0] = '#';
        flags[1] = '0';
        pRec→Send(flags,2);
    }
    frecord.Close();
```

Stored Procedure 2 # 存储过程 2#插入文件资源

(1)描述(Descriptions)

表 4.30

Prototype 原型	
Function descriptions 功能描述	MD5 值匹配失败的资源进行新增
Related database entities 使用的数据库对象	fileinfo
Input 输入参数	strname 表示文件名 struser 拥有文件的用户 strsize(文件大小)strtype(文件类型)
Output 输出参数	"@1"表示插入成功,"@2"表示插入失败
Return 返回值	无

(2)实现描述(Implementation Descriptions)

```
        frecord.Open();
    frecord.AddNew();
    frecord.m_filename = strname;
    frecord.m_md5 = strmd5;
    frecord.m_userlists = struser;
    frecord.m_filenum = 1;
    frecord.m_totalsize = strsize;
```

```
frecord.m_keyword = strtype;
if(frecord.Update())
{
    flags[0] = '@';
    flags[1] = '1';
    pRec→Send(flags,2);
}
else
{
    flags[0] = '@';
    flags[1] = '0';
    pRec→Send(flags,2);
}
frecord.Close();
```

4.5　软件测试计划

1　**简介**(Introduction)

1.1　目的(Purpose)

该计划主要是制订酷 Down 下载系统项目的系统测试计划,主要包括测试计划、进度计划、测试目标、测试用例和交付件等,本文档的读者为参加项目系统测试的测试人员,在系统测试阶段的测试工作需按本文档的流程进行。

1.2　范围(Scope)

此文档适用于酷 Down 下载系统,其比较全面地涵盖了各个模块的系统测试计划,规划了今后每个阶段的测试进程,包含了功能测试、健壮性测试、性能测试和用户界面测试,主要覆盖项目中的子模块下载、共享、配置、搜索和服务器模块。

2　**测试计划**(Test Plan)

2.1　资源需求(Resource Requirements)

2.1.1　软件需求(Software Requirements)

表 4.31　软件需求表(Software Requirements)

Resource 资源	Description 描述	Qty 数量
操作系统	Microsoft Windows XP	1
数据库	SQL Server 2005 数据库	1
编程开发工具	VS2010	1
通信协作工具	FeiQ	1

2.1.2　硬件需求(Hardware Requirements)

表4.32　硬件需求表(Hardware Requirements)

Resource 资源	Description 描述	Qty 数量
计算机	Pentium4(3.0 G)、内存2 G、硬盘160 G	1
移动硬盘	500G	1

2.1.3　其他设备(Other Materials)

2.1.4　人员需求(Personnel Requirements)

表4.33　人员需求表(Personnel Requirements Table)

Resource 资源	Skill Level 技能级别	Qty 数量	Date 到位时间	Duration 工作期间
需求分析人员	基础	1	2014.8.1	
系统设计人员	基础	1	2014.8.1	
编码人员	基础	1	2014.8.1	
测试人员	基础	1	2014.8.1	

2.2　过程条件(Process Criteria)

2.2.1　启动条件(Entry Criteria)

完成全部系统编码。完成设定需要的各项功能要求。

2.2.2　结束条件(Exit Criteria)

完成所有服务器端的性能测试、数据库测试、系统功能测试等测试要求,达到客户所需标准。

2.2.3　挂起条件(Suspend Criteria)

①基本功能没有实现时。

②有致命问题致使50%导致50%用例堵塞无法执行时。

③需求发生重大改变导致基本功能发生变化时。

④其他原因。

2.2.4　恢复条件(Resume Criteria)

基本功能都已实现,没有严重问题。

致命问题已经解决并经过单元测试通过。

2.2.5　测试目标(Objectives)

(1)数据和数据库完整性测试

保数据库访问方法和进程正常运行,数据不会遭到损坏。

(2)接口测试

确保接口调用的正确性。

(3)集成测试

检测需求中业务流程,数据流的正确性。

(4)功能测试

确保测试的功能正常,其中包括导航、数据输入、处理和检索等功能。

(5)用户界面测试

核实以下内容:通过测试进行的浏览可正确反映业务的功能和需求,这种浏览包括页面与页面之间、字段与字段之间的浏览,以及各种访问方法使用页面的对象和特征都符合标准。

(6)性能测试

核实所制订的业务功能在以下情况下的性能行为:正常的预期工作量、预期的最繁重工作量。

2.3　测试组网图(Test Topologies)

无。

2.4　导向/培训计划(Orientation/Training Plan)

无。

2.5　回归测试策略(Strategy of Regression Test)

在下一轮测试中,对本轮测试发现的所有缺陷对应的用例进行回归,确认所有缺陷都已经修改。

3　测试用例(Test Cases)

表 4.34

需求功能名称	测试用例名称
用户中心	用户注册,登录
个人设置	进入相应页面
文件共享	共享文件
文件搜索	进入搜索界面
文件下载	单击下载
悬浮窗	最小化悬浮窗口
断点续传	断点续传
托盘	最小化到托盘
管理配置	用户和资源管理
常规设置	进入设置页面

4　工作交付件(Deliverables)

表 4.35　工作交付件列表(Deliverables Table)

Name 名称	Author 作者	Delivery Date 应交付日期
产品说明书		
系统测试文档		

5　参考资料清单(List of reference)

无。

4.6 软件测试报告(示例)

环境描述(Test environment)

应用服务器配置:

CPU:Inter Pentium Dual-Core E5300

ROM:2G

OS:Windows XP SP4

DB:Sql Server 2005

客户端:Microsoft Visual Studio 2010

测试概要(Test Overview)

对测试计划的评价(Test Plan Evaluation)

测试案例设计评价:测试案例基本涵盖了所有功能点,包括主要的几个功能模块,即下载文件模块、文件搜索模块、注册登录模块、共享文件模块以及界面等,对功能的实现有了很好的测试。

进度安排:基本与测试计划相符,在下载功能模块上由于出现了许多 bug,拖延了测试的进度,但在组员的共同努力下,还是较好地跟上了整个测试计划的进度。

执行情况:大体上很好地按照计划执行,虽然遇到了许多意想不到的困难,但在大家的努力下很好地测试并找到了代码上的不足,不断进行修改后得到了想要的结果。

测试进度控制 (Test Progress Control)

- 测试人员的测试效率:很好地完成了功能点的测试。
- 开发人员的修改效率:能够及时地在编写代码过程中进行各个接口、函数等的测试。
- 在原定测试计划时间内顺利完成功能符合型测试和部分系统测试,对软件实现的功能进行全面系统的测试。并对软件的安全性、易用性、健壮性各个方面进行选择性测试。达到测试计划的测试类型要求。

缺陷统计(Defect Statistics)

测试结果统计(Test Result Statistics)

- bug 修复率:第一、二、三级问题报告单的状态为 Close 和 Rejected 状态。
- bug 密度分布统计:项目共发现 bug 总数 *N* 个,其中有效 bug 数目为 *N* 个, Rejected 和重复提交的 bug 数目为 *N* 个。
- 按问题类型分类的 bug 分布图如下:

(包括状态为 Rejected 和 Pending 的 bug)

表 4.36

问题类型	问题个数
代码问题	10
数据库问题	10
易用性问题	5
安全性问题	2
健壮性问题	4

续表

问题类型	问题个数
功能性错误	2
测试问题	5
测试环境问题	2
界面问题	6
特殊情况	无
交互问题	2
规范问题	5

- 按级别的 bug 分布如下:(不包括 Cancel)

表 4.37

严重程度	1 级	2 级	3 级	4 级	5 级
问题个数	1	10	10	20	12

- 按模块以及严重程度的 bug 分布统计如下:(不包括 Cancel)

表 4.38

模块	1-Urgent	2-Very High	3-High	4-Medium	5-Low	Total
下载模块		1		2		3
文件共享模块			2		2	4
注册登录模块			2	3		5
文件搜索模块			1	2	2	5
界面			3	2	3	8
Total		1	8	9	7	25

测试用例执行情况(Situation of Conducting Test Cases)

表 4.39

需求功能名称	测试用例名称	执行情况	是否通过
用户中心	用户注册,登录	执行	通过
个人设置	进入相应页面	执行	通过
文件共享	共享文件	执行	通过
文件搜索	进入搜索界面	执行	通过
文件下载	单击下载	执行	通过
悬浮窗	最小化悬浮窗口	执行	通过
断点续传	断点续传	执行	通过
托盘	最小化到托盘	执行	通过

续表

需求功能名称	测试用例名称	执行情况	是否通过
管理配置	用户和资源管理	执行	通过
常规设置	进入设置页面	执行	通过

测试活动评估(Evaluation of Test)

对项目提交的缺陷进行分类统计,测试组提出的有价值的缺陷总个数为 N 个。下述内容是归纳缺陷的结果。

按照问题原因归纳缺陷

问题原因包括需求问题、设计问题、开发问题、测试环境问题、交互问题、测试问题。

需求问题　Requirement　N 个

典型1:需求过多,系统并没有实现最大连接数等的设定。

分析:经验不足,在设计编码时并没有全局考虑,主要是想先实现基本功能。

设计问题　Design　N 个

典型1:下载文件时要考虑资源负载均衡的问题。

分析:因为用户搜索文件下载时,服务器会帮用户找到资源拥有方,这时如果还有用户下载同一资源时,资源需求方同时也是资源拥有方,这时就要考虑优先从下载百分比小的用户那里开始下载。

开发问题　Development　N 个

典型1: Csocket 通信和 Winsocket 通信。

分析:本来设计是用 Cosket 通信,但考虑到以后编码时的方便,于是在服务器和客户端用 Csocket 通信,在资源拥有方和资源请求方之间用 Winsocket 通信等其他问题。

覆盖率统计(Test cover rate statistics)

表 4.40

需求功能名称	覆盖率
下载功能	100%
共享功能	100%
搜索功能	100%
设置功能	100%
界面	100%
整体覆盖率	100%

测试对象评估(Evaluation of the test target)

功能性:

系统正确实现了用户注册登录、文件下载、文件共享、文件搜索等功能,实现了页面各项功能的设置,系统还实现了将功能细化到菜单等功能,此外还有最小化到托盘以及悬浮窗的设计。

系统在实现大文件下载时会有出错的情况,这需要进一步改善。

易用性:

查询、添加、删除、修改操作相关提示信息的一致性,可理解性。

输入限制的正确性。
输入限制提示信息的正确性、可理解性、一致性。
现有系统存在如下易用性缺陷:
界面排版不美观。
输入、输出字段的可理解性差。
输入缺少解释性说明。
可靠性:
现有系统的可靠性控制不够严密。
现有系统的容错性不高,如果系统出现错误,容易退出程序。
兼容性:
现有系统支持 Windows 下的操作。
现有系统未进行其他兼容性测试。
安全性:
用户只能修改密码等基本操作。
现有系统未控制以下安全性问题。
用户名和密码应对大小写敏感。
登录错误次数限制。

测试设计评估及改进(Evaluation of test design and improvement suggestion)
测试计划的制订需要更加细致,利于项目的随时跟进。
开发人员在编码时要随时测试模块中的函数、接口等的正确性。
整体上基本符合整个项目测试的要求。

规避措施(Mitigation Measures)
无。

遗留问题列表(List of bequeathal problems)

表 4.41　遗留问题统计表(Statistic of bequeathal problems)

	Number of problem 问题总数	Fatal 致命问题	Serious 严重问题	General 一般问题	Suggestion 提示问题	Others 其他统计项
Number 数目	1			1		
Percent 百分比						

表 4.42　遗留问题详细列表(Details of bequeathal problems)

No. 问题单号	
Overview 问题简述	下载大文件时不稳定

续表

Description 问题描述	环境及设置:Windows 环境下 版本配套情况:1.0 版本 输入用户下载几个 G 的大文件 测试步骤:下载大文件 期望的结果:下载完成 实际结果偶尔会出现下载不完全的情况
Priority 问题级别	一般问题
Analysis and Actions 问题分析与对策	需要进一步细化测试代码
Mitigation 避免措施	无
Remark 备注	无

附件(Appendix)

无。

交付的测试工作产品(Deliveries of the test)

①测试计划 Test Plan。

②测试方案 Test Scheme。

③测试用例 Test Cases。

④测试规程 Test Procedure。

⑤测试日志 Test Log。

⑥测试问题报告 Test Issues Report。

⑦测试报告 Test Report。

⑧测试输入及输出数据 Test Input and Output。

⑨测试工具 Test Tools。

⑩测试代码及设计文档 Test Codes and Design。

测试项目通过情况清单(List of Successful Test Items)

无。

修改、添加的测试方案或测试用例(List of test schemes and cases need to modify and add)

无。

(其他附件 Others)(如:PC-LINT 检查记录,代码覆盖率分析报告等)

附加相关的内容。

4.7　项目验收报告(示例)

项目介绍

本系统为酷 Down 下载系统 1.0 版,分为 4 大模块:我的下载、我的共享、配置中心、搜索。其中“我的下载”分为:新建下载、开始下载、暂停下载、删除下载、正在下载查看、已下载查看;“我的共享”分为:共享文件、用户登录;“配置中心”分为:常规设置、用户设置、任务设置、下载设置;“搜索”分为:搜索文件、文件列表、选择文件、下载文件。

项目验收原则

①审查项目实施进度的情况。

②审查项目管理情况,是否符合过程规范。

③审查提供验收的各类文档的正确性、完整性和统一性,审查文档是否齐全、合理。

④审查项目功能是否达到了合同规定的要求。

⑤对项目的技术水平作出评价,并得出项目的验收结论。

项目验收计划

①审查项目进度。

②审查项目管理过程。

③应用系统验收测试。

④项目文档验收。

项目验收情况

项目进度

表 4.43　项目进度安排表

序号	阶段名称	计划起止时间	实际起止时间	交付物列表	备注
1	项目立项	2014.8.1	2014.8.1	项目立项报告	
2	项目计划	2014.8.1	2014.8.1	项目计划报告	
3	业务需求分析	2014.8.2	2014.8.3	需求规格说明书、测试计划	
4	系统设计	2014.8.3	2014.8.4	系统设计说明书	
5	编码及测试	2014.8.5	2014.8.30	代码、系统测试设计、系统设计报告	
6	验收	2014.8.30	2014.8.30	最终产品、录像、PPT、用户手册	

项目变更情况

①项目合同变更情况。

无。

②项目需求变更情况。

无。

③其他变更情况。

无。

项目管理过程

表 4.44

序号	过程名称	是否符合过程规范	存在问题
1	项目立项	是	
2	项目计划	是	
3	需求分析	是	
4	详细设计	是	
5	系统实现	是	

应用系统

表 4.45

序号	需求功能	验收内容	是否符合代码规范	验收结果
1	下载	子模块	是	通过
2	搜索	子模块	是	通过
3	共享	子模块	是	通过
4	登录	子模块	是	通过
5	系统设置	子模块	是	通过

文档

表 4.46

过程		需提交文档	是否提交(√)	备注
01-COEBegin		学员清单、课程表、学员软酷网测评(软酷网自动生成)、实训申请表、学员评估表(初步)、开班典礼相片	√	
02-Initialization	01-Business Requirement	项目立项报告	√	
03-Plan		①项目计划报告 ②项目计划评审报告	√ √	
04-RA	01-SRS	①需求规格说明书(SRS) ②SRS 评审报告	√ √	
	02-STP	①系统测试计划 ②系统测试计划评审报告	√ √	
05-System Design		①系统设计说明书(SD) ②SD 评审报告	√ √	
06-Implement	01-Coding	代码包	√	
	02-System Test Report	①测试计划检查单 ②系统测试设计 ③系统测试报告	√ √ √	

表 4.47

过程		需提交文档	是否提交(√)	备注
07-Accepting	01-User Accepting Test Report	用户验收报告	√	
	02-Final Products	最终产品	√	
	03-User Handbook	用户操作手册	√	
08-COEEnd		①学员个人总结 ②实训总结(项目经理,一个班一份) ③照片(市场) ④实验室验收检查报告(IT) ⑤实训验收报告(校方盖章)	√	
09-SPTO	01-Project Weekly Report	项目周报	√	
	02-Personal Weekly Report	个人周报	√	
	03-Exception Report	项目例外报告		
	04-Project Closure Report	项目关闭总结报告	√	
10-Meeting Record	01-Project kick-off Meeting Record	项目启动会议记录	√	
	02-Weekly Meeting Record	项目周例会记录	√	

项目验收情况汇总表

表 4.48

<table>
<tr><th>验收项</th><th>验收意见</th><th>备注</th></tr>
<tr><td>应用系统</td><td>√</td><td></td></tr>
<tr><td>文档</td><td>√</td><td></td></tr>
<tr><td>项目过程</td><td>√</td><td></td></tr>
<tr><td colspan="3">总体意见:

项目验收负责人(签字):
项目总监(签字):</td></tr>
<tr><td colspan="3">未通过理由:

项目验收负责人(签字):</td></tr>
</table>

4.8 项目关闭总结报告(示例)

1 项目基本情况

表4.49 项目基本情况

<table>
<tr><td>项目名称</td><td>酷 Down 下载系统</td><td>项目类别</td><td>应用软件</td></tr>
<tr><td>项目编号</td><td>v8.3958.2162.4</td><td>采用技术</td><td>MFC 编程、ADO、网络编程、断点续传、多线程下载、C++图形编程</td></tr>
<tr><td>开发环境</td><td>VS2010</td><td>运行平台</td><td>Windows XP Professional</td></tr>
<tr><td>项目起止时间</td><td>2014-8-1—
2014-8-30</td><td>项目地点</td><td>重庆大学2号卓越实验室</td></tr>
<tr><td>项目经理</td><td colspan="3"></td></tr>
<tr><td>项目组成员</td><td colspan="3"></td></tr>
<tr><td>项目描述</td><td colspan="3">下载,即将信息从互联网或其他计算机上输入某台计算机上(与“上传”相对)。也就是将服务器上保存的软件、图片、音乐、文本等下载到本地计算机中。
随着互联网的迅猛发展,人们可以从互联网上找到其想要的任何资源。如何永久地获得这些资源,成为了一代一代互联网人的追求目标,于是各种各样的下载工具顺势而生。有局域网内的 FTP 工具,也有广域网上的 HTTP 工具,这些工具在一定程度上满足了各种各样网络环境的需求。
但是,互联网虽发展了多年,其规模越变越大,但其网络质量从来没有变好过。很多网络用户肯定碰到过下载任务,眼看要完成的时候突然遭遇网络中断而造成下载前功尽弃的类似情况。如何保存已下载的资源并且等网络恢复时能够从中断处继续开始下载,于是断点续传技术应运而生。断点续传指的是在下载或上传时,将下载或上传任务(一个文件或一个压缩包)人为地划分为几个部分,每一个部分采用一个线程进行上传或下载,如果碰到网络故障,可从已经上传或下载的部分开始继续上传下载以后未上传下载的部分,而没有必要重新开始上传下载。可以节省时间,提高速度。</td></tr>
</table>

2 项目的完成情况

完成程序框体构建,创建主窗体(见图4.35),新建下载任务界面,实现了新建下载任务、暂停下载、继续下载(断点续传)、删除下载任务功能,用户可以进行注册并可以使用已注册的用户名和密码进行匹配登录,可退出主程序,弹出窗口界面。

3 任务及其工作量总结

表4.50 任务及其工作量总结

<table>
<tr><td>姓名</td><td>职责</td><td>负责模块</td><td>代码行数/注释行数</td><td>文档页数</td></tr>
<tr><td></td><td>全部</td><td>全部</td><td>2 946/1 102</td><td></td></tr>
<tr><td></td><td></td><td></td><td></td><td></td></tr>
<tr><td colspan="3">合计</td><td></td><td></td></tr>
</table>

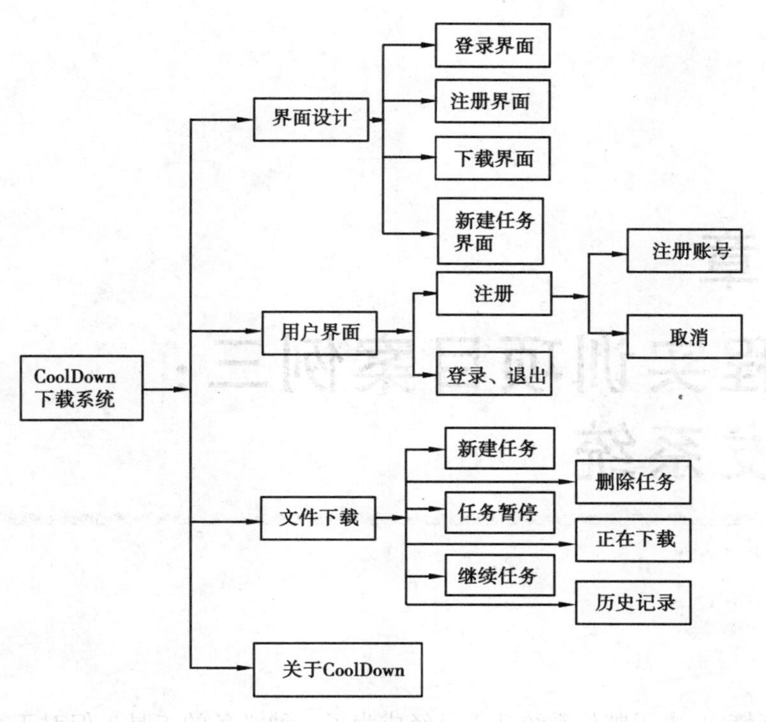

图 4.35

4　项目进度

表 4.51　项目进度

项目阶段	计划		实际		项目进度偏移/天
	开始日期	结束日期	开始日期	结束日期	
立项	2014-8-1	2014-8-1	2014-8-1	2014-8-1	0
计划	2014-8-1	2014-8-1	2014-8-1	2014-8-1	0
需求	2014-8-2	2014-8-3	2014-8-2	2014-8-3	0
设计	2014-8-2	2014-8-3	2014-8-2	2014-8-3	0
编码	2014-8-4	2014-8-29	2014-8-4	2014-8-29	0
测试	2014-8-29	2014-8-30	2014-8-29	2014-8-30	0

5　经验教训及改进建议

前期准备还是不够充分,手头上可参考利用的资源太少,缺乏项目开发经验,导致项目进度控制得不是很好,加班加了好多次,效果也不好。由于前期实验室网络不畅,导致项目进度很慢,只能通过询问指导经理来解答问题。以后应积极储备相关方面的经验,多多准备可能用到的资料,多积累一些调试等经验。另外对 VS 2010 熟悉程度不够,使用上不够灵活,也给项目开发造成了一些困扰。

建议:做足前期准备工作,熟悉开发环境,立项的时候考虑好遇到的各种情况准备好预案。

第5章 软件工程实训项目案例三：邮件分发系统

【项目介绍】

在现在的办公环境中，电子邮件系统几乎已经成为了一种必备的工具。但对于企业来讲，为了能够更加有效地传递信息，实现办公协作，就必须构建企业自己的协作平台。而在协作平台中，邮件服务是其中非常重要的组成部分。现在，主要的邮件服务器方案提供商均在其邮件系统的基础上增加了协作办公的接口，用户可以将其他协作功能连接到一个统一的操作平台上。

电子商务方案中的重要组成部分是协同工作技术，邮件服务器作为重要的基础平台，将用于支持协作平台的建设。作为企业邮件分发系统，其所建设的电子商务平台决不会仅仅只有电子邮件系统，因此，对于企业的 IT 建设规划人员来说，其必须了解总体平台架构，才能够根据本单位的实际情况制订切实可行的方案，按部就班地逐步实现企业的电子商务平台。

项目的功能结构图如图 5.1 所示。

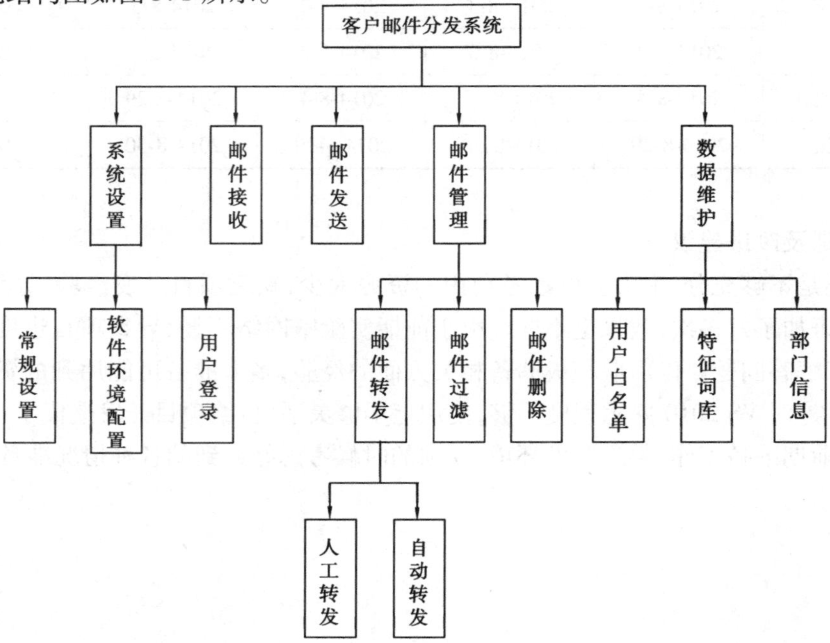

- 客户邮件分发系统
  - 系统设置
    - 常规设置
    - 软件环境配置
    - 用户登录
  - 邮件接收
  - 邮件发送
  - 邮件管理
    - 邮件转发
      - 人工转发
      - 自动转发
    - 邮件过滤
    - 邮件删除
  - 数据维护
    - 用户白名单
    - 特征词库
    - 部门信息

图 5.1　项目功能结构图

5.1　系统项目立项报告

1　**项目提出**(Project Proposal)

1.1　项目 ID

v8.4047.2142.3

1.2　项目目标

实现从各个邮件服务器上接收查看邮件、下载附件接收邮件以及制作解析邮件的主题,收发双方,文本信息等功能的邮件客户端。

1.3　系统边界

无第三方系统介入。

1.4　工作量估计

工作量估计见表 5.1。

表 5.1　工作量估计

模块	子模块	工作量估计(人・天)	说明
系统设置	常规设置	2	
	软件环境设置	2	
	用户登录	2	
邮件接收	显示邮件列表	4	
邮件发送	获取邮件信息	4	
邮件管理	邮件转发	3	
	邮件过滤	3	
	邮件删除	3	
数据维护	用户白名单	3	
	特征词库	2	
	部门信息	2	
总工作量/(人・天):	30		

备注:“人・天”即几个人几天的工作量。

2　**开发团队组成和计划时间**(Team building and Schedule)

2.1　开发团队(Project Team)

开发团队见表 5.2。

表 5.2　开发团队

团队成员 (Team)	姓名 (Name)	人员来源 (Source of Staff)
项目总监 (Chief Project Manager)		软酷网络科技有限公司

续表

团队成员 (Team)	姓名 (Name)	人员来源 (Source of Staff)
项目经理 (Project Manager)		软酷网络科技有限公司
项目成员 (Project Team Member Number)		重庆大学软件学院3班

2.2 计划时间(Project Plan)

项目计划:2014年8月1日—2014年8月30日(计1个月)

5.2 软件项目计划

1 简介

1.1 目的(Purpose)

为邮件分发系统软件项目制订项目开发计划以保证项目得以顺利进行。

1.2 范围(Scope)

项目计划主要包含以下内容:

①项目特定软件过程。

②项目的交付件。

③WBS。

④角色与职责。

2 交付件与验收标准(Deliverables and Acceptance Criteria)

2.1 给客户的交付件(Customer Deliverables)

客户交付件见表5.3。

表5.3 客户交付件

S. No.	交付件(Deliverable)	验收标准(Acceptance Criteria)
01	运行程序	通过系统测试和验收测试
02	用户手册	使用户在1个小时内熟练掌握基本操作

2.2 内部交付件(Internal Deliverables)

内部交付件见表5.4。

表5.4 内部交付件

S. No.	交付件(Deliverable)	验收标准(Acceptance Criteria)
01	项目立项报告	通过评审
02	项目计划报告	通过评审
03	项目责任书	通过评审
04	需求规格书	通过评审
05	详细计划书	通过评审

续表

S. No.	交付件(Deliverable)	验收标准(Acceptance Criteria)
06	代码包	符合编程规范,无明显 bug,注释率60%以上
07	视频	通过评审
08	项目验收报告	通过评审

2.3 WBS 工作任务分解

WBS 工作任务分解见表5.5。

表5.5 WBS 工作任务分解

序号	工作包	工作量/(人·天)	前置任务	任务难易度	负责人
1	项目启动	1	无	易	
2	项目计划	2	项目启动	易	
3	需求分析	2	项目规划	难	
4	需求评审	0.5	需求分析	易	
5	系统设计	2	需求分析	难	
6	设计评审	0.5	—	易	
7	系统设置模块实现及测试	4	设计评审	较难	
8	邮件接收模块实现及测试	3	设计评审	很难	
9	邮件发送模块实现及测试	3	设计评审	难	
10	邮件管理模块实现及测试	6	设计评审	较难	
11	数据维护模块实现及测试	4	设计评审	难	
12	系统测试	1	数据维护模块实现及测试	易	
13	项目验收	1	系统测试	易	
工作量总计/(人·天):30					

3 角色和职责(Roles and Responsibilities)

组织和职责表见表5.6。

表5.6 组织和职责表(Roles and Responsibilities Table)

No.	角色(Role)	职责(Responsible)
1	Customer Representative 客户代表	用户验收
2	Project Consultant(s) 项目顾问	现场顾问
3	Chief Project Manager CPM(项目总监)	项目监督
4	Project Manager PM(项目经理)	领导项目开发

续表

No.	角色(Role)	职责(Responsible)
5	QA(质量保证工程师)	保证系统质量
6	Metrics Coordinator MC(度量协调员)	度量分析
7	Test Coordinator TC(测试协调员)	协调系统测试
8	Configuration Librarian 配置管理员	管理各方面资源配置
9	Team Members 项目组成员	系统开发
10	Technical Review Members 技术评审人员	

5.3 软件需求规格说明书

关键词(Keywords):邮件;过滤;转发;部门

摘要(Abstract):描述了客户邮件分发系统的功能和性能需求,展示了系统功能结构和各子模块用例,兼顾接口需求和设计性约束。

1 **简介**(Introduction)

1.1 目的(Purpose)

本文档主要描述客户邮件分发系统的功能和性能需求,便于后续开发和协调过程的开展。

本文档的预期读者为:

①目标用户。

②项目经理。

③测试工程师。

④软件设计师。

⑤软件工程师。

1.2 范围(Scope)

本文档以下内容从用户的角度出发展示客户邮件分发系统的逻辑模型,涉及客户邮件分发系统为用户提供的各种特性功能和服务。本文档中没有涉及具体的开发技术,主要是通过需求分析的方式来描述用户的需要,为用户及开发方提供便利。

2 **总体概述**(General description)

2.1 软件概述(Software perspective)

产品环境介绍(Environment of Product)

♣开发环境与平台

操作系统:Windows XP Professional

开发环境:Microsoft VS2010

需求管理

UML软件:IBM Rational Software Architect

建模软件:Axure RP Pro

2.2 软件功能(Software function)

系统功能结构图

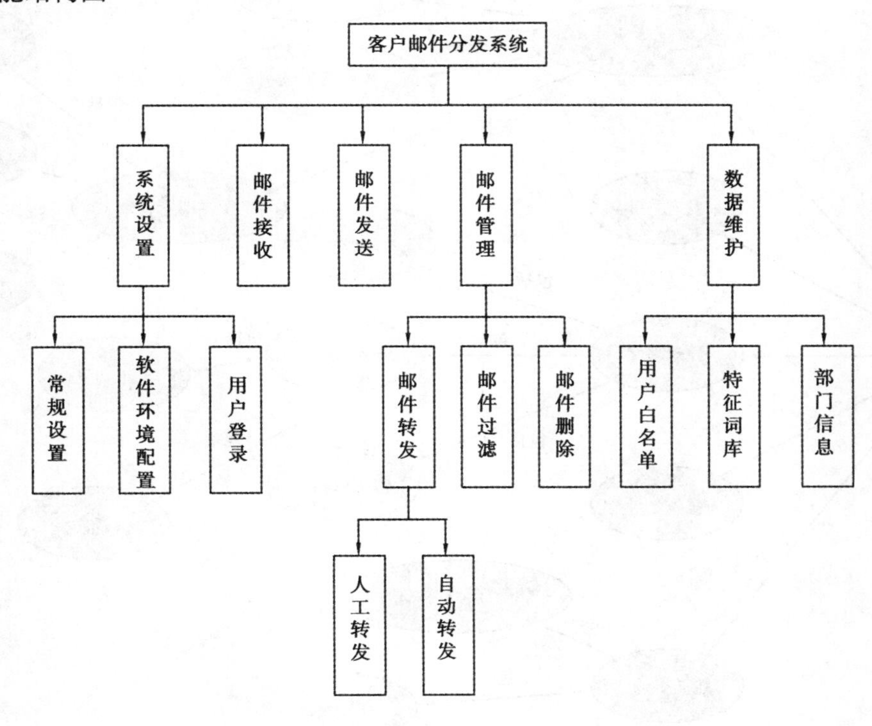

图5.2 系统功能结构图

系统功能模块描述说明:

①邮件收发:实现邮箱邮件接收和发送的基本功能。

②文本分词:实现对邮件发件人、主题和邮件内容文本的词语划分和提取。

③邮件解码:实现将加码后的邮件文本内容进行解码,以便用户阅读。

④邮件过滤:根据分词结果以及敏感词库对邮件进行筛选,对垃圾邮件进行过滤。

⑤邮件转发:根据分词结果以及特征词库对邮件进行自动或人工转发。

⑥系统设置:设置系统与服务器以及数据库的连接,还可以进行软件环境配置以及常规设置。

⑦维护数据:实现在特定时间段内对邮件进行操作后产生数据变更信息时手动对数据库相关信息进行修改。

2.3 参与者(Actors)

公司邮件管理人员。

2.4 假设和依赖关系(Assumptions & Dependencies)

该系统的操作设计简单,用户不需要具备相应的专业业务知识。本软件配有帮助说明文档,可方便用户快速学习使用过程。同时,本软件使用过程中有明显的操作提示,用户可根据提示进行相关操作。

依赖的运行环境指定为Windows系统。

3 **功能需求**(Functional Requirements)

3.1 用例图(Use Case Diagram)

系统整体用例图:

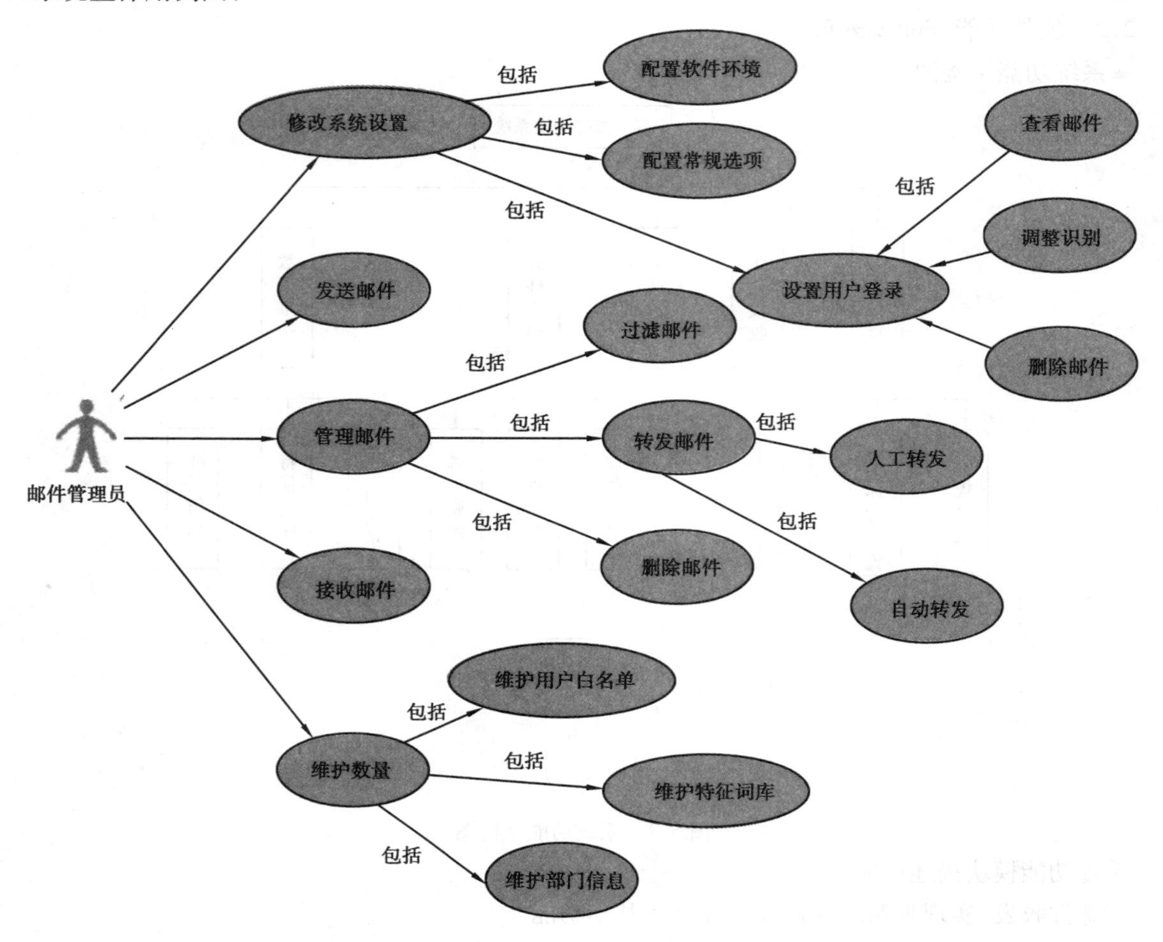

图5.3　系统整体用例图

3.2 转发邮件(R. INTF. CALC. 001 Relay Mail)

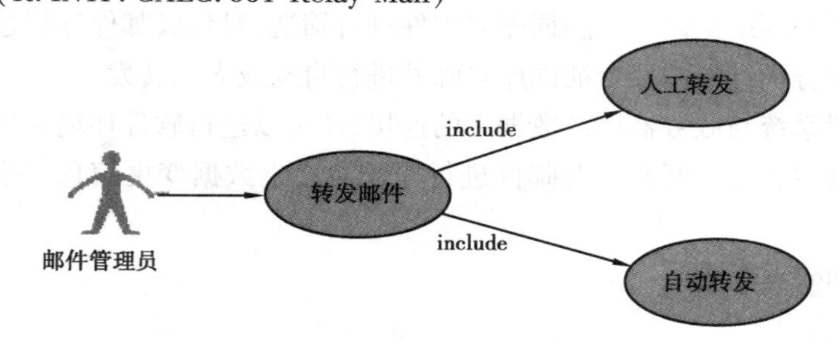

图5.4　转发邮件用例图

3.2.1 简要说明(Goal in Context)

当系统中有经过筛选的未标注的邮件,系统对这些邮件进行转发,通过发件人地址、邮件主题和邮件内容的三级匹配,对邮件进行自动转发,并给予相应标注,如自动转发失败则进行人工转发,并作相应标注。

3.2.2　前置条件(Preconditions)

有经过筛选的未标注的邮件,系统中已有相关特征词库。

3.2.3　后置条件(End Condition)

Success End Condition 成功后置条件。

若自动转发成功,则将邮件标注为自动转发成功。

若手动转发成功,则将邮件标注为手动转发成功。

Failed End Condition 失败后置条件。

若自动转发失败,则将邮件标注为自动转发失败。

若手动转发失败,则将邮件标注为手动转发失败。

3.2.4　角色(Actors)

公司邮件管理人员。

3.2.5　触发条件(Trigger)

系统中有经过筛选的未标注的邮件。

3.2.6　基本事件流描述(Description)

若系统中有经过筛选的未标注的邮件,则系统对邮件进行自动转发,将邮件发件人地址与地址白名单进行匹配,若匹配成功则自动转发至对应邮箱。

若邮件的地址匹配不成功,则对邮件的主题与特征词库进行匹配,若匹配成功则自动转发至对应邮箱。

若匹配不成功,则再对邮件的内容与特征词库进行匹配,若匹配成功则自动转发至对应邮箱。

邮件自动转发成功,则将邮件标注为自动转发成功。

若邮件自动转发失败,则将邮件标注为自动转发失败。

对自动转发失败的邮件进行人工转发。

若邮件人工转发失败,则将邮件标注为人工转发失败。

若邮件人工转发成功,则将邮件标注为人工转发。

3.2.7　备选事件流(Extensions)

对于多重匹配的邮件,按匹配度最高的对应地址发送邮件。

3.2.8　非功能需求(Special Requirement)

邮件转发的正确率要达到90%以上。

3.3　接收邮件(R. INTF. CALC. 002 Recieve Mail)

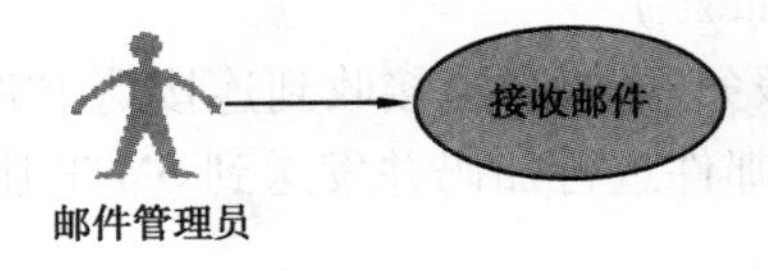

图5.5　接收邮件模块用例图

3.3.1　简要说明(Goal in Context)

用户通过用户名和密码连接服务器,服务器检查用户名和密码是否正确。如果正确,则返回连接服务器成功,收件箱显示所有邮件;否则,显示连接服务器失败,用户名不存在或者密码错误。用户接收邮件是通过 POP3 协议完成,客户端通过向服务器发送相应的 POP3 命令获取邮件,服务器接收到命令以后,会将数据按照 E-mail 的数据格式整理邮件,然后将邮件发送到客户端进行解析、显示。

3.3.2 前置条件(Preconditions)

网络连接正常,连接服务器成功,用户名和密码正确。

3.3.3 后置条件(End Condition)

Success End Condition 成功后置条件:

能成功接收到邮件,如有邮件,则收件箱显示所有邮件;如没有,则收件箱为空。

Failed End Condition 失败后置条件:

提示连接服务器失败,用户名不存在或密码错误。

3.3.4 角色(Actors)

成功登录的用户。

3.3.5 触发条件(Trigger)

用户通过用户名和密码连接服务器。

3.3.6 基本事件流描述(Description)

Step:步骤

①用户通过用户名和密码向服务器发送连接指令。

②服务器验证用户名和密码的正确性,用户登录成功。

③服务器将数据按照 E-mail 的数据格式整理邮件。

④然后将邮件发送到客户端进行解析、显示。

⑤收件箱显示所有邮件。

3.3.7 备选事件流(Extensions)

2a 用户连接服务器失败。

2a1 服务器提示连接失败,用户再次输入。

2a2 连接服务器成功后,服务器收到连接请求并同意。

3.3.8 非功能需求(Special Requirement)

无。

3.4 发送邮件(R. INTF. CALC. 003 Send Mail)

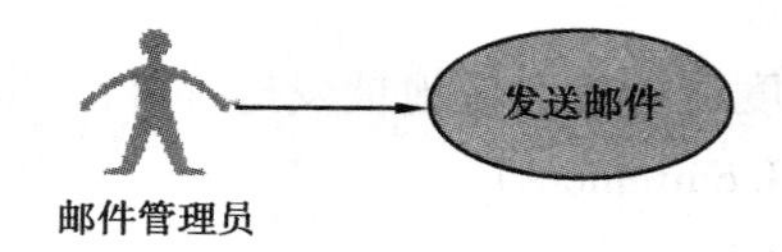

图5.6 发送邮件模块用例图

3.4.1 简要说明(Goal in Context)

用户通过用户名和密码连接服务器,服务器接收到连接请求并同意,连接成功后,客户端在接收到服务器返回命令后,将待发送的邮件进行加码并发送到 SMTP 服务器,最后关闭服务器和客户端,邮件发送成功。

3.4.2 前置条件(Preconditions)

网络连接正常,连接服务器成功,用户名和密码正确。

3.4.3 后置条件(End Condition)

Success End Condition 成功后置条件

提示邮件成功发送。

Failed End Condition 失败后置条件

提示连接服务器失败,用户名不存在或密码错误或邮件发送失败。

3.4.4　角色(Actors)

成功登录的用户。

3.4.5　触发条件(Trigger)

用户通过用户名和密码连接服务器,连接成功,编辑邮件,单击发送按钮。

3.4.6　基本事件流描述(Description)

Step:步骤

①用户通过用户名和密码向服务器发送连接指令。

②服务器验证用户名和密码正确性,用户登录成功。

③用户编辑邮件,单击发送按钮。

④服务器收到客户端发送的指令,返回是否已经准备好客户端发送的邮件。

⑤如已准备好,客户端可直接将已经加码过的邮件发送到服务器。

3.4.7　备选事件流(Extensions)

① 用户连接服务器失败

a. 服务器提示连接失败,用户再次输入。

b. 连接服务器成功后,服务器收到连接请求并同意。

②邮件发送失败

客户端提示用户检查网络连接,重新发送邮件。

3.4.8　非功能需求(Special Requirement)

无。

3.5　解码邮件(R. INTF. CALC. 004 Decode Mail)

3.5.1　简要说明(Goal in Context)

本模块的功能是将邮件服务器端发送过来的经过加码的邮件中的内容、发件人、主题进行解码,使用户可以正常阅读邮件。

3.5.2　前置条件(Preconditions)

成功接收到服务器端发来的经过加码的邮件中的发件人、主题和内容。

3.5.3　后置条件(End Condition)

Success End Condition 成功后置条件

解码后邮件中的发件人、主题和内容可正常阅读。

Failed End Condition 失败后置条件

解码后邮件中的发件人、主题和内容无法被用户正常阅读。

3.5.4　角色(Actors)

公司邮件管理人员。

3.5.5　触发条件(Trigger)

接收到服务器端发来的包含完整信息的邮件。

3.5.6　基本事件流描述(Description)

Step:步骤

①邮件服务器端发送的加码邮件中包含发件人、主题和内容。

②软件自动识别并提取出邮件中经过加码的字段。

③通过解码模块对加码字段进行解码。

④将解码后的字段同步到客户端上,使用户可以正常阅读。

3.5.7 备选事件流(Extensions)

解码后的字段无法被用户正常阅读。

3.5.8 非功能需求(Special Requirement)

无。

3.6 划分文本(R. INTF. CALC. 005 Divide Text)

3.6.1 简要说明(Goal in Context)

文本分词的作用是根据已有的语言词典将邮件中的发件人、标题以及内容信息进行切分,整合出若干词条序列,为邮件分类工作提供依据。

3.6.2 前置条件(Preconditions)

已构建语言词典。

邮箱中有未处理邮件。

3.6.3 后置条件(End Condition)

Success End Condition 成功后置条件

产生词条序列。

Failed End Condition 失败后置条件

产生无法识别的词条或者无法产生词条序列。

3.6.4 角色(Actors)

企业邮件管理人员。

3.6.5 触发条件(Trigger)

有新邮件发送至企业邮箱。

3.6.6 基本事件流描述(Description)

Step:步骤

①有邮件发送至企业邮箱。

②读取邮件的发件人、标题和内容信息。

③将上述信息与中文词典匹配。

④产生词条序列结果。

⑤将结果保存至相关文本。

3.6.7 备选事件流(Extensions)

5a 产生无法识别的词条。

5b 无法产生词条序列。

3.6.8 非功能需求(Special Requirement)

分词可靠率达到93%以上。

3.7 过滤邮件(R. INTF. CALC. 006 Filter Mail)

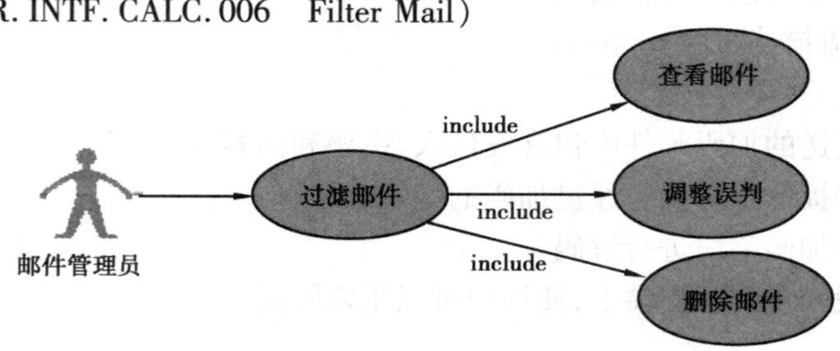

图5.7 过滤邮件模块用例图

3.7.1　简要说明(Goal in Context)

邮件过滤的作用是将接收到的邮件通过本软件进行筛选,最终将一些含有无意义内容的邮件归类于垃圾邮件,增大用户收件箱有效邮件的比率,节省用户处理邮件的时间。

3.7.2　前置条件(Preconditions)

已构建敏感词库。

软件分词结果正确。

3.7.3　后置条件(End Condition)

Success End Condition 成功后置条件

能够准确识别垃圾邮件。

Failed End Condition 失败后置条件

误将有效邮件当成垃圾邮件或者将垃圾邮件当成有效邮件。

3.7.4　角色(Actors)

企业邮件管理人员。

3.7.5　触发条件(Trigger)

有新邮件发送至企业邮箱。

3.7.6　基本事件流描述(Description)

Step:步骤

①有邮件发送至企业邮箱。

②软件将邮件的主题、发件人和内容进行分词。

③将分词内容和敏感词库进行匹配。

④如果匹配度较高就将邮件归档到垃圾邮件中。

⑤将垃圾邮件的发送人传递到发送人敏感词库中。

3.7.7　备选事件流(Extensions)

①如果垃圾邮件被错误地归档到有效邮件中,公司邮件管理人员可以手动地将邮件归档到垃圾邮件中,并可手动增加发件人至敏感词库,或者将特殊内容发送到敏感词库。

②如果有效邮件被错误地过滤到垃圾邮件中,公司邮件管理人员可以手动地将该邮件归档到有效邮件中,并可手动将邮件发件人从敏感词库中剔除。

3.7.8　非功能需求(Special Requirement)

可以增删敏感词库中的内容。

3.8　维护数据(R. INTF. CALC. 007 Data Maintenance)

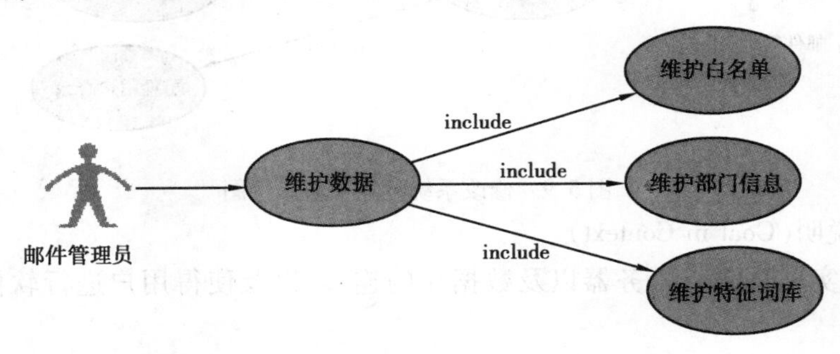

图5.8　维护数据模块用例图

3.8.1 简要说明(Goal in Context)

维护数据实现在特定时间段内对邮件进行操作后产生数据变更信息时手动对数据相关信息进行修改。

3.8.2 前置条件(Preconditions)

已建立数据文件,需要对特定数据文件进行修改。

3.8.3 后置条件(End Condition)

Success End Condition 成功后置条件

数据信息修改成功,更新数据文件。

Failed End Condition 失败后置条件

数据异常,返回错误。

3.8.4 角色(Actors)

企业邮件管理人员。

3.8.5 触发条件(Trigger)

邮件相关操作涉及修改数据文件。

3.8.6 基本事件流描述(Description)

Step:步骤

①完成对邮件的操作。

②产生数据变更信息。

③手动修改相关数据文件。

④更新数据文件,完成维护。

3.8.7 备选事件流(Extensions)

数据异常,则返回错误。

3.8.8 非功能需求(Special Requirement)

无。

3.9 修改系统设置(R. INTF. CALC. 008 Modify System Settings)

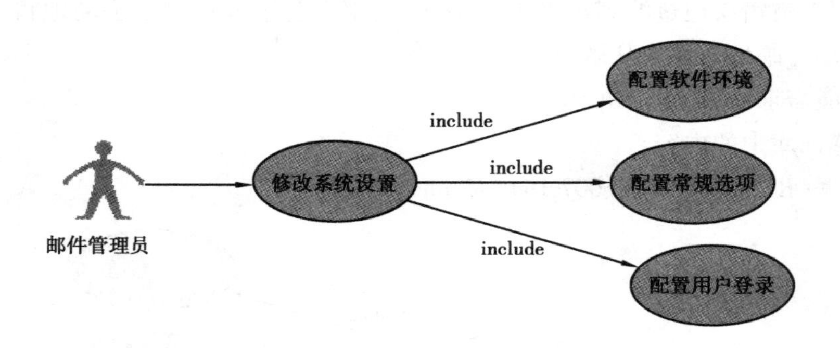

图5.9 修改系统设置模块用例图

3.9.1 简要说明(Goal in Context)

系统设置主要实现系统与服务器以及数据库的连接,以及使得用户进行软件环境配置和常规设置。

3.9.2 前置条件(Preconditions)

系统处于运行状态。

3.9.3　后置条件(End Condition)

Success End Condition 成功后置条件

系统连接成功,用户修改设置成功。

Failed End Condition 失败后置条件

系统连接失败,用户无法修改设置。

3.9.4　角色(Actors)

企业邮件管理人员。

3.9.5　触发条件(Trigger)

系统运行。

3.9.6　基本事件流描述(Description)

Step:步骤

①打开系统。

②输入用户名和密码,发送连接请求。

③服务器接收请求,连接成功。

④用户修改并保存设置。

⑤设置成功

3.9.7　备选事件流(Extensions)

①系统连接失败,返回重新输入用户名和密码。

②用户修改设置失败,提示重新修改。

3.9.8　非功能需求(Special Requirement)

无。

4　**性能需求**(Performance Requirements)

(1)静态的量化需求

①支持的终端数目:网络最大值。

②支持的同时使用的用户数目:1。

③处理的文件和记录的数目:0。

④表和文件的大小:10 M。

(2)动态的量化需求

①在正常和峰值工作量条件下特定时间段:

a. 峰值工作量条件时间段:工作时间 8:00—12:00,14:00—18:00。

b. 正常工作量条件时间段:工作日除工作时间以外的时间段以及节假日。

②处理的事务和任务的数目以及数据量。

5　**接口需求**(Interface Requirements)

5.1　用户接口(User Interface)

实现用户操作图形化界面,用户的交互界面都通过 PC 显示屏交互,分辨率基本以 1 024 ×768 为主,600 ×800 较少,软件界面能自适应屏幕大小。

屏幕格式尺寸:选择正常 4:3。

5.2　软件接口(Software Interface)

操作系统:Windows XP Professional/7/8。

邮件服务器端:各大邮件的 POP3 服务器端和 SMTP 服务器端。

5.3　硬件接口(Hardware Interface)

支持各种X86系列PC机。

5.4　其他接口(Other Interfaces)

邮件接收协议:POP3。

邮件发送协议:SMTP。

6　总体设计约束(Overall Design Constraints)

6.1　标准符合性(Standards Compliance)

本应用程序的开发在源代码上遵循SOCKET编程规范及其开发标准,可以扩充以下所述规范中不存在的需求,但不能和规范相违背。反向竞拍网站应严格遵循如下规范:

《软酷　卓越实验室COE技术要求规范》《软酷　卓越实验室COE编程规范要求》。

6.2　硬件约束(Hardware Limitations)

CPU和内存要求,最低配置,CPU要求在1 GHz、内存128 MB。

在最低配置的机器能顺畅地跑起来,操作一项功能,在速度、延迟许可的条件下,要求尽快作出响应,不能给用户有迟滞的感觉。

6.3　技术限制(Technology Limitations)

并行操作:保证数据的正确和完备性。

编程规范:C++;MFC。

7　软件质量特性(Software Quality Attributes)

7.1　可靠性(Reliability)

适应性:保证该系统在原有的基础功能上进行扩充,在原来的系统中增加新的业务功能,可方便地增加,而不影响原系统的架构。

容错性:在系统崩溃、内存不足的情况下,不造成该系统的功能失效,可正常关闭及重启。

可恢复性:出现故障等问题,在恢复正常后,系统能正常运行。

7.2　易用性(Usability)

具备良好的界面设计,清晰易用,功能高度集中。阻止用户输入非法数据或进行非法操作,对于复杂的流程处理,应该提供向导功能并注释。可随时给用户提供使用帮助。

8　其他需求(Other Requirements)

8.1　数据库(Database)

邮件分发系统不采用数据库存储,主要适用文本文件存储。

8.2　操作(Operations)

①用户需要手动输入邮箱的POP3和SMTP地址,并且将企业邮箱的用户名和密码输入进去。

②在过滤垃圾邮件时有无过滤或者垃圾邮件没有过滤时需要用户自行分类。

③当有无法转发的邮件时需要管理人员手动转发。

8.3　本地化(Localization)

本系统目前只支持中文。

9　需求分级(Requirements Classification)

表5.7

需求ID (Requirement ID)	需求名称 (Requirement Name)	需求分级 (Classification)
IVC001-1	邮件收发	A

续表

需求 ID (Requirement ID)	需求名称 (Requirement Name)	需求分级 (Classification)
IVC001-2	邮件解码	A
IVC002-1	邮件分词	B
IVC002-2	邮件过滤	B
IVC003-1	数据维护	C

重要性分类如下:

①必需的绝对基本的特性:如果不包含,产品就会被取消。

②重要的不是基本的特性:但这些特性会影响产品的生存能力。

③最好的有期望值的特性:但省略一个或多个这样的特性不会影响产品的生存能力。

5.4　软件设计说明书

关键词(Keywords):邮件;过滤;转发;部门

摘要(Abstract):描述了模块的具体功能和实现构想,交代了系统具体流程和详细事件;给出系统的逻辑模型和物理模型,阐述了每个模块涉及的每个具体类与接口。

1　**简介**(Introduction)

1.1　目的(Purpose)

本文档主要描述系统模块的具体功能以及实现构想,交代了系统运行的流程以及具体事件。

本文档的预期读者为:

①软件工程师。

②测试工程师。

使读者能够通过此文档快速准确地实现系统的各个模块功能,减少系统的 bug 代码率,使各模块各部门之间衔接协调,接口一致。

1.2　范围(Scope)

1.2.1　软件名称(Name)

邮件分发系统。

1.2.2　软件功能(Functions)

本系统为客户邮件分发系统 1.0 版,采用 C/S 架构。系统主要分为 5 大模块:邮件接收、邮件发送、邮件管理、数据维护以及系统设置。其中邮件管理模块又细分为:邮件过滤、邮件转发以及邮件删除;数据维护模块包括对客户白名单、特征词库以及部门信息等数据的维护;系统设置分为用户登录设置、软件环境设置以及常规配置。

1.2.3　软件应用(Applications)

本软件仅适用于企业邮箱管理人员,方便对企业公共邮箱的管理和操作,提高企业运转效率。

2　**第 0 层设计描述**(Level 0 Design Description)

2.1　软件系统上下文定义(Software System Context Definition)

本系统基于 MFC 对话框框架,通信采用 CSocket 通信。

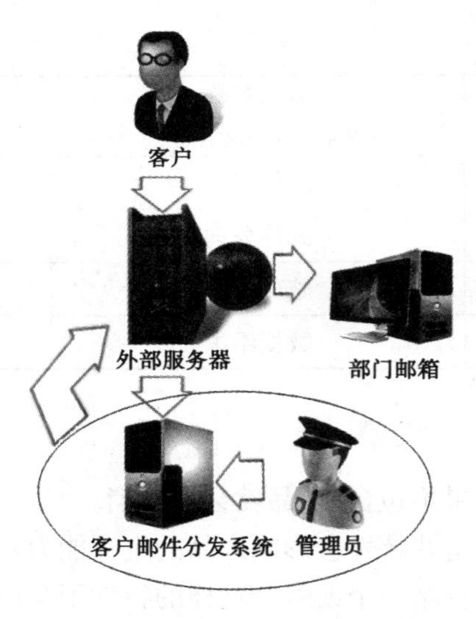

图 5.10　系统环境图

2.2　设计思路(Design Considerations)

2.2.1　设计约束(Design Constraints)

(1)遵循标准(Standards compliance)

采用 C++MFC 通用标准。

(2)硬件限制(Hardware Limitations)

支持各种 X86 系列 PC 机。

(3)技术限制(Technology Limitations)

C++、MFC。

2.2.2　其他(Other Design Considerations)

无。

3　**第一层设计描述**(Level 1 Design Description)

3.1　系统结构(System Architecture)

3.1.1　系统结构描述(Description of the Architecture)

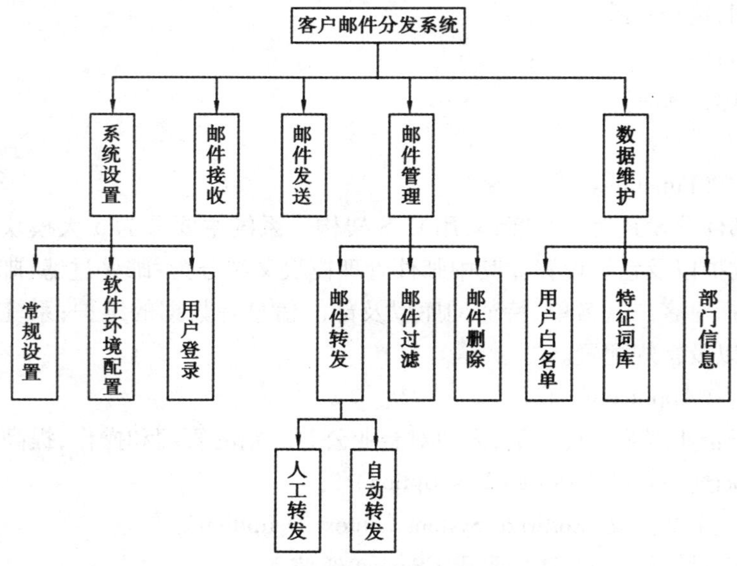

图 5.11　系统总体结构图

3.1.2　业务流程说明(Representation of the Business Flow)

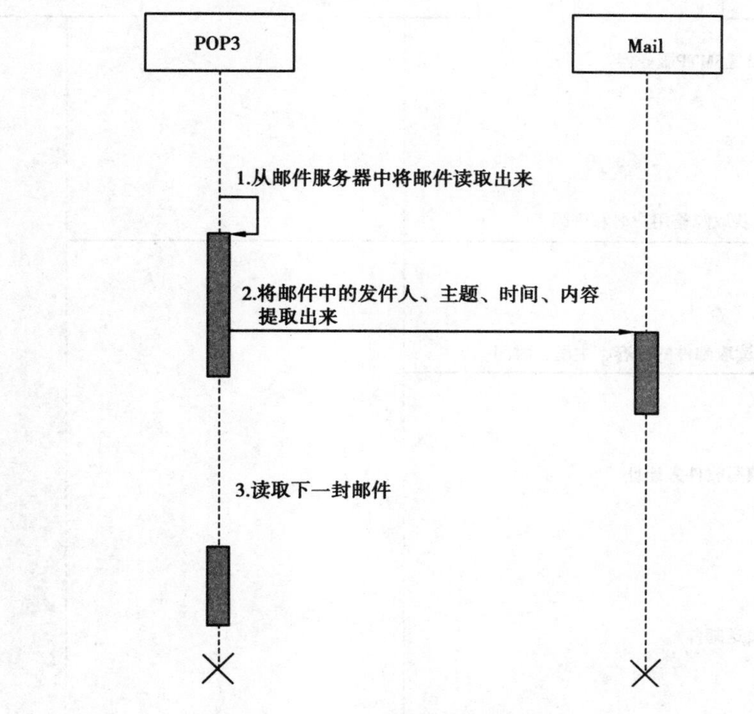

图 5.12　邮件转发时序图

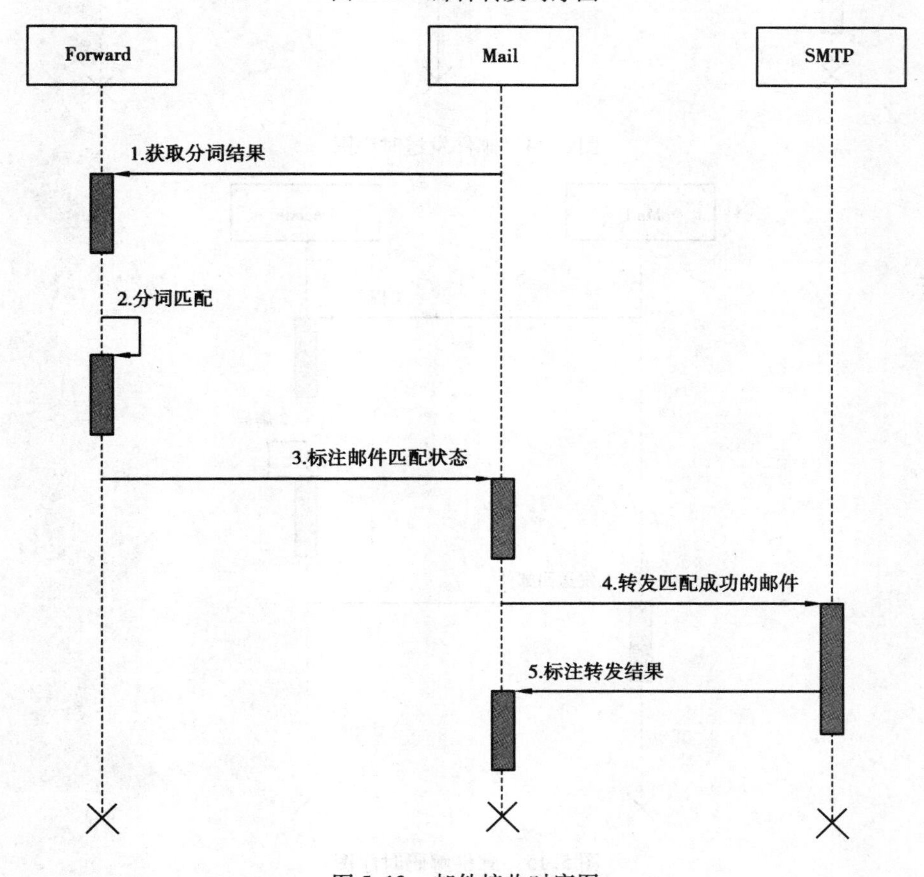

图 5.13　邮件接收时序图

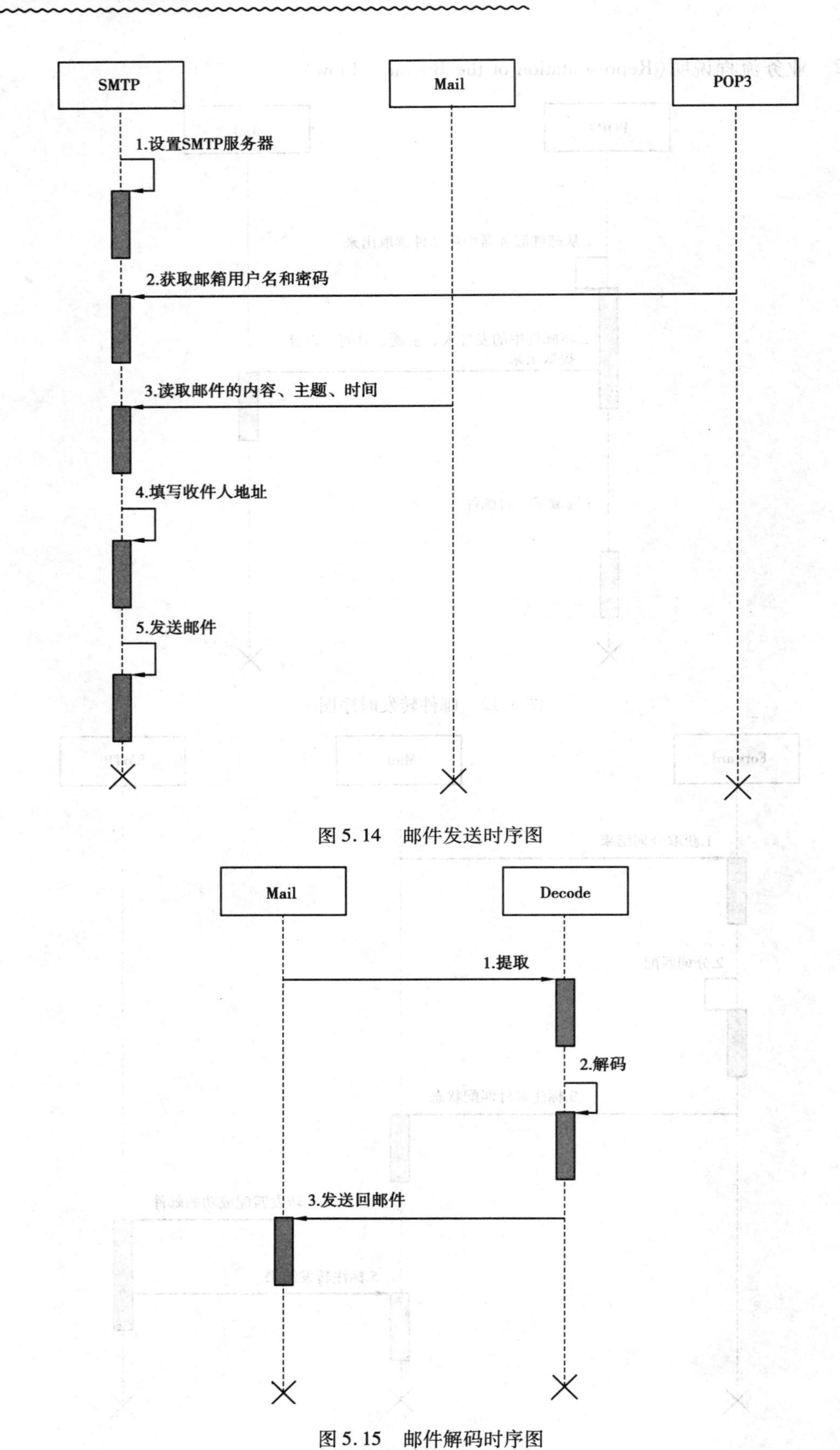

图 5.14　邮件发送时序图

图 5.15　邮件解码时序图

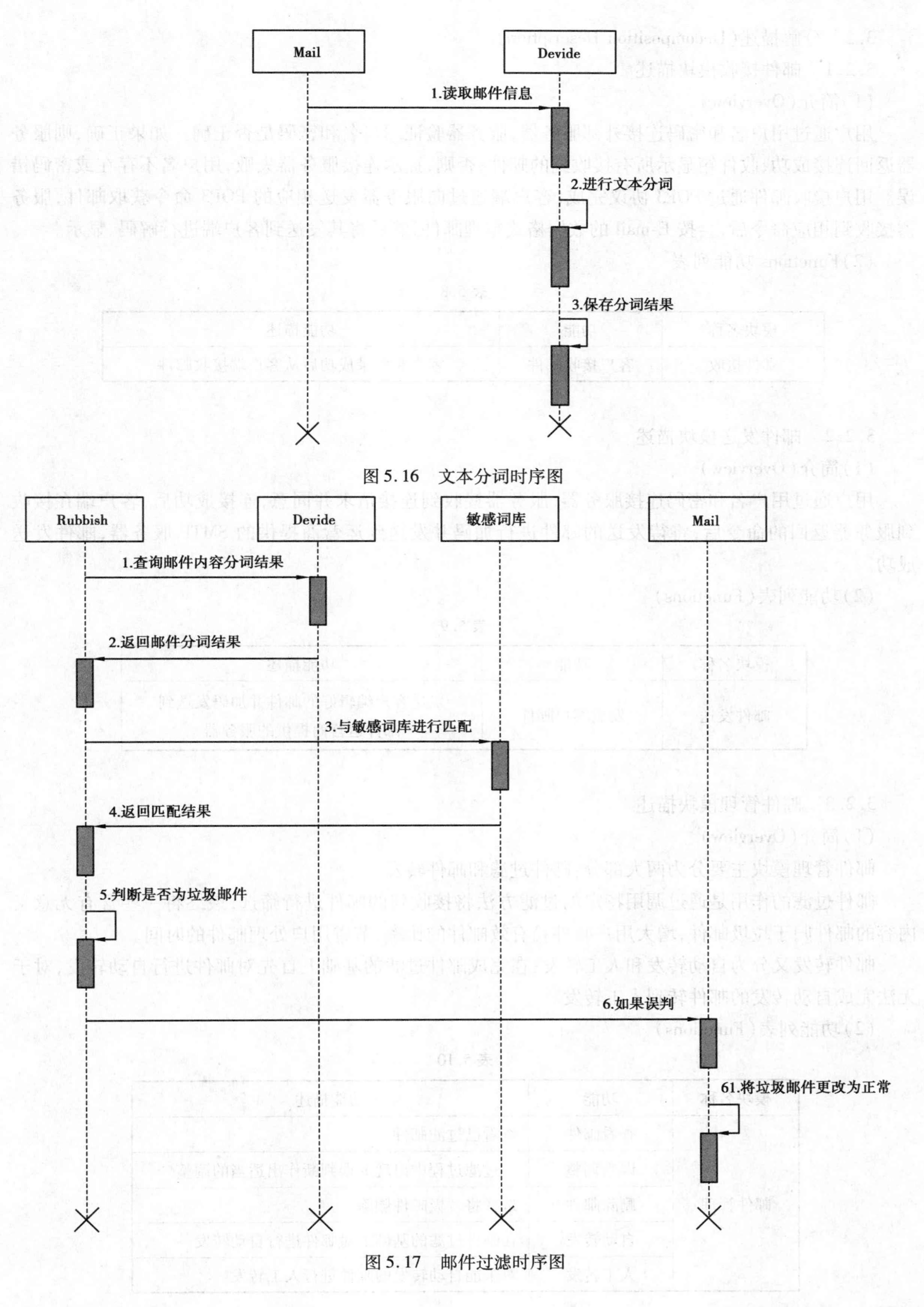

图5.16　文本分词时序图

图5.17　邮件过滤时序图

3.2 分解描述(Decomposition Description)

3.2.1 邮件接收模块描述

(1)简介(Overview)

用户通过用户名和密码连接外部服务器,服务器验证用户名和密码是否正确。如果正确,则服务器返回连接成功,收件箱显示所有接收到的邮件;否则,提示连接服务器失败,用户名不存在或密码错误。用户接收邮件通过 POP3 协议完成,客户端通过向服务器发送相应的 POP3 命令获取邮件,服务器接收到相应命令后,会按 E-mail 的数据格式整理邮件,然后将其发送到客户端进行解码、显示。

(2)Functions 功能列表

表 5.8

模块名称	功能	功能描述
邮件接收	客户接收邮件	客户在登录成功后从客户端接收邮件

3.2.2 邮件发送模块描述

(1)简介(Overview)

用户通过用户名和密码连接服务器,服务器接收到连接请求并同意,连接成功后,客户端在接收到服务器返回的命令后,将待发送的邮件进行加码并发送到运营商提供的 SMTP 服务器,邮件发送成功。

(2)功能列表(Functions)

表 5.9

模块名称	功能	功能描述
邮件发送	发送客户邮件	发送客户编辑好的邮件并加码发送到邮件运营商提供的服务器

3.2.3 邮件管理模块描述

(1)简介(Overview)

邮件管理模块主要分为两大部分:邮件过滤和邮件转发。

邮件过滤的作用是通过调用特定的过滤方法将接收到的邮件进行筛选,最终将一些含有无意义内容的邮件归于垃圾邮件,增大用户收件箱有效邮件的比率,节省用户处理邮件的时间。

邮件转发又分为自动转发和人工转发:在完成邮件过滤的基础上首先对邮件进行自动转发,对于无法完成自动转发的邮件转到人工转发。

(2)功能列表(Functions)

表 5.10

模块名称	功能	功能描述
邮件管理	查看邮件	查看已过滤邮件
	误判调整	对过滤过程中出现的误判断作出适当的调整
	删除邮件	选择将垃圾邮件删除
	自动转发	在邮件过滤的基础上对邮件进行自动转发
	人工转发	对未能自动转发的邮件进行人工转发

3.2.4　数据维护模块描述

(1)简介(Overview)

数据维护实现在客户关系或者部门组成结构的对应关系发生变化后产生数据变更信息时手动对数据库进行相关操作。

(2)功能列表(Functions)

表5.11

模块名称	功能	功能描述
数据维护	增加数据	向相关表中增加数据内容
	删除数据	删除相关表中数据内容
	修改数据	修改相关表中数据内容并保存
	查询数据	按照条件查询数据内容

3.2.5　系统设置模块描述

(1)简介(Overview)

系统设置主要实现系统与外部服务器的连接,并使用户能够进行软件环境配置以及常规设置。

(2)功能列表(Functions)

表5.12

模块名称	功能	功能描述
系统设置	用户登录	用户通过用户名和密码连接服务器
	软件环境配置	用户对软件运行环境进行配置
	常规设置	用户对软件相关的常规选项进行设置

3.3　依赖性描述(Dependency Description)

①所有模块都必须依赖系统设置中的用户登录功能才能实现。只有在登录邮箱的情况下,邮件管理人员才能进行包括邮件收发以及管理在内的各种操作。

②邮件管理和数据维护模块依赖于前述的邮件接收模块。在接收到有效数量邮件的基础上,管理人员对邮件的管理和操作以及对数据库的维护才是有效率的。

3.4　接口描述(Interface Description)

Name 名称:Encode

Description 说明:加载编辑完成的邮件并对所有字符进行加码操作

Definition 定义:public class Encode

Input 输入:编辑完成的邮件

Returned Value 返回值:经过加码的邮件

Name 名称:Decode

Description 说明:对接收到的邮件进行解码操作

Definition 定义: public class Decode

Input 输入:接收的加码邮件

Returned Value 返回值:可读的邮件

Name 名称:Devide
Description 说明:对邮件文本内容进行切分
Definition 定义: public class Devide
Input 输入:邮件的主题和正文的文本内容
Returned Value 返回值:有效的词汇序列

Name 名称:Rubbish
Description 说明:对邮件进行过滤
Definition 定义: public class Rubbish
Input 输入:接收的邮件
Returned Value 返回值:垃圾邮件标识符

Name 名称:Forward
Description 说明:对邮件进行转发操作
Definition 定义: public class Forward
Input 输入:过滤后的邮件
Returned Value 返回值:邮件转发状态标识符

Name 名称:GetMsgSender
Description 说明:获取邮件发件人
Definition 定义: public GetMsgSender
Input 输入:接收的邮件
Returned Value 返回值:邮件发件人

Name 名称:GetMsgSubject
Description 说明:获取邮件标题
Definition 定义: public GetMsgSubject
Input 输入:接收的邮件
Returned Value 返回值:邮件标题

Name 名称:GetMsgBody
Description 说明:获取邮件内容
Definition 定义: public GetMsgBody
Input 输入:接收的邮件
Returned Value 返回值:邮件内容

4 第二层设计描述(Level 2 Design Description)

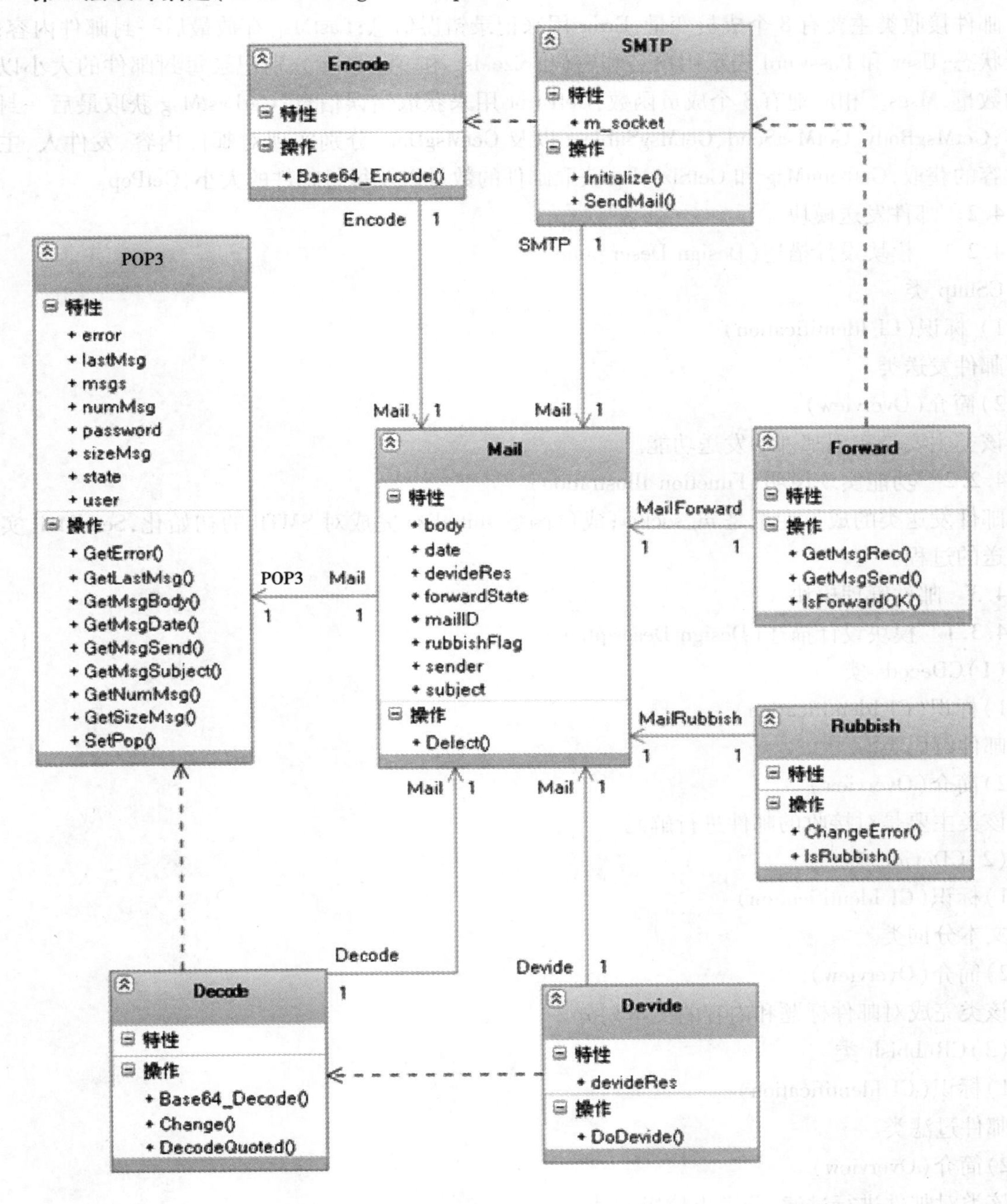

图 5.18 系统类图

4.1 邮件接收模块

4.1.1 模块设计描述(Design Description)

CPo3 类

1)标识(CI Identification)

邮件接收类。

2)简介(Overview)

该类主要是实现邮件的接收功能。

4.1.2 功能实现说明(Function Illustration)

邮件接收类主要有8个成员变量:Error用来记录错误信息;LastMsg存放最后一封邮件内容;State记录状态;User和Password表示用户名和密码;SizeMsg和NumMsg分别记录每封邮件的大小以及邮件的数量,Msgs。相应地有8个成员函数:GetError用来获取错误信息;GetLastMsg获取最后一封邮件内容;GetMsgBody、GetMsgSend、GetMsgSubject以及GetMsgDate分别实现对邮件内容、发件人、主题以及内容的获取,GetNumMsg和GetSizeMsg获取邮件的数量以及每封邮件的大小,GetPop。

4.2 邮件发送模块

4.2.1 模块设计描述(Design Description)

CSmtp类

1)标识(CI Identification)

邮件发送类。

2)简介(Overview)

该类主要是实现邮件的发送功能。

4.2.2 功能实现说明(Function Illustration)

邮件发送类的成员变量是m_socket;成员函数Initialize完成对SMTP的初始化,SendMail实现邮件发送的过程。

4.3 邮件管理模块

4.3.1 模块设计描述(Design Description)

(1)CDecode类

1)标识(CI Identification)

邮件解码类。

2)简介(Overview)

该类主要是对接收的邮件进行解码。

(2)CDevide类

1)标识(CI Identification)

文本分词类。

2)简介(Overview)

该类完成对邮件标题和内容的文本划分。

(3)CRubbish类

1)标识(CI Identification)

邮件过滤类。

2)简介(Overview)

该类对邮件进行过滤,分类出垃圾邮件。

(4)CForward类

1)标识(CI Identification)

邮件转发类。

2)简介(Overview)

该类实现对过滤后邮件的转发。

(5)CEncode类

1)标识(CI Identification)

邮件加码类。

2)简介(Overview)

该类对发送的邮件进行加码。

4.3.2　功能实现说明(Function Illustration)

CDecode 中的方法 Base64_Decode 将待转换的位串信息转换为字符序列,DecodeQuoted 对编码后的字符串进行解码,Change 提取出邮件中经过加码的字段。

CDevide 的成员变量 DevideRes 保存文本分词过后获得的词汇序列,方法 DoDevide 实现对邮件文本的分词。

CRubbish 的方法 IsRubbish 用来判断邮件是否为垃圾邮件,ChangeError 处理判断过程中可能出现的错误。

CForward 的方法 IsForwardOK 判别邮件的转发状态,GetMsgSend 和 GetMsgRec 分别获取邮件的发件人和收件人。

CEncode 的方法 Base64_Encode 提取出邮件中的字段进行加码。

5　模块详细设计(Detailed Design of Module)

5.1　CPop3 类的设计

(1)简介(Overview)

CPop3 类定义了与邮件接收相关的连接状态以及邮件内容和状态变量,定义了相应的判断连接状态、获取邮件内容以及状态的函数。

(2)类图(Class Diagram)

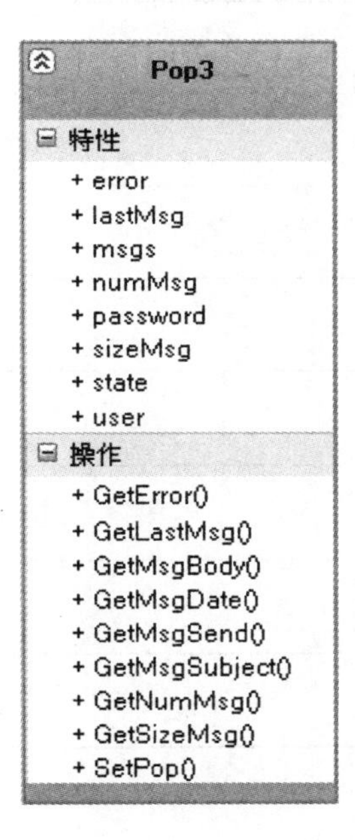

图 5.19

(3)属性(Attributes)

表 5.13

可见性 (Visibility)	属性名称 (Name)	类型 (Type)	说明 (对属性的简短描述) (Brief descriptions)
是	Error	CString	错误信息

续表

可见性 (Visibility)	属性名称 (Name)	类型 (Type)	说明 (对属性的简短描述) (Brief descriptions)
是	LastMsg	CString	最后一封邮件内容
是	State	Struct	邮件状态
是	User	CString	用户名
是	Password	CString	密码
是	SizeMsg	int	邮件大小
是	NumMsg	int	邮件数量
是	Msgs	int	邮件内容

(4)方法(Methods)

下面针对每个方法进行说明。

1)GetError 方法

①方法描述(Method Descriptions)

表 5.14

函数原型 (Prototype)	Cstring GetError()
功能描述 (Description)	获取错误原因
调用函数 (Calls)	无
被调用函数 (Called By)	无
输入参数 (Input)	无
输出参数 (Output)	错误类型
返回值 (Return)	Cstring
抛出异常 (Exception)	无

②实现描述(Implementation Descriptions)

```
CString CPop3::GetError()
{
  return error;
}
```

2)GetLastMsg 方法

①方法描述(Method Descriptions)

表5.15

函数原型 (Prototype)	void GetLastMsg(CString &)
功能描述 (Description)	获取最后一封邮件内容
调用函数 (Calls)	无
被调用函数 (Called By)	无
输入参数 (Input)	Ctring &
输出参数 (Output)	无
返回值 (Return)	void
抛出异常 (Exception)	无

②实现描述(Implementation Descriptions)

```
void CPop3::GetLastMsg(CString &s)
{
  s = lastMsg;
}
```

3)GetMsgBody 方法

①方法描述(Method Descriptions)

表5.16

函数原型 (Prototype)	CString GetMsgBody(int i)
功能描述 (Description)	获取邮件内容
调用函数 (Calls)	无
被调用函数 (Called By)	无
输入参数 (Input)	int i
输出参数 (Output)	邮件内容
返回值 (Return)	Cstring
抛出异常 (Exception)	无

②实现描述(Implementation Descriptions)

```
CString CPop3::GetMsgBody(int i)
{
    CString ret;
    int where = msgs[i].text.Find("\r\n\r\n");
    if(where != -1)
        where += 4;
    else where = 0;
    ret = msgs[i].text.Right(msgs[i].text.GetLength() - where);
    ret = ret.Left(ret.GetLength() - 3);
    return ret;
}
```

4)GetMsgSend 方法

①方法描述(Method Descriptions)

表 5.17

函数原型 (Prototype)	CString GetMsgSend(int i)
功能描述 (Description)	获取邮件发件人
调用函数 (Calls)	无
被调用函数 (Called By)	无
输入参数 (Input)	int i
输出参数 (Output)	邮件发件人
返回值 (Return)	Cstring
抛出异常 (Exception)	无

②实现描述(Implementation Descriptions)

```
CString CPop3::GetMsgSend(int i)
{
    CString ret;
    int where = msgs[i].text.Find("From:");
    if(where == -1)
        return "";

    ReadLn(where,msgs[i].text,ret);
```

```
    int iIndex = ret.Find(":", 0);
    CString strSender = ret.Right(ret.GetLength() - iIndex -1);
    return strSender;
}
```

5)GetMsgSubject 方法

①方法描述(Method Descriptions)

表5.18

函数原型(Prototype)	CString GetMsgSubject(int i)
功能描述(Description)	获取邮件主题
调用函数(Calls)	无
被调用函数(Called By)	无
输入参数(Input)	int i
输出参数(Output)	邮件主题
返回值(Return)	Cstring
抛出异常(Exception)	无

②实现描述(Implementation Descriptions)

```
CString CPop3::GetMsgSubject_(int i)
{
    CString ret;
    int where = msgs[i].text.Find("Subject:");
    if(where == -1)
        return "";
    ReadLn(where,msgs[i].text,ret);

    int iIndex = ret.Find(":", 0);
    CString strSubject = ret.Right(ret.GetLength() - iIndex -1);
    return strSubject;
}
```

6) GetMsgDate 方法

①方法描述(Method Descriptions)

表 5.19

函数原型 (Prototype)	CString GetMsgDate(int i)
功能描述 (Description)	获取邮件日期
调用函数 (Calls)	无
被调用函数 (Called By)	无
输入参数 (Input)	int i
输出参数 (Output)	邮件日期
返回值 (Return)	Cstring
抛出异常 (Exception)	无

②实现描述(Implementation Descriptions)

```
CString CPop3::GetMsgDate(int i)
{
  CString ret;
  int where = msgs[i].text.Find("Date:");
  if(where == -1)
    return "";
  ReadLn(where,msgs[i].text,ret);

  int iIndex = ret.Find(":", 0);
  CString strDate = ret.Right(ret.GetLength() - iIndex -1);
  return strDate;
}
```

7) GetSizeMsg 方法

①方法描述(Method Descriptions)

表 5.20

函数原型 (Prototype)	int GetSizeMsg()
功能描述 (Description)	获取邮件大小
调用函数 (Calls)	无
被调用函数 (Called By)	无

续表

输入参数 (Input)	无
输出参数 (Output)	邮件大小
返回值 (Return)	int
抛出异常 (Exception)	无

②实现描述(Implementation Descriptions)

```
int CPop3::GetSizeMsg()
{
  return sizeMsg;
}
```

8) GetNumMsg 方法

①方法描述(Method Descriptions)

表 5.21

函数原型 (Prototype)	int GetNumMsg()
功能描述 (Description)	获取邮件数目
调用函数 (Calls)	无
被调用函数 (Called By)	无
输入参数 (Input)	无
输出参数 (Output)	邮件数目
返回值 (Return)	int
抛出异常 (Exception)	无

②实现描述(Implementation Descriptions)

```
int CPop3::GetNumMsg()
{
  return numMsg;
}
```

9)SetProp 方法

①方法描述(Method Descriptions)

表 5.22

函数原型 (Prototype)	void SetProp(CString u, CString p)
功能描述 (Description)	设置 Pop3 服务器
调用函数 (Calls)	无
被调用函数 (Called By)	无
输入参数 (Input)	CString u, CString p
输出参数 (Output)	无
返回值 (Return)	void
抛出异常 (Exception)	无

②实现描述(Implementation Descriptions)

```
void CPop3::SetProp(CString u, CString p)
{
  user = u;
  pass = p;
}
```

5.2 CSmtp 类的设计

(1)简介(Overview)

CSmtp 类定义了连接状态变量以及发送邮件时的初始化函数和发送邮件内容的函数。

(2)类图(Class Diagram)

图 5.20

(3)属性(Attributes)

表 5.23

可见性 (Visibility)	属性名称 (Name)	类型 (Type)	说明 (对属性的简短描述) (Brief descriptions)
是	m_socket	int	服务器与系统通信的套接字

(4)方法(Methods)

下面针对每个方法进行说明。

1)Initialize 方法

①方法描述(Method Descriptions)

表5.24

函数原型(Prototype)	BOOL Initialize(void)
功能描述(Description)	对 SMTP 进行初始化
调用函数(Calls)	无
被调用函数(Called By)	无
输入参数(Input)	无
输出参数(Output)	初始化结果
返回值(Return)	BOOL
抛出异常(Exception)	无

②实现描述(Implementation Descriptions)

```
BOOL CSMTP::Initialize()
{
  WORD wVersionRequested;
  WSADATA wsaData;
  int err;

  wVersionRequested = MAKEWORD(1,1);

  err = WSAStartup(wVersionRequested, &wsaData);
  if (err ! = 0)
  {
    return FALSE;
  }

  if (LOBYTE(wsaData.wVersion) ! = 1 ||
      HIBYTE(wsaData.wVersion) ! = 1)
  {
  WSACleanup();
```

```
    return FALSE;
    }
    return TRUE;
}
```

2)MailSend 方法

①方法描述(Method Descriptions)

表 5.25

函数原型(Prototype)	BOOL MailSend(string to, string title, string body, string strServer, string strUser, string strPsw, string strSndMail)
功能描述(Description)	邮件发送
调用函数(Calls)	无
被调用函数(Called By)	无
输入参数(Input)	string to, string title, string body, string strServer, string strUser, string strPsw, string strSndMail
输出参数(Output)	发送状态
返回值(Return)	BOOL
抛出异常(Exception)	无

②实现描述(Implementation Descriptions)

```
BOOL CSMTP::MailSend(string to, string title, string body, string strServer, string strUser, string
strPsw, string strSndMail)
{
    sockaddr_in addrSmtp;

    const char* smtpServer = strServer.c_str();
    const char* smtpUser = strUser.c_str();
    const char* smtpPass = strPsw.c_str();
    const char* senderMail = strSndMail.c_str();
```

5.3 CMail 类的设计

(1)简介(Overview)

CMail 类主要用来存放邮件的相关属性和状态,也定义了删除邮件的方法,供其他实体类或功能类使用。

(2)类图(Class Diagram)

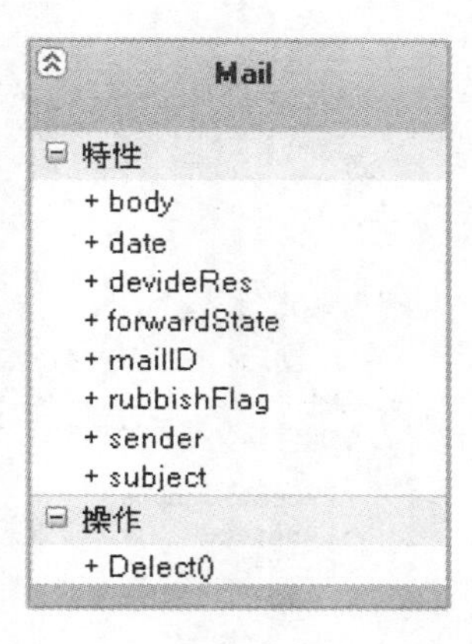

图5.21

(3)属性(Attributes)

表5.26

可见性 (Visibility)	属性名称 (Name)	类型 (Type)	说明 (对属性的简短描述) (Brief descriptions)

(4)方法(Methods)

下面针对每个方法进行说明。

Delete()方法

①方法描述(Method Descriptions)

表5.27

函数原型 (Prototype)	void Delete()
功能描述 (Description)	删除所选邮件
调用函数 (Calls)	无
被调用函数 (Called By)	无
输入参数 (Input)	无
输出参数 (Output)	无
返回值 (Return)	void
抛出异常 (Exception)	无

②实现描述(Implementation Descriptions)

通过对list控件中,鼠标选中的一项或多项进行删除以实现所需操作。

5.4　CDecode 类的设计

(1)简介(Overview)

CDecode 类定义了包括提取加码字段、解码字符串以及转换位串信息在内的方法,完整实现邮件内容的解码。

(2)类图(Class Diagram)

图 5.22

(3)属性(Attributes)

表 5.28

可见性 (Visibility)	属性名称 (Name)	类型 (Type)	说明 (对属性的简短描述) (Brief descriptions)

(4)方法(Methods)

下面针对每个方法进行说明。

1)change 方法

①方法描述(Method Descriptions)

表 5.29

函数原型 (Prototype)	void change (Cstring a)
功能描述 (Description)	提取出邮件中经过加码的字段
调用函数 (Calls)	无
被调用函数 (Called By)	无
输入参数 (Input)	Cstring a
输出参数 (Output)	无
返回值 (Return)	void
抛出异常 (Exception)	无

②实现描述(Implementation Descriptions)

通过此函数,提取邮件中加码的字段。

2)Base64_decode 方法

①方法描述(Method Descriptions)

表 5.30

函数原型 (Prototype)	void　Base64_decode(Cstring a)
功能描述 (Description)	将待转换的位串信息转换为字符序列
调用函数 (Calls)	无
被调用函数 (Called By)	无
输入参数 (Input)	Cstring a
输出参数 (Output)	无
返回值 (Return)	void
抛出异常 (Exception)	无

②实现描述(Implementation Descriptions)

```
std::string Base64::base64_decode(std::string const& encoded_string)
{
  int in_len = encoded_string.size();
  int i = 0;
  int j = 0;
  int in_ = 0;
  unsigned char char_array_4[4], char_array_3[3];
  std::string ret;

  while (in_len -- && (encoded_string[in_] != '=') && is_base64(encoded_string[in_])) {
    char_array_4[i++] = encoded_string[in_]; in_++;
    if (i ==4) {
      for (i = 0; i <4; i++)
        char_array_4[i] = base64_chars.find(char_array_4[i]);

      char_array_3[0] = (char_array_4[0] << 2) + ((char_array_4[1] & 0x30) >> 4);
      char_array_3[1] = ((char_array_4[1] & 0xf) << 4) + ((char_array_4[2] & 0x3c)
>> 2);
      char_array_3[2] = ((char_array_4[2] & 0x3) << 6) + char_array_4[3];

      for (i = 0; (i < 3); i++)
```

```
                ret += char_array_3[i];
            i = 0;
        }
    }

    if (i) {
        for (j = i; j<4; j++)
            char_array_4[j] = 0;

        for (j = 0; j<4; j++)
            char_array_4[j] = base64_chars.find(char_array_4[j]);

        char_array_3[0] = (char_array_4[0] << 2) + ((char_array_4[1] & 0x30) >> 4);
        char_array_3[1] = ((char_array_4[1] & 0xf) << 4) + ((char_array_4[2] & 0x3c) >> 2);
        char_array_3[2] = ((char_array_4[2] & 0x3) << 6) + char_array_4[3];

        for (j = 0; (j < i - 1); j++) ret += char_array_3[j];
    }

    return ret;
}
```

3) DecodeQuoted 方法

①方法描述(Method Descriptions)

表 5.31

函数原型(Prototype)	void DecodeQuoted(Cstring a)
功能描述(Description)	对编码后的字符串进行解码
调用函数(Calls)	无
被调用函数(Called By)	无
输入参数(Input)	Cstring a
输出参数(Output)	无
返回值(Return)	void
抛出异常(Exception)	无

②实现描述(Implementation Descriptions)

```
int QuotedPrintableTran::DecodeQuoted(const char* pSrc, unsigned char * pDst, int nSrcLen)
{
  int nDstLen;
  int i;
  i = 0;
  nDstLen = 0;
  while (i < nSrcLen)
  {
    if (strncmp(pSrc, "=\r\n", 3) == 0)
        {
        pSrc += 3;
        i += 3;
    }
    else
    {
        if (*pSrc =='=')
        {
          sscanf(pSrc, "=%02X", pDst);
          pDst++;
          pSrc += 3;
          i += 3;
    }
          else
    {
          *pDst++ = (unsigned char) *pSrc++;
          i++;
        }
        nDstLen++;
    }
  }
  *pDst = '\0';
  return nDstLen;
}
```

5.5　CDevide 类的设计

(1)简介(Overview)

CDevide 类定义了保存分词结果的二维数组,同时定义了调用文本分词的方法。

(2)类图(Class Diagram)

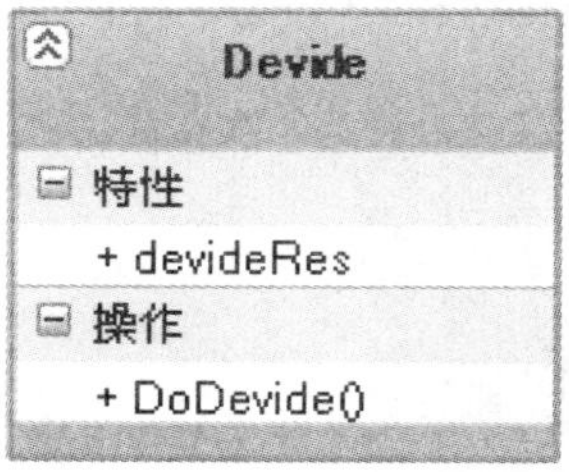

Devide
特性
+ devideRes
操作
+ DoDevide()

图 5.23

(3)属性(Attributes)

表 5.32

可见性 (Visibility)	属性名称 (Name)	类型 (Type)	说明 (对属性的简短描述) (Brief descriptions)
是	DevideRes	char	文本分词结果

(4)方法(Methods)

下面针对每个方法进行说明。

DoDevide 方法

①方法描述(Method Descriptions)

表 5.33

函数原型 (Prototype)	Cstring DoDevide (Cstring a)
功能描述 (Description)	对接收到的文本进行分词
调用函数 (Calls)	无
被调用函数 (Called By)	无
输入参数 (Input)	Cstring a
输出参数 (Output)	无
返回值 (Return)	Cstring a
抛出异常 (Exception)	无

②实现描述(Implementation Descriptions)

根据传入进来的 Cstring 类型进行分词。

5.6 CRubbish 类的设计

(1)简介(Overview)

CRubbish 类定义了判断垃圾邮件以及对误判断进行纠正的方法。

(2)类图(Class Diagram)

5NCLUDEPICTURE \d" D:\\用户目录\\我的文档\\Tencent Files\\490130879\\Image\\C2C\\}]9}]]1LEBG@KPZQ6YCJ'K'.png"]* MERGEFORMATINET

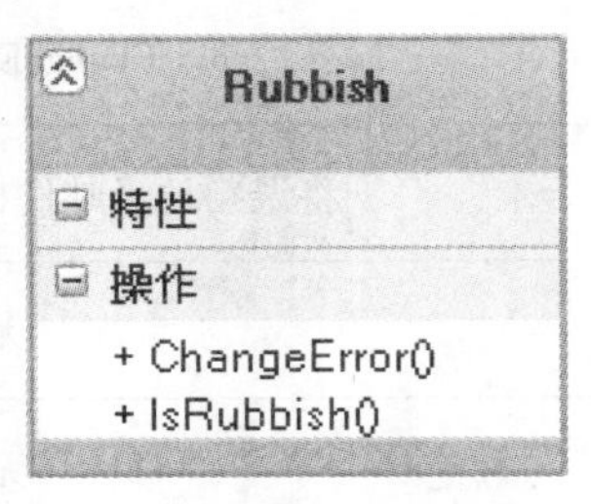

图5.24

(3)属性(Attributes)

表5.34

可见性(Visibility)	属性名称(Name)	类型(Type)	说明(对属性的简短描述)(Brief descriptions)

(4)方法(Methods)

下面针对每个方法进行说明。

1)IsRubbish 方法

①方法描述(Method Descriptions)

表5.35

函数原型(Prototype)	void IsRubbish(mail a)
功能描述(Description)	判断邮件是否为垃圾邮件
调用函数(Calls)	无
被调用函数(Called By)	无
输入参数(Input)	Mail a
输出参数(Output)	无
返回值(Return)	Cstring a
抛出异常(Exception)	无

②实现描述(Implementation Descriptions)

通过传入参数判断是否为垃圾邮件。

2)ChangeError 方法

①方法描述(Method Descriptions)

表 5.36

函数原型 (Prototype)	void ChangeError(mail a)
功能描述 (Description)	将误判垃圾邮件标示更改为 False
调用函数 (Calls)	无
被调用函数 (Called By)	无
输入参数 (Input)	Mail a
输出参数 (Output)	无
返回值 (Return)	void
抛出异常 (Exception)	无

②实现描述(Implementation Descriptions)

通过传入参数更改邮件的状态。

5.7 CForward 类的设计

(1)简介(Overview)

CForward 类定义了判断邮件转发状态以及获取邮件发件人以及收件人地址的方法。

(2)类图(Class Diagram)

图 5.25

(3)属性(Attributes)

表 5.37

可见性 (Visibility)	属性名称 (Name)	类型 (Type)	说明 (对属性的简短描述) (Brief descriptions)

(4)方法(Methods)

下面针对每个方法进行说明。

1)IsForwardOk 方法

①方法描述(Method Descriptions)

表 5.38

函数原型 (Prototype)	BOOL IsForwardOk (Mail a)
功能描述 (Description)	判断邮件是否转发成功
调用函数 (Calls)	无
被调用函数 (Called By)	无
输入参数 (Input)	Mail a
输出参数 (Output)	无
返回值 (Return)	BOOL
抛出异常 (Exception)	无

②实现描述(Implementation Descriptions)

通过返回值判断邮件转发是否成功。

2)GetMsgSend 方法

①方法描述(Method Descriptions)

表 5.39

函数原型 (Prototype)	char* GetMsgSend (Mail a)
功能描述 (Description)	获得创建人地址
调用函数 (Calls)	无
被调用函数 (Called By)	无
输入参数 (Input)	Mail a
输出参数 (Output)	无
返回值 (Return)	char*
抛出异常 (Exception)	无

②实现描述(Implementation Descriptions)

通过传入的参数获得创建人的地址。

3)GetMsgSend 方法

③方法描述(Method Descriptions)

表 5.40

函数原型 (Prototype)	char* GetMsgRec (Mail a)
功能描述 (Description)	获得匹配的收件人地址
调用函数 (Calls)	无
被调用函数 (Called By)	无
输入参数 (Input)	Mail a
输出参数 (Output)	无
返回值 (Return)	char*
抛出异常 (Exception)	无

④实现描述(Implementation Descriptions)

通过传入参数获取收件人地址。

5.5 系统测试计划

1 **简介**(Introduction)

1.1 目的(Purpose)

该文档主要是分析制订 IE 邮件分发系统测试计划,系统测试计划主要包括测试计划、进度计划、测试目标、测试用例和工作交付件等,本文档的读者为参加项目系统测试的测试人员,在系统测试阶段的测试工作须按本文档的流程进行。

1.2 范围(Scope)

此文档适用于 IE 邮件分发系统,比较全面地涵盖了各个模块的系统测试计划,规划了今后每个阶段的测试进程,包含了功能测试、健壮性测试、性能测试和用户界面测试,主要覆盖项目中的子模块——邮件分发、邮件转发、分词、解码和邮件过滤。

2 **测试计划**(Test Plan)

2.1 资源需求(Resource Requirements)

2.1.1 软件需求(Software Requirements)

表 5.41 软件需求表(Software Requirements table)

Resource 资源	Description 描述	Qty 数量
操作系统	Microsoft Windows XP	1

续表

Resource 资源	Description 描述	Qty 数量
编程开发工具	Microsoft VS2010	
通信协作工具	FeiQ、QQ	1
测试工具	CPPUnit	1

2.1.2　Hardware Requirements 硬件需求

表5.42　硬件需求表(Hardware Requirements table)

Resource 资源	Description 描述	Qty 数量
计算机	Pentium4(3.0 G)、内存2 G、硬盘160 G	5
移动硬盘	500 G	1

2.1.3　Other Materials 其他设备

无。

2.1.4　Personnel Requirements 人员需求

表5.43　人员需求表(Personnel Requirements table)

Resource 资源	Skill Level 技能级别	Qty 数量	Date 到位时间	Duration 工作期间
需求分析人员	基础	1		
系统设计人员	基础	1		
编码人员	基础	1		
测试人员	基础	1		

2.2　过程条件(Process Criteria)

2.2.1　启动条件(Entry Criteria)

完成全部系统编码。完成设定需要的各项功能要求。

2.2.2　结束条件(Exit Criteria)

完成所有服务器端的性能测试、数据库测试、系统功能测试等测试要求,达到客户所需标准。

2.2.3　挂起条件(Suspend Criteria)

①基本功能没有实现。

②有致命问题致使50%用例堵塞而无法执行。

③需求发生重大改变导致基本功能发生变化。

④其他原因。

2.2.4　恢复条件(Resume Criteria)

①基本功能都已实现,没有严重问题。

②致命问题已经解决并通过单元测试。

2.4 测试目标(Objectives)

2.4.1 数据和数据库完整性测试

确保数据访问方法和进程正常运行,数据不会遭到损坏。

2.4.2 接口测试

确保接口调用的正确性。

2.4.3 集成测试

检测需求中业务流程,数据流的正确性。

2.4.4 功能测试

确保测试的功能正常,其中包括导航、数据输入、处理和检索等功能。

2.4.5 用户界面测试

核实以下内容:通过测试进行的浏览可正确反映业务的功能和需求,这种浏览包括页面与页面之间、字段与字段之间的浏览,以及各种访问方法的使用页面的对象和特征都符合标准。

2.4.6 性能测试

核实所制订的业务功能在以下情况下的性能行为:正常的预期工作量、预期的最繁重工作量。

2.5 测试组网图(Test Topologies)

无。

2.6 导向/培训计划(Orientation/Training Plan)

无。

2.7 回归测试策略(Strategy of Regression Test)

在下一轮测试中,对本轮测试发现的所有缺陷对应的用例进行回归,确认所有缺陷都已经过修改。

3 测试用例(Test Cases)

表 5.44

需求功能名称	测试用例名称	作者	应交付日期
邮件收发	邮件收发		
字码识别	字码识别		
文本分词	文本分词		
自动转发	自动转发		
邮件过滤	邮件过滤		

4 工作交付件(Deliverables)

表 5.45 工作交付件列表(Deliverables Table)

Name 名称	Author 作者	Delivery Date 应交付日期
测试计划		
测试用例清单		
测试结果		

5 参考资料清单(List of reference)

无。

5.6 系统测试报告(示例)

1 **概述**(Overview)

本文档为系统测试报告,具体描述了系统在测试期间的执行情况和软件质量,统计系统存在的缺陷,分析缺陷产生原因并追踪缺陷解决情况。

2 **环境描述**(Test environment)

应用服务器配置:

CPU:Pentium4(3.0 G)

ROM:2 G

OS:Windows XP SP4

客户端:IE7.0

3 **测试概要**(Test Overview)

3.1 对测试计划的评价(Test Plan Evaluation)

测试案例设计评价:基本将项目所有功能的测试都囊括在内,有一小部分功能没有考虑在内,还有部分功能不需要进行测试,整体上设计得比较合理,在进行测试时,根据当时代码变化进行适当调解。

执行进度安排:严格按照测试计划进行,由于功能会有略微改动,所以进度会相应调整。在制订项目测试计划时,对项目的方向把握不够准确,测试计划变动也难免发生。

执行情况:在测试过程中针对发现的软件缺陷进行了初步分析,并提交程序设计人员对原软件中可能存在的问题进行考查。在软件测试中首先根据软件测试的规范进行考核,将书写规范、注释等基础问题首先解决;其次考核软件测试中的问题是否存在设计上的逻辑缺陷,如果存在设计缺陷则应分析该缺陷的严重程度以及可能引发的故障。软件开发人员在上述基础上对软件的不足作出相应的修改,同时通过软件回归测试验证软件修改后能够得到的改善结果。

3.2 测试进度控制(Test Progress Control)

测试人员的测试效率:在测试计划所要求的最后期限之前完成测试,在测试中如果发现没有覆盖的用例进行添加以及有些用例的删减,能够灵活变通。

开发人员的修改效率:在测试中发现错误后,能够立即解决,不影响后期开发。如果进度跟不上,会加班加点完成,使得项目如期完成。

在原定测试计划时间内顺利完成功能符合型测试和部分系统测试,对软件实现的功能进行全面系统测试。并对软件的安全性、易用性、健壮性各个方面进行选择性测试。达到测试计划的测试类型要求。

4 **缺陷统计**(Defect Statistics)

4.1 测试结果统计(Test Result Statistics)

bug 修复率:第一、二、三级问题报告单的状态为 Close 和 Rejected 状态。

bug 密度分布统计:项目共发现 bug 总数 38 个,其中有效 bug 数目为 30 个, Rejected 和重复提交的 bug 数目为 8 个。

按问题类型分类的 bug 分布表如下:(包括状态为 Rejected 和 Pending 的 bug)

表 5.46　按问题类型分类的 bug 分布

问题类型	问题个数
代码问题	8
数据库问题	3
易用性问题	4
安全性问题	5
健壮性问题	0
功能性错误	3
测试问题	4
测试环境问题	1
界面问题	3
特殊情况	2
交互问题	0
规范问题	5

按级别的 bug 分布如下：(不包括 Cancel)

表 5.47　按级别的 bug 分布

严重程度	1 级	2 级	3 级	4 级	5 级
问题个数/个	18	10	8	0	2

按模块以及严重程度的 bug 分布统计如下：(不包括 Cancel)

表 5.48　按严重程度的 bug 分布

模块	1-Urgent	2-Very High	3-High	4-Medium	5-Low	Total
邮件收发	5	3	1	0	0	9
字码识别	5	3	1	0	1	9
文本分词	6	2	1	0	0	9
自动转发	2	1	2	0	1	5
邮件过滤	0	1	3	0	0	4
Total	18	10	8	0	2	38

4.2　测试用例执行情况(Situation of Conducting Test Cases)

表 5.49　测试用例执行情况

需求功能名称	测试用例名称	执行情况	是否通过
功能测试	测试设置正常服务器数据是否连接成功	提示连接成功	是
功能测试	测试输入正常邮件标题	无错误提示	是

续表

需求功能名称	测试用例名称	执行情况	是否通过
功能测试	测试输入正常部门名称	无错误提示	是
功能测试	测试输入非法部门名称	提示部门名称含有非法字符	是
功能测试	测试输入正常部门邮箱地址	无错误提示	是
单元测试	UnitTest_DAL_Whitelists_Insert	return true	是
界面测试	测试用户界面是否一致、风格是否统一	整体结构一致、美观,无乱码等现象出现	是
界面测试	测试按钮大小风格是否一致	按钮大小一致,风格一致	是
界面测试	测试每个界面的字体字号是否一致	每个界面显示的字体字号一致	是
压力测试	增压负载压力测试	查看图标显示正确,没有歧义并且友好显示	是
压力测试	高压负载压力测试	发送通过率为 96%	是

5　**测试活动评估**(Evaluation of Test)

对项目提交的缺陷进行分类统计,测试组提出的有价值缺陷总个数为 4 个。下述内容是归纳缺陷的结果。

按照问题原因归纳缺陷:

问题原因包括需求问题、设计问题、开发问题、测试环境问题、交互问题、测试问题。

需求问题　Requirement 1 个

典型 1:用户平台兼容性差

分析:在需求阶段没有考虑到

开发问题　Development 1 个

典型 1:代码冗长复杂,有多次重复

分析:编程时没有注意规范等其他问题

6　**覆盖率统计**(Test cover rate statistics)

表 5.50

需求功能名称	覆盖率
邮件转发	100%
邮件接收	100%
邮件发送	100%
邮件解码	100%

续表

需求功能名称	覆盖率
划分文本	100%
邮件过滤	100%
维护数据	100%
整体覆盖率	100%

7 **测试对象评估**(Evaluation of the test target)

功能性:系统正确实现了通过转发和接收的功能,实现了邮件的解码功能,实现了邮件过滤,实现了基础数据管理,用户管理的查询、添加、修改、删除的功能。系统在连接数据库时出现了多次重复连接,存在重大的缺陷,设计有遗漏。

易用性:现有系统实现了查询、添加、删除、修改操作相关提示信息的一致性、可理解性等易用性。现有系统存在界面排版不够美观等易用性缺陷。

可靠性:不能完全接收邮件,现有系统的容错性不高,如果系统出现错误,返回错误类型为找不到页面错误,无法回复到出错前的状态。

兼容性:现有系统都具有兼容性。

安全性:保存用户名密码的配置文件没有加密,外界可以读取。

测试充分性:测试覆盖率高,已经覆盖了所有方面。

该版本的质量评价:该版本质量较高,虽然仍然存在一些问题,但已符合需求说明书上的内容。

8 **测试设计评估及改进**(Evaluation of test design and improvement suggestion)

本次测试从测试计划、测试时间安排、测试工具选择、测试用例编写、测试工作实施都严格按照开发惯例执行,每一步工作又根据项目开发的具体情况确定。在整个过程中很好地实现了软件测试环节的作用,发现了一些系统的关键性问题。及时配合软件开发人员对程序进行调试,完善程序功能,实现设计目标。

本次测试工作,还有如下可以改进和完善的地方:

测试用例的编写应该更多地和实际程序贴合,有许多测试项在最终的测试中无法测试;

测试工作的实施可以更早于系统程序的整合阶段,以便更早发现问题,提高开发效率。

在测试过程中应该保留更多的书面记录,以方便后续阶段查阅和更新。

9 **规避措施**(Mitigation Measures)

使用 Windows XP 以上版本均可确保软件的正常运行、版本可用。

10 **遗留问题列表**(List of bequeathal problems)

表 5.51 遗留问题统计表

	问题总数(Number of problem)	致命问题(Fatal)	严重问题(Serious)	一般问题(General)	提示问题(Suggestion)	其他统计项(Others)
Number 数目	1	0	0	1	0	0
Percent 百分比	—	0	0	100%	0	0

表5.52　遗留问题详细列表

No. 问题单号	
Overview 问题简述	网络波动引起系统异常
Description 问题描述	环境及设置:在外部网络连接出现波动的情况下,邮件的接收和管理功能可能出现失常和错误。 测试步骤: ①运行系统,测试邮件处理功能执行情况。 ②对系统所接入网络制造大量数据上下行。 ③观察系统功能运转情况。 期望的结果:系统在网络出现数据冲击的情况下,正常功能会受到一定影响。 实际结果:系统在网络出现数据冲击的情况下,正常功能会受到一定影响。
Priority 问题级别	一般
Analysis and Actions 问题分析与对策	对系统的影响为一般,在对处理速度要求不是很高的情况下可以接受。 在出现此问题时,可以通过关闭非必要进程以及清理网络带宽占用来缓解。在下一个版本中考虑对网络波动的应急响应,保证正常功能不受太大影响。
Mitigation 避免措施	无
Remark 备注	无

11　附件(Annex)

无。

11.1　交付的测试工作产品(Deliveries of the test)

测试计划 Test Plan

测试用例 Test Cases

测试报告 Test Report

11.2　修改、添加的测试方案或测试用例(List of test schemes and cases need to modify and add)

无。

11.3　其他附件(Others)(如:PC-LINT检查记录,代码覆盖率分析报告等)

无。

5.7 系统验收报告(示例)

1 项目介绍

本项目的主要功能是实现对客户邮件的收取和自动转发的功能。本项目旨在当软件用户邮箱中收到邮件时,可以对邮件进行自动识别,并且可以按照用户设置的黑名单进行过滤,并且增加了白名单功能,防止误删,并可根据白名单和员工信息相联系,自动为用户进行转发操作。如果黑白名单中都没有,本软件也可对邮件的内容进行分词,并在进行匹配之后自动为用户进行转发。如果两次匹配仍无法自动转发则可以提醒用户存在模糊邮件,使用户可以自行进行转发。软件在提供自动转发功能的同时也可以在手动界面实现正常邮件的所有功能。同时由于系统并不能做到100%准确进行过滤和转发功能,因此,该系统也为用户提供了一个邮件恢复功能,可以将垃圾邮件恢复为正常邮件,同时用户还可以自行维护黑白名单和部门转发规则表等数据。

2 项目验收原则

审查项目实施进度的情况。

审查项目管理情况,是否符合过程规范。

审查提供验收的各类文档的正确性、完整性和统一性,审查文档是否齐全、合理。

审查项目功能是否达到了合同规定的要求。

对项目的技术水平作出评价,并得出项目的验收结论。

3 项目验收计划

审查项目进度。

审查项目管理过程。

应用系统验收测试。

项目文档验收。

4 项目验收情况

4.1 项目进度

表5.53 项目进度

序号	阶段名称	计划起止时间	实际起止时间	交付物列表	备注
1	项目立项	2014.8.1—2014.8.1	2014.8.1—2014.8.1	项目组成员表 项目策划/任务书 产品策划设计文档	
2	项目计划	2014.8.2—2014.8.3	2014.8.2—2014.8.3	项目 WBS 表 项目进度计划表 项目风险管理表	
3	业务需求分析	2014.8.4—2014.8.6	2014.8.4—2014.8.6	需求文档 系统测试计划 测试计划检查单 系统测试计划 评审报告	

续表

序号	阶段名称	计划起止时间	实际起止时间	交付物列表	备注
4	系统设计	2014.8.6—2014.8.8	2014.8.6—2014.8.8	设计文档 测试用例	
5	编码及测试	2014.8.7—2014.8.29	2014.8.7—2014.8.29	测试报告 系统代码	
6	验收	2014.8.30—2014.8.30	2014.8.30—2014.8.30	PPT 用户手册 验收报告 最终产品 学员个人总结 项目关闭报告 产品手册	

4.2　项目变更情况

4.2.1　项目合同变更情况

无。

4.2.2　项目需求变更情况

无。

4.2.3　其他变更情况

无。

4.3　项目管理过程

表5.54　项目管理过程

序号	过程名称	是否符合过程规范	存在问题
1	项目立项	符合	无
2	项目计划	符合	无
3	需求分析	符合	无
4	详细设计	符合	无
5	系统实现	符合	无

4.4　应用系统

表5.55　应用系统

序号	需求功能	验收内容	是否符合代码规范	验收结果
1	邮件收取	邮件收取结果	符合	可以完成邮件收取
2	邮件转发	邮件自动转发和人工转发模块	符合	可以完成邮件自动和人工转发

续表

序号	需求功能	验收内容	是否符合代码规范	验收结果
3	邮件过滤	邮件过滤模块	符合	可以通过黑名单进行过滤
4	邮件解码	邮件解码结果	符合	可以对邮件内容进行解码
5	邮件分词	邮件分词结果	符合	可以对邮件内容正确分词
6	系统维护	数据库表单	符合	可以对数据库正确维护

4.5 文档

表5.56 文档

过程		需提交文档	是否提交(√)	备注
01-COEBegin		学员清单、课程表、学员软酷网测评(软酷网自动生成)、实训申请表、学员评估表(初步)、开班典礼相片	√	
02-Initialization	01-Business Requirement	项目立项报告	√	
03-Plan		①项目计划报告 ②项目计划评审报告	√	
04-RA	01-SRS	①需求规格说明书(SRS) ②SRS评审报告	√	
	02-STP	①系统测试计划 ②系统测试计划评审报告	√	
05-System Design		①系统设计说明书(SD) ②SD评审报告	√	
06-Implement	01-Coding 02-System Test Report	代码包 ①测试计划检查单 ②系统测试设计 ③系统测试报告	√	
07-Accepting	01-User Accepting Test Report 02-Final Products 03-User Handbook	用户验收报告 最终产品 用户操作手册	√	

续表

过程		需提交文档	是否提交(√)	备注
08-COEEnd	02-Personal Weekly Report 03-Exception Report 04-Project Closure Report	①学员个人总结 ②实训总结(项目经理,一个班一份) ③照片(市场) ④实验室验收检查报告(IT) ⑤实训验收报告(校方盖章) 个人周报 项目例外报告 项目关闭总结报告	√	
10-Meeting Record	01-Project kick-off Meeting Record 02-Weekly Meeting Record	项目启动会议记录 项目周例会记录	√	

4.6　项目验收情况汇总表

表 5.57　项目验收情况汇总表

验收项	验收意见	备注
应用系统	通过	
文档	通过	
项目过程	通过	
总体意见: 通过 项目验收负责人(签字): 项目总监(签字):		
未通过理由: 项目验收负责人(签字):		

5　**项目验收附件**

无。

5.8　项目关闭报告(示例)

1　**项目基本情况**

表5.58　项目基本情况

项目名称：	客户邮件分发	项目类别：	互联网/电子商务
项目编号：	v8.4047.2142.3	采用技术：	Base64解码技术、POP3协议、MFC
开发环境：	VS2010	运行平台：	Windows XP
项目起止时间：	2014.8.1—2014.8.30	项目地点：	重庆大学卓越实验室1号
项目经理：			
项目组成员：			
项目描述：	在现在的办公环境中，电子邮件系统几乎已经成为了一种必备的工具。但对于企业来讲，为了能够更加有效地传递信息，实现办公协作，就必须构建企业自己的协作平台。而在协作平台中，邮件服务是其中非常重要的组成部分。现在，主要的邮件服务器方案提供商均在其邮件系统的基础上增加了协作办公的接口，可以将其他协作功能连接到一个统一的操作平台上。 电子商务方案中的重要组成部分的协同工作技术，邮件服务器作为重要的基础平台，将用于支持协作平台的建设。作为企业邮件分发系统，其所建设的电子商务平台决不会仅仅只有电子邮件系统，因此，对于企业的IT建设规划人员必须了解总体平台架构，才能够根据本单位的实际情况制订切实可行的方案，按部就班地逐步实现企业的电子商务平台。		

2　**项目的完成情况**

项目已根据项目要求按时完成，各个项目模块及子模块均已按时完成。

3　**学员任务及其工作量总结**

表5.59　学员任务分配

姓名	职责	负责模块	代码行数/注释行数	文档页数
		全部	3 421/1 287	79
合计			3 421/1 287	79

4　项目进度

表5.60　项目进度

项目阶段	计划		实际		项目进度偏移/天
	开始日期	结束日期	开始日期	结束日期	
立项	2014.8.1	2014.8.1	2014.8.1	2014.8.1	0
计划	2014.8.2	2014.8.3	2014.8.2	2014.8.3	0
需求	2014.8.4	2014.8.6	2014.8.4	2014.8.6	0
设计	2014.8.6	2014.8.8	2014.8.6	2014.8.8	0
编码	2014.8.9	2014.8.29	2014.8.9	2014.8.29	0
测试	2014.8.30	2014.8.30	2014.8.30	2014.8.30	0

5　经验教训及改进建议

项目刚开始时,由于没有经验就直接投入代码编写,后来编程越发吃力就重新构思。重新开始后,将整个程序需要实现的功能模块化并列举出每个模块的技术要点和难点,先从简单的开始组装模块,最后解决了每一个程序问题并作出了一个计划的成果。

第6章 软件工程实训项目案例四：计费管理系统

【项目介绍】

计费管理系统，主要面向网吧、机房、电子阅览室等，由于其在计费管理上所体现的突出优越性，既可满足想实现轻松管理，又可实现效益最大，效益可持续化的多重需要，成为了网吧、机房经营管理人员的理想选择，是打造品牌网吧和机房的前提。

计费管理系统定义计费策略，具有多种计费方式的计费平台，按时间计费，用卡进行消费；特殊计费，如按流量计费、包天或者月计费等。本系统可以根据计费策略进行各种形式计费，并能灵活进行费用结算，以及统计日常报表。计费管理系统提供计费管理、费用管理、查询统计、系统管理功能。

项目的功能结构图如图6.1所示。

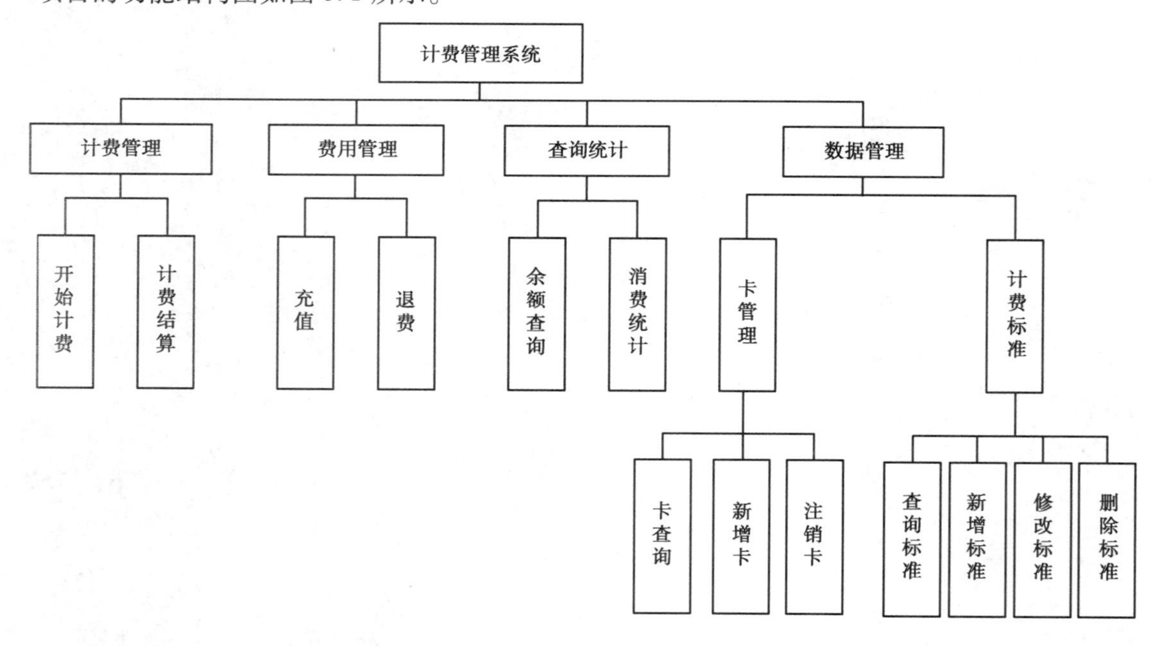

图6.1 系统结构图

6.1　系统项目立项报告

1　**项目提出**(Project Proposal)

1.1　项目ID:

v8.4047.2142.3

1.2　项目目标

①学习Visual C++编程,XML文件操作。

②完善计费管理系统的基本功能,如用户权限的设置,按不同费率的计费功能,以及费率的查询功能。

③熟悉企业项目开发过程。

④加强团队合作、项目管理能力,提高技术水平。

1.3　系统边界

①本系统仅用于计算消费者的消费费用,以及管理者对费率和用户的信息管理、维护。

②本系统立足于费用的多种计费方式,以时间为计费策略。

③本系统中的扩展功能不要求在此版本中实现。

1.4　工作量估计

表6.1　工作量估计

模块	子模块	工作量估计/(人·天)	说明
计费管理	开始计费功能	3	
	计费结算功能	5	
费用管理	充值功能	3	
	退费功能	3	
查询统计	余额查询功能	4	
	查询统计功能	4	
数据管理	卡管理功能	4	
	费率标准功能	4	
总工作量/(人·天):	30		

备注:"人·天"即几个人几天的工作量。

2　**开发团队组成和计划时间**(Team building and Schedule)

2.1　开发团队(Project Team)

表6.2　开发团队

团队成员 (Team)	姓名 (Name)	人员来源 (Source of Staff)
项目总监 (Chief Project Manager)		软酷网络科技有限公司

续表

团队成员 (Team)	姓名 (Name)	人员来源 (Source of Staff)
项目经理 (Project Manager)		软酷网络科技有限公司
项目成员 (Project Team Member Number)		重庆大学软件学院3班

2.2　计划时间(Project Plan)

项目计划:2014 年 8 月 1 日—2014 年 8 月 30 日(计 1 个月)。

6.2　软件项目计划

1　简介

1.1　目的(Purpose)

为计费管理系统软件项目制订项目开发计划以保证项目得以顺利进行。

1.2　范围(Scope)

项目计划主要包含以下内容:

- 项目特定软件过程
- 项目的交付件
- WBS

2　交付件与验收标准(Deliverables and Acceptance Criteria)

2.1　客户交付件(Customer Deliverables)

表 6.3　客户交付件

S. No.	Deliverable 交付件	Acceptance Criteria 验收标准
01	运行程序	通过系统测试和验收测试
02	用户手册	使用户在 1 h 内熟练掌握基本操作

2.2　内部交付件(Internal Deliverables)

表 6.4　内部交付件

S. No.	Deliverable 交付件	Acceptance Criteria 验收标准
01	项目立项报告	通过评审
02	项目计划报告	通过评审
03	项目责任书	通过评审
04	需求规格书	通过评审
05	详细计划书	通过评审
06	代码包	符合编程规范,无明显 bug,注释率 60% 以上

续表

S. No.	Deliverable 交付件	Acceptance Criteria 验收标准
08	视频	通过评审
09	项目验收报告	通过评审

2.3　WBS 工作任务分解

表 6.5　WBS 工作任务分解

序号	工作包	工作量/(人·天)	前置任务	任务易难度	负责人
1	项目启动	1		简单	
2	项目规划	1		简单	
3	需求分析	2		一般	
4	需求评审	1		一般	
5	系统设计	2		难	
6	设计评审	1		难	
7	卡管理功能实现及测试	3		一般	
8	费率标准功能实现及测试	3		一般	
9	开始计费功能实现及测试	3		一般	
10	计费结算功能实现及测试	3		困难	
11	充值功能实现及测试	2		简单	
12	退费功能实现及测试	2		简单	
13	余额查询功能实现及测试	2		简单	
14	查询统计功能实现及测试	2		困难	
15	项目验收	1		一般	
16	项目关闭和总结	1		简单	
工作量总计/(人·天):30					

3　**角色和职责**(Roles and Responsibilities)

表 6.6　组织和职责表(Roles and Responsibilities Table)

No.	角色(Role)	职责(Responsible)
1	Customer Representative 客户代表	用户验收
2	Project Consultant(s) 项目顾问	现场顾问
3	Chief Project Manager CPM(项目总监)	项目监督
4	Project Manager PM(项目经理)	领导项目开发

续表

No.	角色(Role)	职责(Responsible)
5	QA(质量保证工程师)	保证系统质量
6	Metrics Coordinator MC(度量协调员)	度量分析
7	Test Coordinator TC(测试协调员)	协调系统测试
8	Configuration Librarian 配置管理员	管理各方面资源配置
9	Team Members 项目组成员	系统开发
10	Technical Review Members 技术评审人员	

6.3 软件需求规格说明书

关键词(Keywords):卡;计费标准;最小计费单元

摘要(Abstract):本系统是计费管理系统的第一个版本,为 V1.0,包括计费管理、费用管理、查询统计、数据管理。计费管理可分为开始计费、计费结算;费用管理可分为充值、退费管理;查询统计可分为余额查询、消费统计;数据管理可分为卡管理、计费标准。本系统分别对各功能模块的功能和业务流程进行了描述,从而使软件开发人员可以更好地分析和设计软件,同时也方便客户更好地提出意见。

1 **简介**(Introduction)

1.1 目的(Purpose)

该需求规格说明书是关于用户对于计费管理系统的功能和性能要求的描述,该说明书的预期读者为:

①目标用户。

②项目管理人员。

③测试工程师。

④软件设计师。

⑤软件工程师。

1.2 范围(Scope)

该文档是从用户角度出发来导出计费管理系统的逻辑模型的,主要是解决整个项目系统“做什么”的问题,涉及计费管理系统要为客户提供的各种功能及服务。在该文档里还没有涉及开发技术,而主要是通过需求分析的方式来描述用户的需求,为用户、开发方等不同参与方提供一个交流平台。

2 **总体概述**(General description)

2.1 软件概述(Software perspective)

2.1.1 项目介绍(About the Project)

计费管理系统,目前是一个单机桌面应用程序,主要面向网吧、机房、电子阅览室等,由于其在计费管理上所体现的突出的优越性,既可满足想实现轻松管理,又可实现效益最大,效益可持续化的多重需要,成为了网吧、机房经营管理人员的理想选择,是打造品牌网吧和机房的前提。

计费管理系统,首先能够实现对基础数据的维护,然后对数据进行统计分析。计费管理系统的核心业务是能实现输入不同类型的卡号进行上机,下机结算时,根据卡的类别能实现消费结算,计算出消费金额,并在卡的余额上扣除相应的费用,以及对消费信息进行保存。

计费标准分为普通计费标准、包夜标准以及包天标准。普通计费标准,表示将一天划分为多种时段,每个时段按一种收费标准进行收费,包夜标准是指一个晚上的收费标准,包天是指一天的收费标准。

卡依赖于不同的计费标准,分为不同的类别,其包括普通卡、特殊卡。普通卡,则表示上机按普通收费标准进行计算消费金额的卡;特殊卡是指只能在包夜标准时段内上机,在包夜时段内按包夜收费标准进行结算金额,超过包夜标准时段后,按普通收费标准进行收费的卡。

2.1.2　Environment of Product 产品环境介绍

产品环境介绍(Environment of Product)。

开发环境与平台:

操作系统:Windows XP Professional

开发环境:Microsoft VS2010

2.2　Software function 软件功能

系统功能结构图

系统功能结构图如图6.2所示。

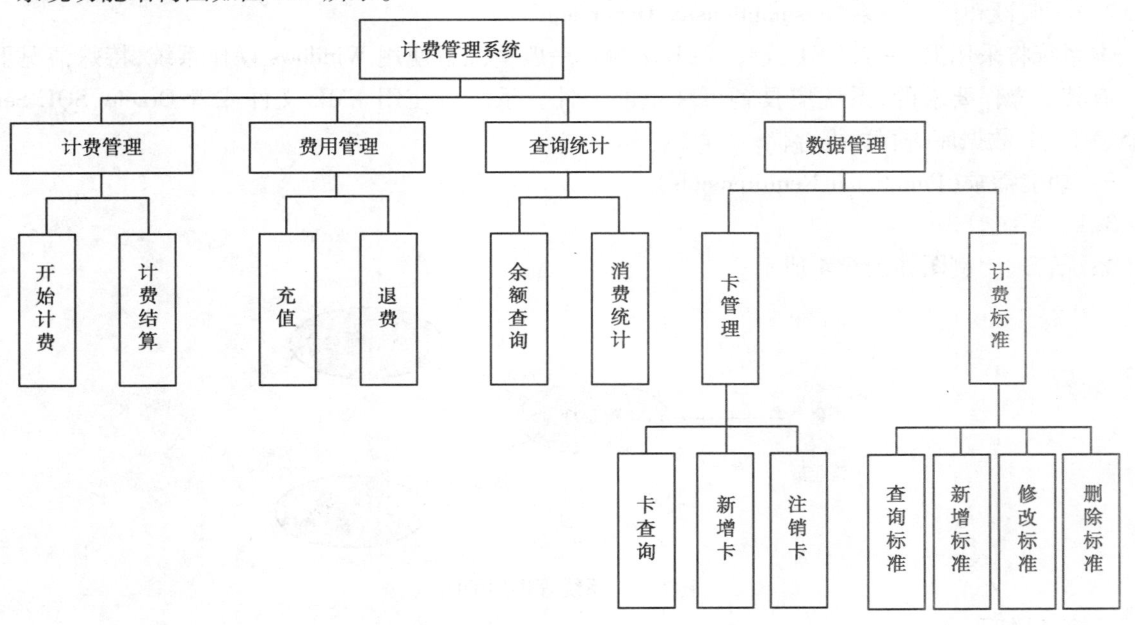

图6.2　系统功能结构图

系统功能模块描述说明:

①计费管理:计费管理功能包括开始计费、计费结算。

②费用管理:费用管理包括充值、退费。

③查询统计:查询统计包括计费查询、消费统计。

④系统管理:根据分词结果以及敏感词库对邮件进行筛选,对垃圾邮件进行过滤。

2.3 参与者(Actors)

整个系统分为3类角色,分别为普通卡计费用户、特殊卡计费用户、营业员。

①普通卡计费用户:使用普通卡进行上机,按普通收费标准进行结算的用户。

②特殊卡计费用户:使用特殊卡进行上机,按特殊收费标准进行结算的用户。

③营业员:对计费管理系统进行日常操作和对系统基础数据进行管理,包括计费管理、费用管理、查询统计、计费标准,权限管理,卡管理等。

系统用例图如图6.3所示。

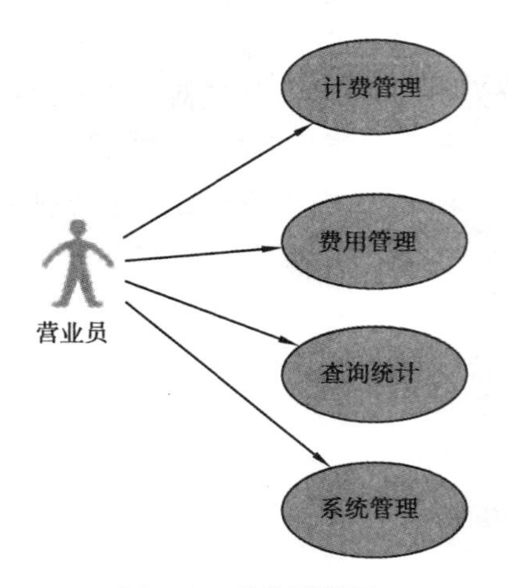

图6.3 系统用例图

2.4 假设和依赖关系(Assumptions & Dependencies)

本系统将采用C++、.NET或者J2EE平台。一般情况下使用Windows操作系统,特殊情况下如用户有其他操作要求的,系统应具备可移植的条件。系统可使用XML文件或者Oracle、SQL Server 2005、MySQL数据库进行数据存储。

3 **功能需求**(Functional Requirements)

3.1 系统管理

系统管理用例图如图6.4所示。

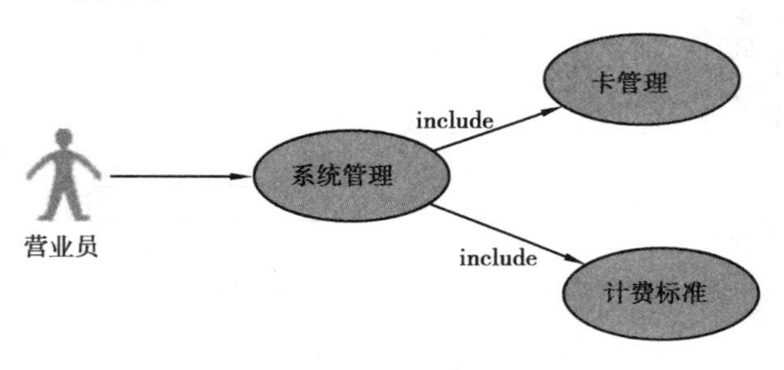

图6.4 系统管理用例图

简要说明

营业员进入系统后,可对系统的基础信息进行设置,包括卡信息管理,计费标准管理等。对卡的信息进行新增和删除,对计费标准进行增、删、改、查。

计费标准:分为普通计费、包夜计费、包天计费3类。普通计费是指将一天划分为多个时间段,每个时间段的收费标准都不一样;包夜计费是指一个晚上收多少钱;包天计费是指一天收多少钱。计费标准包含的数据有开始时间、结束时间、最小收费单元、收费标准,备注等信息,指的是在这个时间段内,最小的收费单元收取多少费用。

卡的类别:分为普通卡、特殊卡。普通卡是指按普通收费标准进行收费的卡;特殊卡是指只能在包夜标准的时间段进行上机,未超过包夜时间段的按包夜标准进行收费,超过包夜时间段的按普通收费标准进行结算。

3.1.1　卡管理

(1)增加卡

①介绍。新增一张新卡,输入卡号、密码、截止日期、充值余额、备注信息,并选择卡的类别,若该卡号没有被使用,则新增该卡。

卡的类别根据卡对应的计费标准,分为普通卡和特殊卡。

②输入。卡号、密码、卡类别、截止日期、充值金额、备注等。

约束:卡的截止日期不能小于当前日期;充值金额不能小于等于0。

③处理。输入的卡号若不存在同名,并且充值金额大于0后,即可进行新增,新增卡的状态为0。

④输出。开卡成功,则新增一条卡记录,若开卡失败,则提示用户相关信息。

(2)查询卡

①介绍。可以根据输入的卡号关键字进行模糊查询,显示卡信息。

②输入。卡号关键字。

③处理。根据卡号关键字,到存储卡数据的XML里面进行匹配查询,并显示卡数据。关键字若为空,则查询所有。

④输出。在界面显示出满足关键字的卡数据。

(3)销卡

①介绍。选择用户进行销户处理。对未上机的用户进行销户处理,若存在余额则提示用户先进行退费,再进行销户处理。若该卡不存在余额,则提示用户是否进行销户,如果选择是,则注销该用户。

②输入。界面选择一条卡记录。

③处理。若选择的卡正在使用,则提示用户无法进行销户。若选择的卡存在余额,则提示用户先退费,再进行销户处理。若该卡不存在余额,则提示用户是否确定销户,用户确定后,即可进行销户操作。

④输出。销户成功,则修改卡记录,若失败,则提示用户失败的相关信息。

3.1.2　计费标准

计费标准,表示在某一个起始时间至结束时间的时间段内,按每一个计费单元收取多少费用。计费标准的具体格式见表6.7。

表6.7　计费标准表

开始时间	结束时间	标准类别	最小计费单元/h	收费标准/元	备注
08:00	09:00	0	0.5	0.5	

(1)新增

①介绍。添加一个新的收费标准。

②输入。界面输入计费类别、开始时间、结束时间、费率、最小计费单元等信息。

约束:结束时间不能小于开始时间。费率与最小计费单元不能为空。

③处理。根据选择的计费类别,添加相应的时间段,并设置不同的计费标准,以及最小计费单元。

④输出。添加成功,则刷新界面。失败,则提示用户失败信息。

(2)查询

①介绍。选择标准类别后,查询出这种类别下面的标准信息。

②输入。界面选择一个标准类别。

③处理。根据选择的标准类别,查询出对应的数据。

④输出。界面显示出满足条件的标准信息。

(3)修改

①介绍。选择一个计费标准,修改计费类别、开始时间、结束时间、费率、最小计费单元等。

②输入。要修改计费类别、开始时间、结束时间、费率、最小计费单元等。

约束:结束时间不能小于开始时间。费率与最小计费单元不能为空。

③处理。单击一条计费标准,然后显示出这个计费标准的详细信息,并更改相应的信息,进行修改操作。

④输出。修改成功,则刷新界面。失败,则提示用户失败信息。

(4)删除

①介绍。界面选择一个收费标准后,单击删除按钮,则删除该条收费标准。

②输入。界面选择要删除的收费标准。

③处理。单击一条计费标准,提示是否进行删除操作,若确定,则删除这个计费标准。

④输出。删除成功,则刷新界面。失败,则提示用户失败信息。

3.2　计费管理

计费管理用例图如图6.5所示。

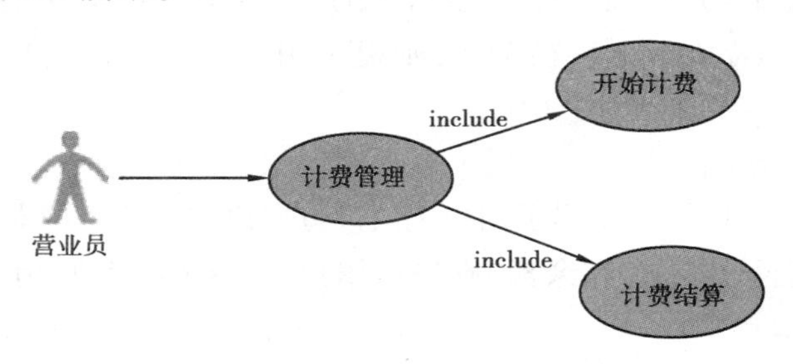

图6.5　计费管理用例图

简要说明

营业员根据用户的卡号可以进行上机以及结算,包括普通卡用户上机和特殊卡用户上机。结算时均按照卡的性质,选择不同的计费标准进行结算。

3.2.1　开始计费

(1)介绍

营业员登录系统,输入卡号、密码,并可选择是否进行充值再上机操作。特殊卡只能在包夜的时间段进行上机操作。

(2)输入

用户卡号、密码、上机时间(自动获取当前系统时间)、充值金额。

(3)处理

界面验证是否进行输入,若验证成功,则根据当前卡号和密码,获取卡的相关信息,判断当前卡是否注销,已注销的卡不能上机。

若为特殊卡,不在包夜时间段内,则无法上机。

判断卡余额是否充足,余额不足的卡,提示用户充值后再上机。

正在使用的卡,则提示用户当前卡正在使用,无法再次上机。

(4)输出

上机成功:则添加一条消费信息,记录该卡的上机时间,并修改该卡的使用状态,由“未使用”状态修改为“正在上机”状态。若输入了充值金额,则修改卡余额,以及该卡的总消费金额。

上机失败:提示用户失败的相关信息。

3.2.2 计费结算

(1)介绍

营业员登录系统,选择正在使用的卡号,单击“计费结算”选项,根据卡号、卡的类别、上机时记录的上机时间、下机时间去匹配相应的收费标准,进行结算,并显示本次上机的相关信息,确定后,即可成功下机。

若特殊卡超过了包夜的时间段标准,则超过时间段按普通收费标准进行结算。

(2)输入

用户卡号、下机时间(自动获取当前系统时间)。

(3)处理

普通卡按普通计费标准进行计费。特殊卡则先按包夜标准进行收费,若超过了包夜时间段,则超出时间自动按普通计费标准进行结算。

根据普通计费用户卡号、上机与下机时间,计算用户的上机费用,判断余额是否足够:

①余额充足:显示上机的详细信息,单击“确定”后,扣除用户卡中的相应金额,并将消费信息添加完整。

②余额不足:提示金额不足,请用户先充值,再进行计费结算。

(4)输出

输出用户的本次上机费用、用户余额等信息。添加该卡本次消费的完整信息,从卡的余额上扣除相应的费用。若操作成功,则提示用户;若操作失败,则提示用户相关失败信息。

3.3 费用管理

费用管理用例图如图6.6所示。

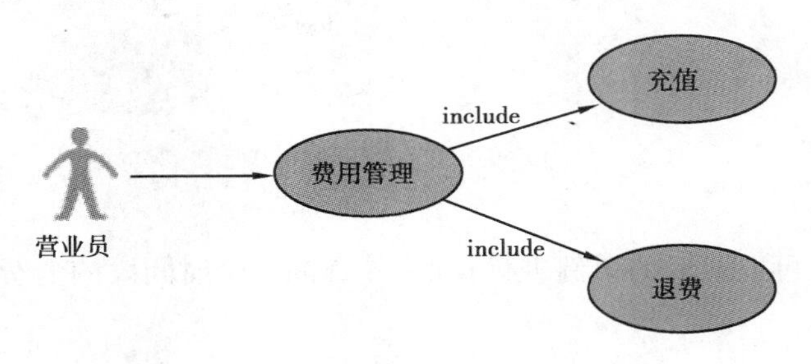

图6.6 费用管理用例图

简要说明

用户可对未注销的卡进行充值。若该卡不再消费时,可以将卡中的余额退还,并决定是否注销此卡,若选择确定,则将此卡进行销户。

3.3.1 充值

(1)介绍

用户可向用户卡中补充金额。

(2)输入

计费用户卡号、充值金额。

约束:充值金额不能小于等于0。

(3)处理

此卡如果没有被注销,则添加一条新的充值信息,同时更新卡信息里面的总余额。

(4)输出

若操作成功,则显示卡充值后的余额。

若操作失败,则提示用户失败的相关信息。

3.3.2 退费

(1)介绍

不再消费时,可以将卡中的余额退还给用户。

(2)输入

界面输入用户卡号、密码。

(3)处理

显示卡余额,用户确定退费后添加一条退费信息,同时更新卡信息里面的总余额,并提示用户是否注销此卡。

(4)输出

输出用户当前余额,若用户选择注销,则注销该卡。

若退费操作成功,则提示用户操作成功。

若退费操作失败,则提示失败的相关信息。

3.4 查询统计

查询统计用例图如图6.7所示。

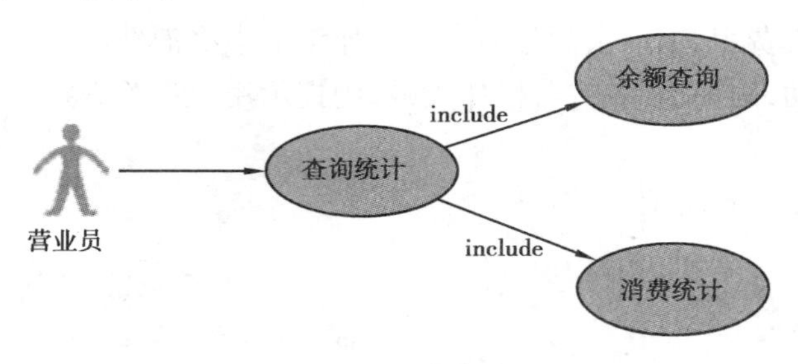

图6.7 查询统计用例图

简要说明

营业员登录系统后,可以对卡的余额进行查询,并查询一个时间段的消费总额。

3.4.1 余额查询

(1)介绍

根据卡号查询该卡的余额信息。并可根据当前卡的使用状态,若该卡正在上机使用,则显示卡余额,以及本次、上次已消费的费用;若未使用,则直接显示余额。

(2)输入

输入计费用户卡号。

(3)处理

查询出指定未注销卡的余额信息。

(4)输出

返回用户的卡余额信息。包括开始使用时间、使用结束时间、上次余额、本次消费、卡余额(上次余额-本次消费)。

3.4.2　消费统计

(1)介绍

根据一个日期范围来查询该段时间内卡的消费总额。

(2)输入

开始日期、结束日期。

约束:结束日期不能大于开始日期。

(3)处理

按天数统计每一天的消费额,并在列表下面显示一个总的消费额。

(4)输出

返回消费汇总列表(见表6.8),并可以进行excel导出。

3.5　数据信息

(1)卡信息

表6.8

字段名	字段类型(长度)	备注
Id	varchar(15)	卡号
Pwd	varchar(15)	密码
type	varchar(15)	卡种类(0-普通卡;1-特殊卡)
status	int	卡状态(0-未使用;1-正在使用;2-已注销)
startDate	datetime	开卡时间
endDate	datetime	截止时间
totalUse	float	累计金额
lastUse	datetime	最后使用时间
useCount	int	使用次数
money	float	当前余额
desc	varchar(200)	备注

Card.xml 文件组织形式:

```
<CardInfos>
  <card id="abc101">
    <pwd>123456</pwd>
    <type>0</type>
    <status>0</status>
    <startDate>2010-10-09 20:00:00</startDate>
    <endDate>2000-10-31 20:00:00</endDate>
    <totalUse>100.50</totalUse>
```

```
      <lastUse>2010-11-19 16:41:20</lastUse>
      <useCount>24</useCount>
      <money>24.50</money>
    <descr/>
    </card>
  </CardInfos>
```

(2)计费信息

表 6.9

字段名	字段类型(长度)	备注
id	int	计费信息的唯一 ID
cardid	varchar(15)	卡号
starttime	datetime	开始计费时间
endtime	datetime	结束计费时间
money	Float	消费金额
status	int	状态(0-未结账正在使用;1-已结账)
desc	varchar(200)	备注

Billing.xml 文件组织形式:

```
<Billings>
  <bill id="1">
    <cardid>abc101</cardid>
    <starttime>2010-11-13 08:00:00</starttime>
    <endtime>2010-11-13 09:00:00</endtime>
    <money>1</money>
    <status>1</status>
    <desc>222222222</desc>
  </bill>
</Billings>
```

(3)计费标准

表 6.10

字段名	字段类型(长度)	备注
id	int	计费标准的唯一标识
starttime	datetime	开始时间
endtime	datetime	结束时间
unit	float	最小计费单元(小时)
charge	float	每个单元的收费标准
Type	varchar(15)	收费类别(0-普通;1-包夜;2-包天)
desc	varchar(200)	备注

注:普通标准,是指将一天划分为几个不同的时间段,每个时间段收取不同的费用。
包夜标准,是指在一个晚上的费用收取标准。
包天标准,是指在上机满一天(24 h),按什么标准进行收费。
最小计费单元与收费标准,表示每一个最小计费单元收多少钱。

Rates. xml 文件组织形式:

```
<Rates>
  <rate id="1">
  <starttime>00:00:00</starttime>
  <endtime>08:00:00</endtime>
  <charge>0.5</charge>
  <unit>0.5</unit>
  <type>1</type>
  <desc>aaaaaa</desc>
  </rate>
</Rates>
```

(4)充值和退费信息

表 6.11

字段名	字段类型(长度)	备注
id	varchar(15)	卡号
datetime	datetime	操作时间
operation	int	操作类别(0-充值;1-退费)
money	float	费用
Desc	varchar(200)	备注

CardRecord. xml 文件组织形式:

```
<CardRecords>
  <card id="abc101">
    <datetime>2010-11-12 14:00:00</datetime>
    <operation>1</operation>
    <money>1.5</money>
    <desc>123</desc>
  </card>
</CardRecords>
```

4　**性能需求**(Performance Requirements)

4.1　时间性能需求

系统处理能力:支持最大并发数 200 个用户。

响应速度:10 s 内。

4.2　系统开放性需求

基于主流 Windows 平台建设的计费管理系统,使其具有良好的可扩充性和可移植性,系统可运行在主流的 Windows 操作系统平台上,便于以后系统的升级。遵循主流的标准和协议,不仅可以为系统与上级平台系统交换信息提供便利,而且也有利于系统内部各部分之间交换信息,这将有助于提高系统扩充性。

4.3　界面友好性需求

系统提供统一的操作界面和方式。要求操作界面美观大方、布局合理、功能完善，对于初级用户容易上手，并且提供适当的帮助信息。

4.4　系统可用性需求

系统应保证操作快捷、内容完整，以确保用户能正常使用。因此，应准确而详细地理解各用户群特征、任务和使用环境，在“有效性”（完成特定任务和达到特定目标时所具有的正确性和完整程度）、“效率”（完成任务的正确性和完整程度与所使用资源，如时间之间的比率），以及“满意度”（在使用产品过程中具有的主观满意和接受程度）等方面满足各类用户对系统的要求。

4.5　可管理性需求

系统涉及面较广，系统应提供对管理内容的分级分类管理和维护、审批服务事项维护、工作流定制与监控、用户信息维护、系统配置和管理、远程监测和故障诊断等功能。

5　**接口需求**（Interface Requirements）

5.1　User Interface 用户接口

实现用户操作图形化界面，用户的交互界面都通过 PC 显示屏交互，分辨率基本以 1 024×768 为主，600×800 的较少，软件界面能自适应屏幕大小。

屏幕格式尺寸：选择正常 4:3。

5.2　Software Interface 软件接口

系统使用的文件进行存储，可以扩展为数据库进行数据存储。

6　**总体设计约束**（Overall Design Constraints）

6.1　标准符合性（Standards compliance）

本应用程序的开发在源代码上遵循 SOCKET 编程规范及其开发标准，可以扩充以下所述规范中不存在的需求，但不能和规范相违背。反向竞拍网站应严格遵循如下规范：

《软酷 卓越实验室 COE 技术要求规范》《软酷 卓越实验室 COE 编程规范要求》。

6.2　硬件约束（Hardware Limitations）

CPU 和内存要求，最低配置，CPU 要求在 1 GHz、内存 128 MB。

最低配置的机器能顺畅地跑起来，操作一项功能，在速度、延迟许可的条件下，要求尽快作出响应，不能给用户有迟滞的感觉。

6.3　技术限制（Technology Limitations）

并行操作：保证数据的正确和完备性。

编程规范：C++、MFC。

7　**软件质量特性**（Software Quality Attributes）

7.1　可靠性（Reliability）

适应性：保证该系统在原有的基础功能上进行扩充，在原来的系统中增加新的业务功能，可方便地增加，而不影响原系统的架构。

容错性：在系统崩溃、内存不足的情况下，不造成该系统的功能失效，可正常关闭及重启。

可恢复性：出现故障等问题，在恢复正常后，系统能正常运行。

7.2　易用性（Usability）

具备良好的界面设计，清晰易用，功能要高度集中。阻止用户输入非法数据或进行非法操作，对于复杂的流程处理，应该提供向导功能并注释。可随时给用户提供使用帮助。

8　**需求分级**(Requirements Classification)

表6.12

需求 ID (Requirement ID)	需求名称 (Requirement Name)	需求分级 (Classification)
IVC001-1	开始计费	A
IVC001-2	计费结算	A
IVC001-3	充值、计费标准管理	A
IVC002-1	卡管理	B
IVC002-2	余额查询	B
IVC002-3	消费统计	B
IVC003-1	退费	C
IVC003-2	充值	C

重要性分类如下:

A. 必需的绝对基本的特性:如果不包含,产品就会被取消。

B. 重要的不是基本的特性:但这些特性会影响产品的生存能力。

C. 最好有期望的特性:但省略一个或多个这样的特性不会影响产品的生存能力。

6.4　软件设计说明书

关键词(Keywords):计费管理;计费标准;充值;退费

摘要(Abstract):本系统是计费管理系统的第一个版本,为 V1.0,包括计费管理、费用管理、查询统计、数据管理。计费管理可分为开始计费、计费结算;费用管理可分为充值、退费;查询统计分为余额查询、消费统计;数据管理分为卡管理、计费标准。该文档描述的是系统的概要设计和详细设计,包括功能的设计、数据库组织形式的设计以及界面的设计。

1　**简介**(Introduction)

1.1　目的(Purpose)

本文档对计费管理系统概要设计和详细设计进行说明,用于指导项目组下阶段的编码实现和单元测试工作。本文档供项目组成员、客户项目代表、测试组成员、QA 等阅读。

1.2　范围(Scope)

1.2.1　软件名称(Name)

计费管理系统(Accounting Management System)。

1.2.2　软件功能(Functions)

参考《软件需求规格说明书》。

1.2.3　软件应用(Applications)

计费管理系统,主要面向网吧、机房、电子阅览室等,由于其在计费管理上所体现的突出的优越性,可满足既想实现轻松管理,又想实现效益最大,效益可持续化的多重需要,成为了网吧、机房经营管理人员的理想选择,是打造品牌网吧和机房的前提。

计费管理系统定义计费策略，具有多种计费方式的计费平台，按时间计费，用卡进行消费；特殊计费，如按包天、包夜计费等。本系统可根据计费策略，进行各种形式的计费，并能灵活进行费用结算，以及余额查询、消费额统计。计费管理系统提供计费管理、费用管理、查询统计、数据管理功能。

2 **第0层设计描述**(Level 0 Design Description)

2.1 软件系统上下文定义(Software System Context Definition)

系统环境图如图6.8所示。

图6.8 系统环境图

本系统基于MFC对话框框架，通信采用CSocket通信。

2.2 设计思路(Design Considerations)

2.2.1 设计方案(Design Alternatives)

(1)采用技术

系统实现采用VC6.0开发环境，基于MFC对话框程序框架开发，数据存储采用XML文件进行保存，对XML文件的操作，采用MSXML4.0组件进行操作。

(2)MSXML4.0组件简介

MSXML的全称为Microsoft XML Core Services，其主要用来执行或开发经由XML所设计的最新应用程序。MSXML4.0是微软提供的XML的核心服务组件。实际上它是一个COM对象库，里面封装了所有进行XML解析需要的所有必要对象。下面是MSXML中所用的一些接口的层次模型图，如图6.9所示。

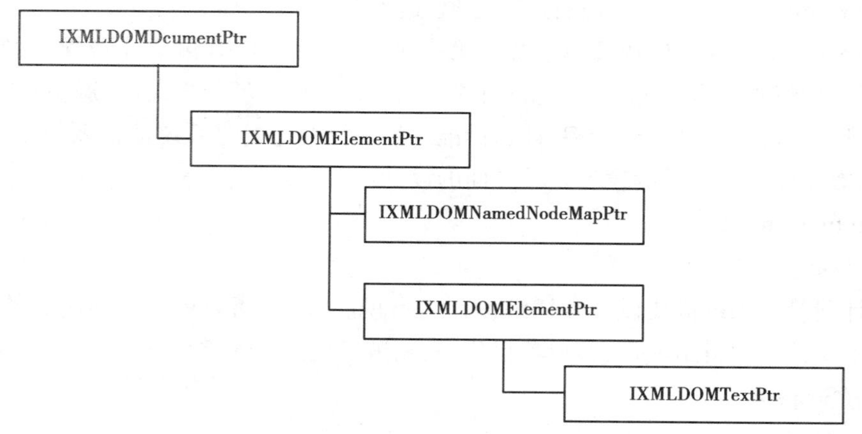

图6.9 MSXML4.0接口层次图

2.2.2 设计约束(Design Constraints)

(1)遵循标准(Standards compliance)

采用C++MFC通用标准。

(2)硬件限制(Hardware Limitations)

支持各种X86系列PC机。

(3)技术限制(Technology Limitations)

C++、MFC。

2.2.3　其他(Other Design Considerations)

无。

3　**第一层设计描述**(Level 1 Design Description)

3.1　系统结构(System Architecture)

3.1.1　系统结构描述(Description of the Architecture)

系统总体结构如图6.10所示。

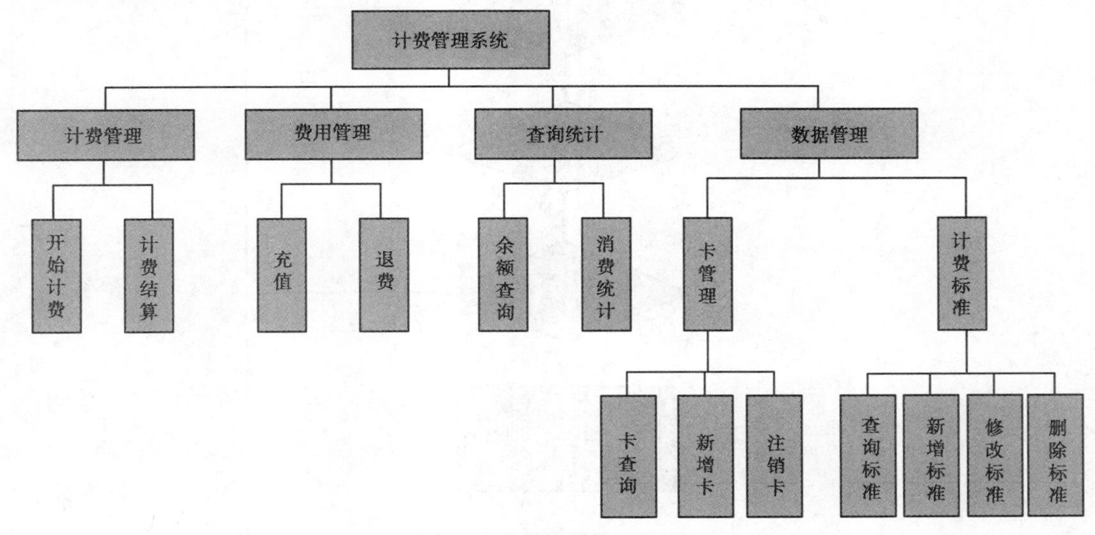

图6.10　系统总体结构图

3.1.2　业务流程说明(Representation of the Business Flow)

(1)开始计费流程

开始计费流程如图6.11所示。

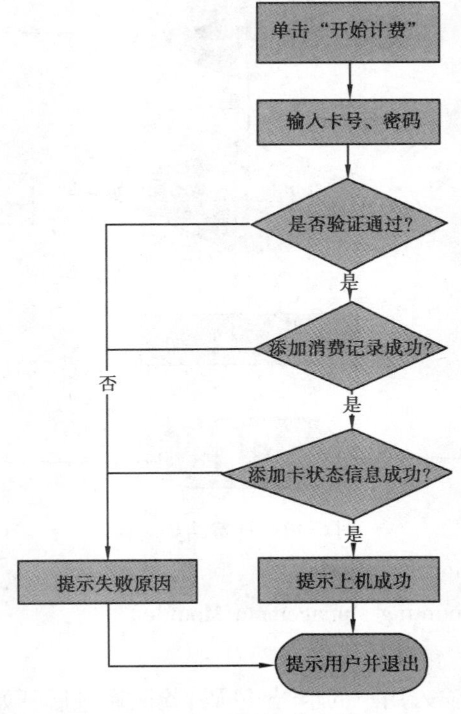

图6.11　开始计费流程

(2)计费结算流程

计费结算流程如图6.12所示。

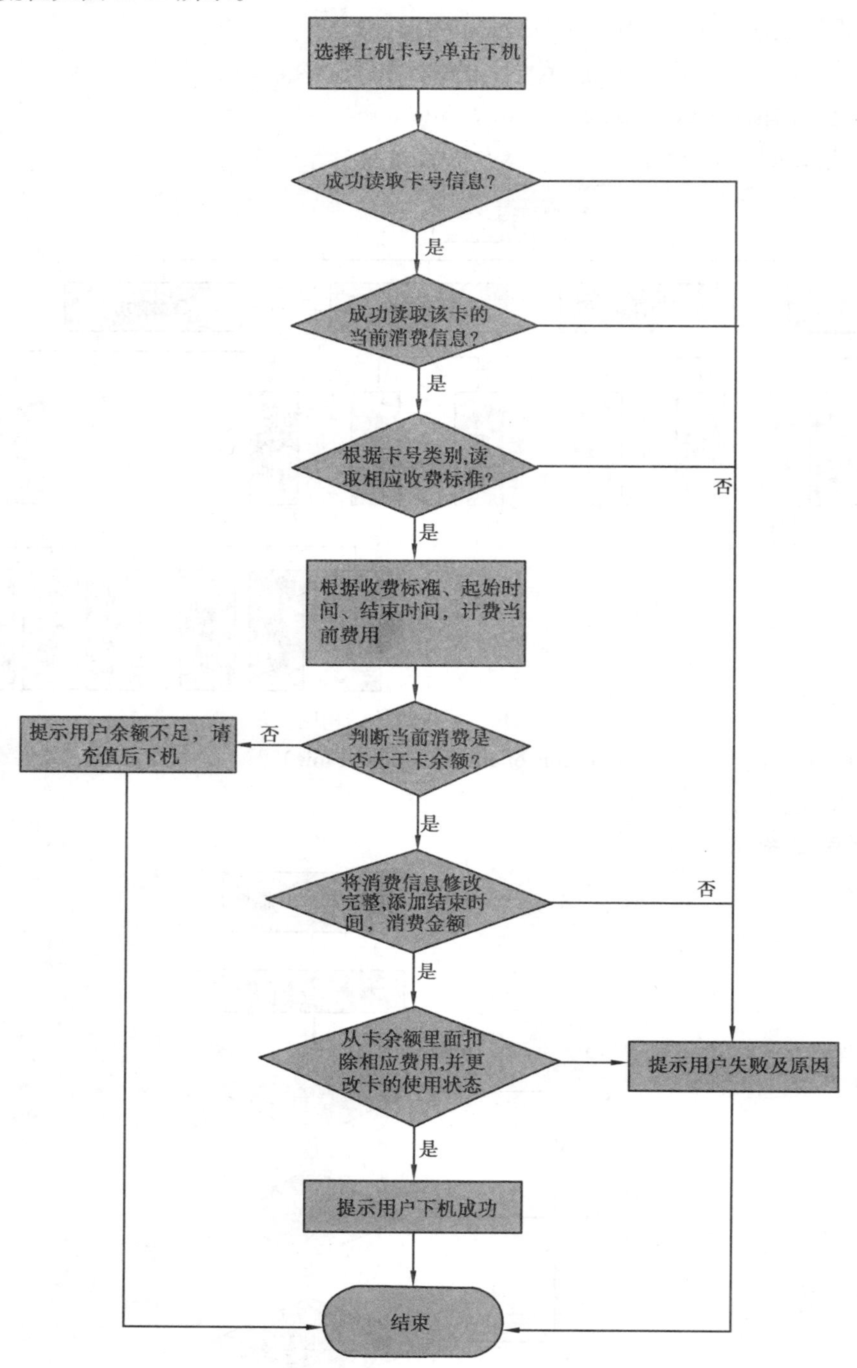

图6.12 计费结算流程

3.2 分解描述(Decomposition Description)

3.2.1 计费管理模块(Accounting Management Module)

(1)简介(Overview)

用户来机房上机时,营业员输入用户的卡号、密码,验证通过后开始计费。当用户下机时,根据上机信息,根据卡的性质选择不同的费率标准,计算出当前的上机费用并扣除,如无误后即可计费结算。

(2)Functions 功能列表

表 6.13

模块名称	功能	功能描述
计费管理	开始计费	营业员根据用户卡号、密码进行验证,验证无误后进行上机,并对上机时间和上机状态进行更改。在上机时,还可根据用户上机时的需求进行充值
	计费结算	营业员对正在上机的卡进行下机验证,验证通过后,则根据上机卡的类别,寻找相应的计费标准,进行计费结算,然后扣除相应费用,并保存消费记录

3.2.2　费用管理模块(Finance Management Module)

(1)简介(Overview)

费用管理模块是对未注销的卡进行余额增加和余额清零操作,也就是充值和退费操作,并记录操作的详细信息。

(2)功能列表(Functions)

根据用户所交金额,对未注销的卡的余额进行增加,增加成功并添加一条充值记录。

表 6.14

模块名称	功能	功能描述
费用管理	充值	对未注销的卡的余额进行添加,并记录充值记录
	退费	对未注销的卡的余额进行退费,根据用户选择注销该卡,并记录退费记录

3.2.3　查询统计模块(Query Statistics Module)

(1)简介(Overview)

根据输入卡号的余额及相应数据进行显示。并根据用户选择的时间段,对该时间段内的消费额进行统计。

(2)功能列表(Functions)

表 6.15

模块名称	功能	功能描述
查询统计	余额查询	根据输入的正确卡号,对该卡的余额,以及当前正在消费的情况进行显示
	消费统计	根据选择的时间段,对该时间段的总消费额进行一个统计

3.2.4　系统管理模块(System Management Module)

(1)简介(Overview)

对卡进行新增和销户,以及对收费标准进行设置和修改。

(2)功能列表(Functions)

表6.16

模块名称	功能	功能描述
数据维护	卡管理	该功能模块可对所有卡的数据信息进行管理。其中包括查询卡数据,新增一张卡以及删除选择的卡数据。
	费率标准	该功能模块可对所有的费率标准进行管理,其中包括:新增、修改、删除、查询等操作。

3.3 接口描述(Interface Description)

3.3.1 系统层次介绍

程序分为3个层次:界面逻辑与业务层、数据操作层以及MSXML组件。界面逻辑与业务层即是程序的窗口界面,窗口界面对输入数据进行验证,然后调用数据操作层提供的方法来达到数据操作的目的。而数据操作层则是调用MSXML组件对数据进行操作,如图6.13所示。

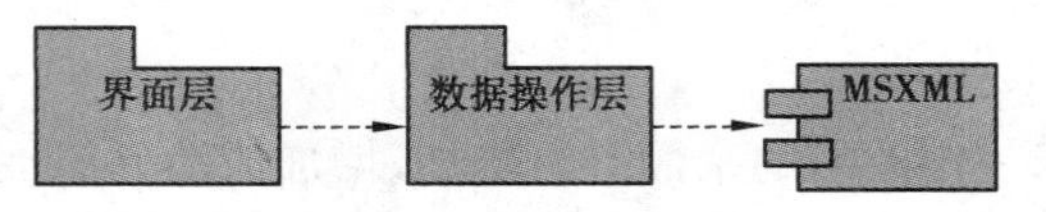

图6.13 程序组织结构

3.3.2 MSXML 4.0 接口介绍

MSXML.DLL所包括的主要COM接口如下所述。

(1)IXMLDOMDocument

DOMDocument对象是XML DOM的基础,可以利用它所暴露的属性和方法来浏览、查询以及修改XML文档的内容和结构。DOMDocument表示了树的顶层节点,它实现了DOM文档所有的基本方法,并且提供了额外的成员函数来支持XSL和XSLT。它创建了一个文档对象,所有其他的对象都可以从这个文档对象中得到和创建。

(2)IXMLDOMNode

IXMLDOMNode是文档对象模型(DOM)中的基本对象,元素、属性、注释、过程指令和其他的文档组件都可以认为是IXMLDOMNode。事实上,DOMDocument对象本身也是一个IXMLDOMNode对象。

(3)IXMLDOMNodeList

IXMLDOMNodeList实际上是一个节点(Node)对象的集合,节点的增加、删除和变化都可以在集合中立刻反映出来,可以通过"for.循环"结构来遍历所有的节点。

(4)IXMLDOMParseError

IXMLDOMParseError接口用来返回在解析过程中所出现的详细信息,包括错误号、行号、字符位置和文本描述。

在具体应用时可以用DOMDocument的Load方法来装载XML文档,用IXMLDOMNode的selectNodes(查询的结果有多个,得到存放搜索结果的链表)或selectSingleNode(查询的结果有一个,在有多个的情况下返回找到的第一个节点)方法进行查询,用createNode和appendChild方法来创建节点和追加节点,用IXMLDOMElement的setAttribute和getAttribute方法来设置和获得节点的属性。

4　**第二层设计描述**(Level 2 Design Description)

4.1　计费管理模块(Accounting Management)

4.1.1　模块设计描述(Design Description)

计费管理模块提供开始计费、计费结算两个功能模块,能够让用户通过卡进行上机和下机操作。在这个模块里,主要的类图关系如图6.14所示。

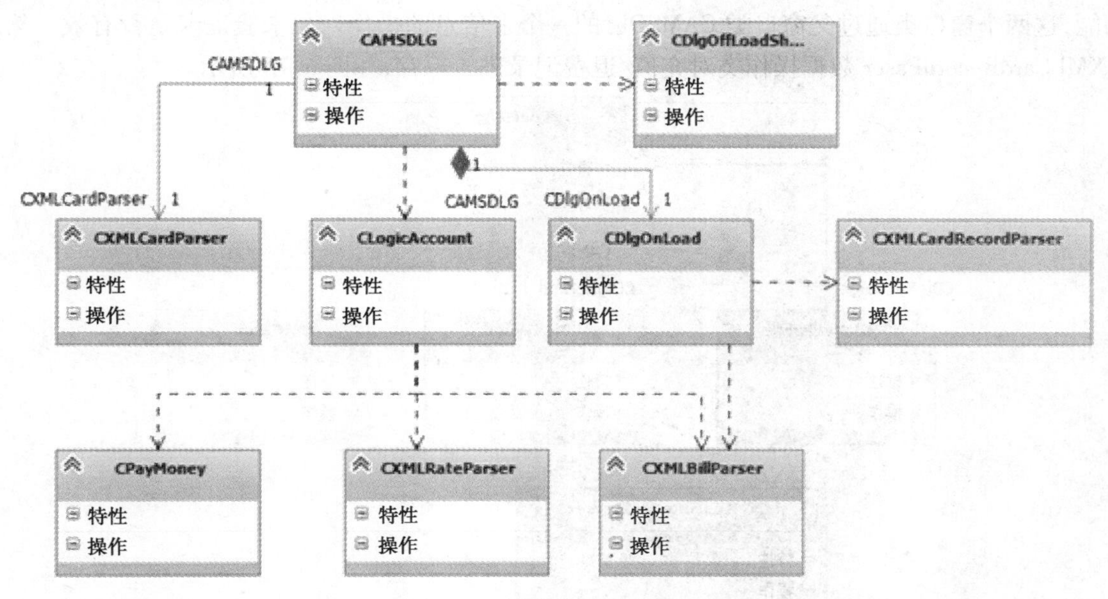

图6.14　计费管理模块类图

(1)CAMSDlg

CAMSDlg为程序的主对话框,其中包括界面显示和数据显示。界面显示是指程序的菜单、工具栏的显示,并响应各菜单、工具栏的点击事件,并调用相应的子对话框或实现相应的功能。数据显示是指可将正在上机的卡信息显示在界面上。

(2)CDlgOnLoad

CDlgOnLoad为开始计费的界面窗口类。该窗口类主要实现界面响应,并完成开始计费的功能。

(3)CDlgOffLoadShow

CDlgOffLoadShow为计费结算时,用于显示结算卡本次的消费情况。

(4)CLogicAccount

CLogicAccount是被界面类进行调用,与业务逻辑相关,需要进行逻辑处理,才能获取相应数据函数的封装类。

(5)CPayMoney

CPayMoney是用于计算消费金额的实际算法类,处于最底层的计算类。

(6)CXMLCardParser

CXMLCardParser是卡信息的数据操作类。提供对卡信息进行增删、改查等功能。

(7)CXMLCardRecordParser

CXMLCardRecordParser是卡信息的数据操作类。提供对卡信息进行增删、改查等功能。

(8)CXMLRateParser

CXMLRateParser是卡信息的数据操作类。提供对卡信息进行增删、改查等功能。

(9)CXMLBillParser

CXMLBillParser是卡信息的数据操作类。提供对卡信息进行增删、改查等功能。

4.1.2　功能实现说明(Function Illustration)

主要实现对卡进行开始计费和计费结算的功能。

4.2　费用管理模块(Finance Management Module)

4.2.1　模块设计描述(Design Description)

费用管理提供充值、退费两个功能模块,分别用两个窗口 CDlgRecharge、CDlgRefund 去提供这两个功能,这两个窗口类通过父窗口类 CAMSDlg 的一个卡信息的操作对象来验证卡是否有效。然后通过 CXMLCardRecordPaser 数据操作类对充值/退费记录进行保存,如图 6.15 所示。

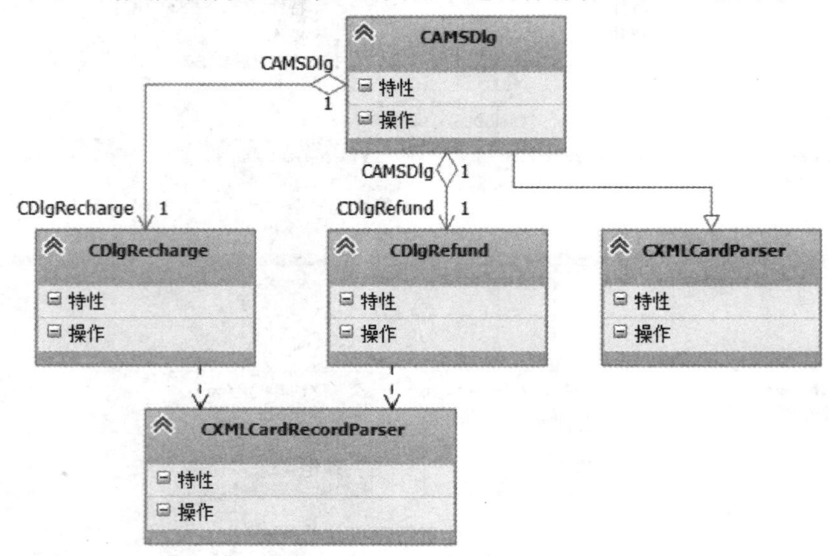

图 6.15　费用管理模块类图

①CDlgRecharge 为充值窗口的实现类,主要提供界面输入验证,调用父窗口 CAMSDlg 的 m_xmlCard操作对象来验证并修改卡数据,以及调用 CXMLCardRecordPaser 来进行保存退费记录。

②CDlgRefund 为退费窗口的实现类,主要提供界面输入验证,调用父窗口 CAMSDlg 的 m_xmlCard 操作对象来验证并修改卡数据,以及调用 CXMLCardRecordPaser 来进行保存退费记录。

4.2.2　功能实现说明(Function Illustration)

主要实现卡消费金额的增加与清零,在增加消费金额的同时,要对充值/退费记录进行保存。这里只是对 XML 数据进行修改与保存,顺序图省略。

4.3　查询统计模块(Query Statistics Module)

4.3.1　模块设计描述(Design Description)

查询统计模块提供查询余额、查询统计两个功能模块,分别用两个窗口 CDlgQueryBalance、CDlgStatisticByInterval 去提供这两个功能,CDlgQueryBalance 类通过父窗口类 CAMSDlg 的一个卡信息的操作对象 m_xmlCard 来验证卡是否有效,并获取卡的余额信息,并通过 CXMLParser 操作类来获取卡的上机信息,并计算卡余额在 CDlgOffLoadHint 窗体类上面进行显示。CDlgStatisticByInterval 类统计使用 CXMLBillParser 操作类来获取消费总额,如图 6.16 所示。

①CDlgQueryBalance 为余额查询的窗体实现类,主要提供界面输入验证,调用父窗口 CAMSDlg 的 m_xmlCard 操作对象来验证查询卡号是否有效,有效则获取卡数据,再调用 CXMLBillParser 操作类来获取上机信息,并计算出余额,在 CDlgOffLoadHint 窗体上面进行显示。

②CDlgStatisticByInterval 为查询统计的窗体实现类,主要提供界面时间输入验证,调用 CXMLBillParser 操作类来获取消费记录的总额信息。

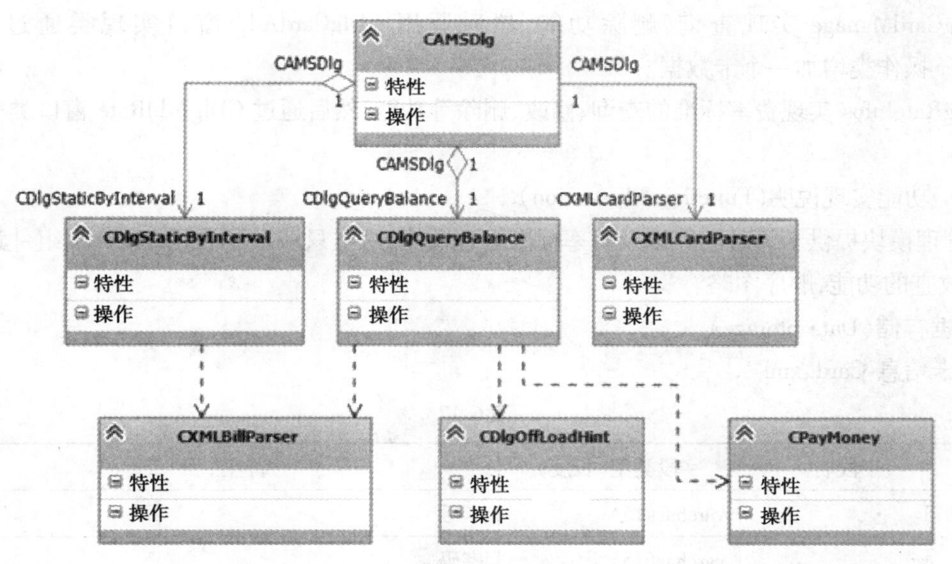

图6.16　查询统计模块类图

4.3.2　功能实现说明(Function Illustration)

查询统计模块主要实现余额查询和按天进行统计消费总额的功能,这里主要涉及了XML的数据查询,顺序图省略。

4.4　系统管理模块(System Management Module)

4.4.1　模块设计描述(Design Description)

数据管理模块提供卡管理和计费标准管理两个功能模块,分别是CDlgCardManage、CDlgRateInfos两个窗口实现类来实现相关功能。CDlgCardManage实现查询、删除功能,然后调用CDlgCardAdd窗口实现类通过CXMLCardRecordParser操作类增加一个卡数据。CDlgRateInfos实现费率标准的查询、修改、删除等功能,然后通过CDlgAddRate窗口类来增加一个费率标准,如图6.17所示。

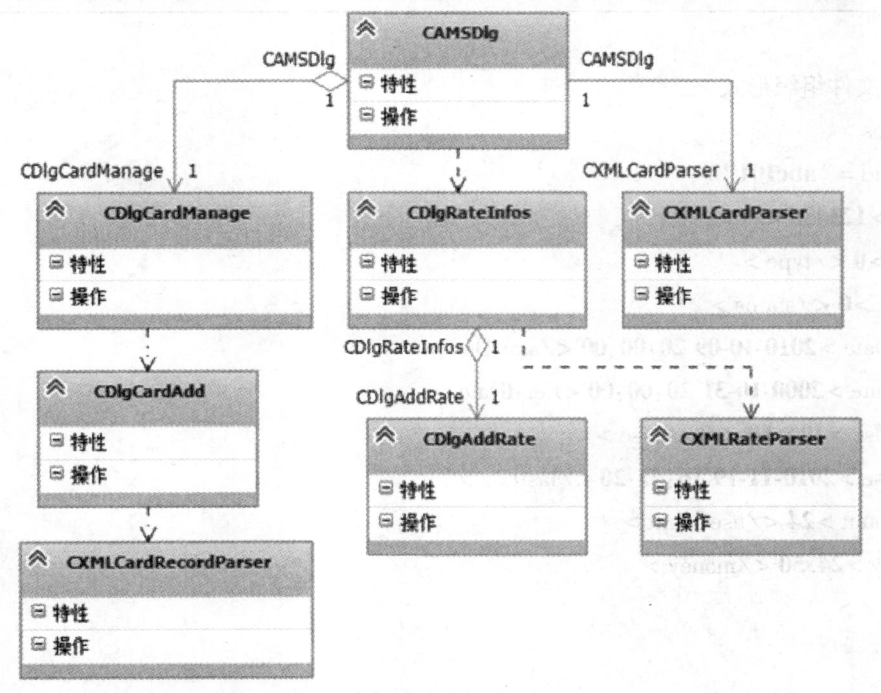

图6.17　系统管理模块类图

①CDlgCardManage 实现查询、删除功能，然后调用 CDlgCardAdd 窗口实现类通过 CXMLCardRecordParser 操作类增加一个卡数据。

②CDlgRateInfos 实现费率标准的查询、修改、删除等功能，然后通过 CDlgAddRate 窗口类来增加一个费率标准。

4.4.2 功能实现说明(Function Illustration)

系统管理模块提供卡管理功能以及费率标准管理功能，这里只涉及了利用 MSXML 组件进行简单的 XML 增删改查的功能，顺序图略。

5 **数据存储**(Data Storage)

5.1 卡信息-Card.xml

表 6.17

字段名	字段类型(长度)	备注
id	varchar(15)	卡号
pwd	varchar(15)	密码
type	varchar(15)	卡种类(0-普通卡;1-特殊卡)
status	int	卡状态(0-未使用;1-正在使用;2-已注销)
startDate	datetime	开卡时间
endDate	datetime	截止时间
totalUse	float	累计金额
lastUse	datetime	最后使用时间
useCount	int	使用次数
money	float	开户金额
desc	varchar(200)	备注

Card.xml 文件组织形式：

```
<CardInfos>
  <card id="abc101">
  <pwd>123456</pwd>
  <type>0</type>
  <status>0</status>
  <startDate>2010-10-09 20:00:00</startDate>
  <endDate>2000-10-31 20:00:00</endDate>
  <totalUse>100.50</totalUse>
  <lastUse>2010-11-19 16:41:20</lastUse>
  <useCount>24</useCount>
  <money>24.50</money>
  <descr/>
</card>
</CardInfos>
```

5.2　消费记录-Billing. xml

表 6.18

字段名	字段类型(长度)	备注
id	int	计费信息的唯一 ID
cardid	varchar(15)	卡号
starttime	datetime	开始计费时间
endtime	datetime	结束计费时间
money	Float	消费金额
status	int	卡状态(0-未结账正在使用;1-已结账)
desc	varchar(200)	备注

Billing. xml 文件组织形式:

```
<Billings>
    <bill id="1">
    <cardid>abc101</cardid>
    <starttime>2010-11-13 08:00:00</starttime>
    <endtime>2010-11-13 09:00:00</endtime>
    <money>1</money>
    <status>1</status>
    <desc>222222222</desc>
    </bill>
</Billings>
```

5.3　费率标准-Rates. xml

表 6.19

字段名	字段类型(长度)	备注
id	int	计费标准的唯一标识
starttime	datetime	开始时间
endtime	datetime	结束时间
charge	float	时间段内费用标准
unit	float	最小计费时段(如小时等)
Type	varchar(15)	收费类别(0-普通;1-包夜;2-包天)
desc	varchar(200)	备注

Rates. xml 文件组织形式:

```
<Rates>
    <rate id="1">
    <starttime>00:00:00</starttime>
    <endtime>08:00:00</endtime>
```

```
    <charge>0.5</charge>
    <unit>0.5</unit>
    <type>1</type>
    <desc>aaaaaa</desc>
    </rate>
</Rates>
```

5.4 充值/退费记录-CardRecord.xml

表 6.20

字段名	字段类型(长度)	备注
id	varchar(15)	卡号
datetime	datetime	操作时间
operation	int	操作类别(0-充值;1-退费)
money	float	费用
Desc	varchar(200)	备注

CardRecord.xml 文件组织形式:

```
<CardRecords>
    <card id = "abc101">
        <datetime>2010-11-12 14:00:00</datetime>
        <operation>1</operation>
        <money>1.5</money>
        <desc>123</desc>
    </card>
</CardRecords>
```

6 **模块详细设计**(Detailed Design of Module)

6.1 CAMSDlg 的设计

(1)简介(Overview)

CAMSDlg 为程序的主对话框,其中包括界面显示和数据显示。界面显示是指程序的菜单、工具栏的显示,并响应各菜单、工具栏的点击事件,并调用相应的子对话框或实现相应的功能。数据显示是指,可将正在上机的卡信息显示在界面上。

(2)Class Diagram 类图

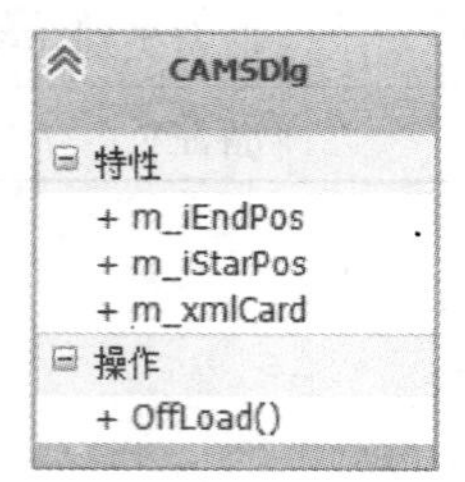

图 6.18 主对话框类图

(3)Attributes 属性

表6.21

可见性(Visibility)	属性名称(Name)	类型(Type)	说明(对属性的简短描述)(Brief descriptions)
public	m_xmlCard	CXMLCardParsee	用于对 Card 的数据操作类对象,用于自身界面及子对话框读取数据
private	m_iStartPos	int	用于翻页的起始位置
private	m_iEndPos	int	用于翻页的结束位置

(4)Methods 方法

OffLoad 方法。方法描述(Method Descriptions)见表6.22。

表6.22

函数原型(Prototype)	private void OffLoad( )
功能描述(Description)	下机结算的功能实现代码
调用函数(Calls)	GetListSelectIndex( ) float CLogicAccount::GetUseMoney(CTime, CTime, int) RefreshListCtrlData( )
被调用函数(Called By)	OnMenuOffload( )
输入参数(Input)	无
输出参数(Output)	无
返回值(Return)	无
抛出异常(Exception)	无

6.2　CDlgOnLoad 的设计

(1)简介(Overview)

CDlgOnLoad 为开始计费的界面窗口类。该窗口类主要实现界面响应,并完成开始计费的功能。

(2)Class Diagram 类图

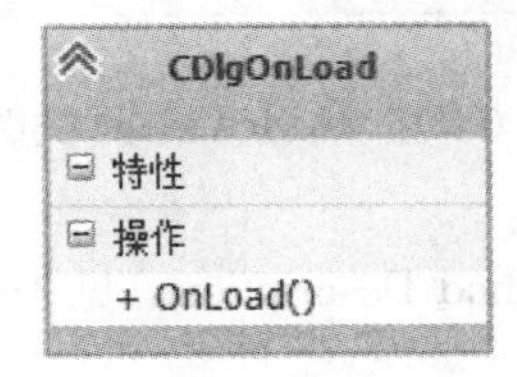

图6.19　开始计费对话框类图

(3)Methods 方法

OnLoad 方法。方法描述(Method Descriptions)见表 6.23。

表 6.23

函数原型(Prototype)	public void OnLoad()
功能描述(Description)	开始计费的功能实现函数
调用函数(Calls)	int CLogicAccount::IsSpecialInterval(CTime, int)
被调用函数(Called By)	public void OnBtnSubmit()
输入参数(Input)	无
输出参数(Output)	无
返回值(Return)	无
抛出异常(Exception)	无

6.3 CLogicAccount 的设计

(1)简介(Overview)

CLogicAccount 是被界面类进行调用,与业务逻辑相关,需要进行逻辑处理,才能获取相应数据函数的封装类。

(2)Class Diagram 类图

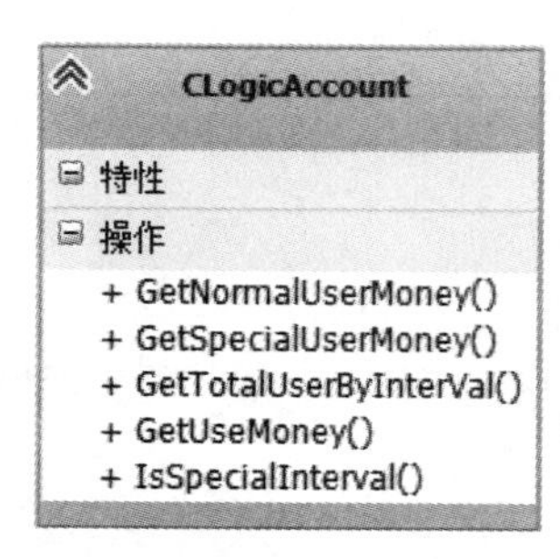

图 6.20 CLogicAccount 类图

(3)Methods 方法

①GetUseMoney 方法。方法描述(Method Descriptions)见表 6.24。

表 6.24

函数原型(Prototype)	float GetUseMoney(CTime, CTime, int)
功能描述(Description)	根据开始时间、结束时间、卡的性质来获取当前的消费金额
调用函数(Calls)	float GetNormalUseMoney(CTime, CTime) float GetSpecialUseMoney(CTimet, CTime, int)
被调用函数(Called By)	CAMSDlg::OffLoad()
输入参数(Input)	CTime tStart-开始计费的起始时间 CTime tEnd-计费结算的结束时间 int iCardType-卡的性质种类
输出参数(Output)	无
返回值(Return)	float fMoney-消费金额
抛出异常(Exception)	-1

②GetNormalUseMoney 方法。方法描述(Method Descriptions)见表 6.25。

表 6.25

函数原型(Prototype)	float GetNormalUseMoney(CTime,CTime)
功能描述(Description)	用于计费普通性质卡的消费金额的函数
调用函数(Calls)	float CPayMoney::GetPayMoney(CTime,CTime,TimeRate*, int)
被调用函数(Called By)	float GetUseMoney(CTime, CTime, int)
输入参数(Input)	CTime tStart-开始计费的起始时间 CTime tEnd-计费结算的结束时间
输出参数(Output)	无
返回值(Return)	float fMoney-消费金额
抛出异常(Exception)	-1

③GetSpecialUseMoney 方法。方法描述(Method Descriptions)见表 6.26。

表 6.26

函数原型(Prototype)	float GetSpecialUseMoney(CTime, CTime , int)
功能描述(Description)	用于计算特殊性质卡的消费金额的函数
调用函数(Calls)	float CPayMoney::GetPayMoney(CTime,CTime,TimeRate,TimeRate*,int)
被调用函数(Called By)	float GetUseMoney(CTime, CTime, int)
输入参数(Input)	CTime tStart-开始计费的起始时间 CTime tEnd-计费结算的结束时间
输出参数(Output)	无
返回值(Return)	float fMoney-消费金额
抛出异常(Exception)	-1

④IsSpecialInterval 方法。方法描述(Method Descriptions)见表 6.27。

表 6.27

函数原型(Prototype)	int IsSpecialInterval(CTime,int)
功能描述(Description)	用于判断输入时间是否在某一个特殊性质的时间范围内
调用函数(Calls)	无
被调用函数(Called By)	void CAMSDlg::OnLoad()
输入参数(Input)	CTime time-被判断的时间 int iType-特殊标准的类别
输出参数(Output)	无
返回值(Return)	1-在范围内;0-不在范围内
抛出异常(Exception)	-1-发生异常

⑤GetTotalUseByInterval 方法。方法描述(Method Descriptions)见表 6.28。

表6.28

函数原型 (Prototype)	float GetTotalUseByInterval(CTime,CTime)
功能描述 (Description)	获取在起始时间-结束时间范围内的消费总额
调用函数 (Calls)	无
被调用函数 (Called By)	无
输入参数 (Input)	CTime tStart-开始计费的起始时间 CTime tEnd-计费结算的结束时间
输出参数 (Output)	无
返回值 (Return)	大于等于0,为消费总额
抛出异常 (Exception)	小于0-发生异常

6.4 CPayMoney 的设计

(1)简介(Overview)

CPayMoney 是用于计算消费金额的实际算法类,处于最底层的计算类。

(2)类图(Class Diagram)

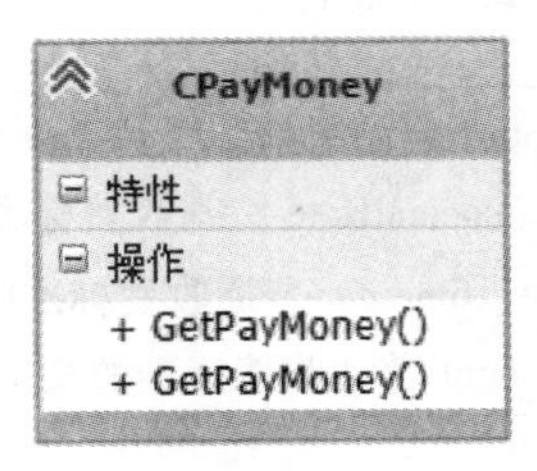

图6.21 计费费用类的类图

(3)方法(Methods)

①GetPayMoney 方法。方法描述(Method Descriptions)见表6.29。

表6.29

函数原型 (Prototype)	float GetPayMoney(CTime,CTime,TimeRate*, int)
功能描述 (Description)	计费普通标准的消费金额的使用类
调用函数 (Calls)	float GetPayMoney(CTime,CTime,int)
被调用函数 (Called By)	float CLogicAccount::GetNormalUseMoney(CTime,CTime)

续表

输入参数 (Input)	CTime tStart-开始时间 CTime tEnd-计算时间 TimeRate* timerate-普通收费标准的对象指针 nt iRateCount-普通收费标准的长度
输出参数 (Output)	无
返回值 (Return)	小于0-失败,大于等于0为消费金额
抛出异常 (Exception)	无

②GetPayMoney 方法(重载)。方法描述(Method Descriptions)见表6.30。

表6.30

函数原型 (Prototype)	static float GetPayMoney(CTime,CTime,TimeRate,TimeRate*, int)
功能描述 (Description)	计费特殊收费标准的消费金额的使用类
调用函数 (Calls)	float CPayMoney::GetPayMoney(CTime, CTime,TimeRate*, int)
被调用函数 (Called By)	float CLogicAccount:::GetSpecialUseMoney(CTime,CTime, int)
输入参数 (Input)	CTime tStart-开始时间 CTime tEnd-计算时间 TimeRate specialRate-特殊收费标准 TimeRate* timerate-普通收费标准的对象指针 nt iRateCount-普通收费标准的长度
输出参数 (Output)	无
返回值 (Return)	小于0-失败,大于等于0为消费金额
抛出异常 (Exception)	无

6.5 CXMLParser 的设计

(1)简介(Overview)

CXMLParser 为 XML 操作类的基类,提供公用的方法与属性,用于解析和操作 XML 文件。

(2)类图(Class Diagram)

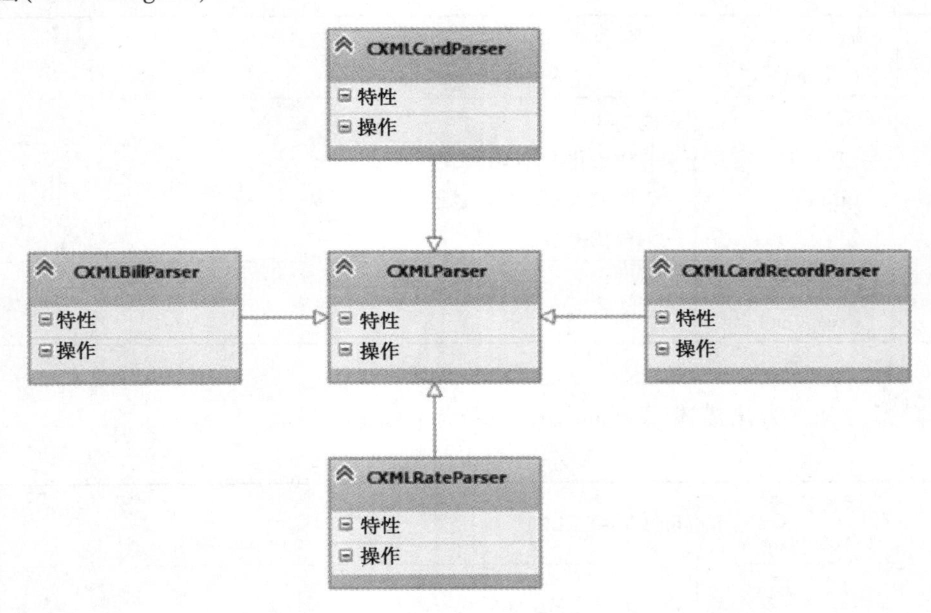

图 6.22　CXMLParser 及相关子类的类图

(3)属性(Attributes)

表 6.31

可见性 (Visibility)	属性名称 (Name)	类型 (Type)	说明 (对属性的简短描述) (Brief descriptions)
prviate	m_pDoc	MSXML2::IXMLDOMDocumentPtr	用于操作 XML 文件的指针对象
prviate	m_pRootNode	MSXML2::IXMLDOMNodePtr	用于保存 XML 根结点的指针对象
prviate	m_strFile	CString	用于保存当前 XML 的文件路径

(4)方法(Methods)

①Init 方法。方法描述(Method Descriptions)见表 6.32。

表 6.32

函数原型 (Prototype)	int Init(CString ，CString)
功能描述 (Description)	用于初始化 XML 解析的资源对象
调用函数 (Calls)	无
被调用函数 (Called By)	无
输入参数 (Input)	strFile-文件名称及路径; strTopNode-XML 根结点的名称

续表

输出参数 (Output)	无
返回值 (Return)	0-成功 -1-初始化 MSXML 失败 -2-读取 XML 文件失败 -3-查找根节点失败
抛出异常 (Exception)	无

②CloseXML 方法。方法描述(Method Descriptions)见表 6.33。

表 6.33

函数原型 (Prototype)	int CloseXML( )
功能描述 (Description)	用于释放 XML 解析的资源对象
调用函数 (Calls)	无
被调用函数 (Called By)	CXMLCardParser::~CXMLCardParser( )
输入参数 (Input)	无
输出参数 (Output)	无
返回值 (Return)	1-成功 0-失败
抛出异常 (Exception)	无

③GetNodeLen 方法。方法描述(Method Descriptions)见表 34。

表 6.34

函数原型 (Prototype)	int GetNodeLen(CString)
功能描述 (Description)	用于初始化 XML 解析的资源对象
调用函数 (Calls)	无
被调用函数 (Called By)	int CXMLCardParser::IsCardExist(CString)

续表

输入参数 (Input)	strCondition-XPath 查询语句
输出参数 (Output)	无
返回值 (Return)	大于等于 0-为获取的结点长度 -1- MSXML 操作失败
抛出异常 (Exception)	无

④DeleteNode 方法。方法描述(Method Descriptions)见表 6.35。

表 6.35

函数原型 (Prototype)	int DeleteNode(CString)
功能描述 (Description)	根据输入条件,查询相应的结点并删除
调用函数 (Calls)	无
被调用函数 (Called By)	int CXMLCardParser::DeleteCardById(CString)
输入参数 (Input)	strCondition-XPath 查询语句
输出参数 (Output)	无
返回值 (Return)	1-成功 0-操作 XML 失败
抛出异常 (Exception)	无

⑤SaveXML 方法。方法描述(Method Descriptions)见表 6.36。

表 6.36

函数原型 (Prototype)	int SaveXML(const char * szPath = NULL)
功能描述 (Description)	将 XML 文件进行保存
调用函数 (Calls)	无
被调用函数 (Called By)	int CXMLBillParser::AddBilling(CBillingEntity)
输入参数 (Input)	szPath-文件保存路径,默认为空,保存为初始时化传递的路径

续表

输出参数 (Output)	无
返回值 (Return)	1-成功 0-操作 XML 失败
抛出异常 (Exception)	无

⑥GetNodeAttr 方法。方法描述(Method Descriptions)见表 6.37。

表 6.37

函数原型 (Prototype)	int GetNodeAttr (MSXML2::IXMLDOMNodePtr&, CString, CString &)
功能描述 (Description)	根据结点指针 pNode 来获取结点属性名称为 strAttrName 的值
调用函数 (Calls)	无
被调用函数 (Called By)	int CXMLBillParser::GetNewBillID() ……
输入参数 (Input)	pNode-结点指针 (in) strAttrName-属性名称 (in) strValue-属性的值 (out)
输出参数 (Output)	无
返回值 (Return)	0-读取失败 1-读取成功
抛出异常 (Exception)	无

6.6 CXMLCardParser 的设计

(1)简介(Overview)

CXMLCardParser 为卡信息的数据操作类,提供对卡数据增、删、改、查等功能。

(2)类图(Class Diagram)

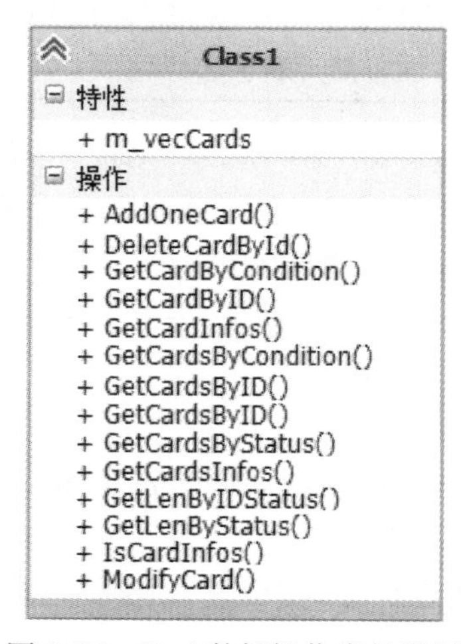

图 6.23 Card 数据操作类的类图

(3)属性(Attributes)

表 6.38

可见性 (Visibility)	属性名称 (Name)	类型 (Type)	说明 (对属性的简短描述) (Brief descriptions)
public	m_vecCards	vector < CCardEntity >	用于保存出来的数据集

(4)方法(Methods)

①AddOneCard 方法。方法描述(Method Descriptions)见表 6.39。

表 6.39

函数原型 (Prototype)	int AddOneCard(CCardEntity)
功能描述 (Description)	用于增加一个卡数据
调用函数 (Calls)	CXMLParser::SaveXML()
被调用函数 (Called By)	void CDlgCardAdd::OnBtnSumbit()
输入参数 (Input)	card-卡数据的实体对象,保存的新增的卡数据
输出参数 (Output)	无
返回值 (Return)	1-新增成功 0-新增发生异常失败
抛出异常 (Exception)	无

②GetLenByIDStatus 方法。方法描述(Method Descriptions)见表 6.40。

表 6.40

函数原型 (Prototype)	int GetLenByIDStatus(CString, int iStatus = -1)
功能描述 (Description)	通过卡号关键字、卡的状态来查询相应的卡数目
调用函数 (Calls)	无
被调用函数 (Called By)	CDlgCardManage::OnCmBtnNext()
输入参数 (Input)	strPartID-卡数据的实体对象 iStatus-卡的状态,默认为 -1 表示查询所有
输出参数 (Output)	无
返回值 (Return)	> =0-为卡的数目 -1-表示查询失败
抛出异常 (Exception)	无

③GetCardsByID 方法。方法描述(Method Descriptions)见表 6.41。

表 6.41

函数原型(Prototype)	int GetCardsByID(int, int,CString, int iStatus = -1)
功能描述(Description)	根据卡的 ID,起始位置,结束位置,卡的状态来进行获取模糊查询
调用函数(Calls)	int GetCardInfos(int,int,int) int GetCardsByCondition(int,int,CString)
被调用函数(Called By)	无
输入参数(Input)	iStartPos-起始位置 iEndPos-结束位置 strPartCardID-部分卡号 iStatus-卡的使用状态
输出参数(Output)	无
返回值(Return)	>=0-成功 -1-查询失败
抛出异常(Exception)	无

④GetLenByStatus 方法。方法描述(Method Descriptions)见表 6.42。

表 6.42

函数原型(Prototype)	int GetLenByStatus(int)
功能描述(Description)	根据卡的状态来获取卡数
调用函数(Calls)	无
被调用函数(Called By)	void CAMSDlg::OnBtnNext()
输入参数(Input)	iStatus-卡状态
输出参数(Output)	无
返回值(Return)	>=0-成功 -1-查询失败
抛出异常(Exception)	无

⑤GetCardsByStatus 方法。方法描述(Method Descriptions)见表 6.43。

表 6.43

函数原型 (Prototype)	int GetCardsByStatus(int)
功能描述 (Description)	根据卡的状态来获取卡的信息
调用函数 (Calls)	无
被调用函数 (Called By)	无
输入参数 (Input)	iStatus-卡状态
输出参数 (Output)	无
返回值 (Return)	1-成功有数据 0-成功无数 -1-查询失败
抛出异常 (Exception)	无

⑥GetCardInfos 方法。方法描述(Method Descriptions)见表 6.44。

表 6.44

函数原型 (Prototype)	int GetCardInfos()
功能描述 (Description)	查询所有的卡信息。
调用函数 (Calls)	无
被调用函数 (Called By)	无
输入参数 (Input)	无
输出参数 (Output)	无
返回值 (Return)	1-查询成功,-1-查询发生异常
抛出异常 (Exception)	无

⑦GetCardInfos 方法(重载)。方法描述(Method Descriptions)见表 6.45。

表 6.45

函数原型(Prototype)	int GetCardInfos(int iStartPos, int iEndPos, int iStatus)
功能描述(Description)	根据起始位置、结束位置来获取卡信息
调用函数(Calls)	无
被调用函数(Called By)	CXMLParser::SaveXML()
输入参数(Input)	iStartPos-起始位置 iEndPos-结束位置 iStatus-卡的使用状态
输出参数(Output)	无
返回值(Return)	1-成功有数据 0-成功无数 -1-查询失败
抛出异常(Exception)	无

⑧GetCardByID 方法。方法描述(Method Descriptions)见表 6.46。

表 6.46

函数原型(Prototype)	int GetCardByID(CString,CCardEntity&)
功能描述(Description)	根据卡号获取一个卡实体对象
调用函数(Calls)	无
被调用函数(Called By)	void CAMSDlg::OffLoad()
输入参数(Input)	strCardID-卡号
输出参数(Output)	card-查询到的卡实体对象
返回值(Return)	1-成功 0-失败
抛出异常(Exception)	无

⑨ModifyCard 方法。方法描述(Method Descriptions)见表6.47。

表6.47

函数原型(Prototype)	int ModifyCard(CCardEntity)
功能描述(Description)	修改一条卡记录
调用函数(Calls)	CXMLParser::SaveXML()
被调用函数(Called By)	void CAMSDlg::OffLoad() ......
输入参数(Input)	card-CardEntity 的实体对象
输出参数(Output)	无
返回值(Return)	1-修改成功 0-修改失败
抛出异常(Exception)	无

⑩DeleteCardById 方法。方法描述(Method Descriptions)见表6.48。

表6.48

函数原型(Prototype)	int DeleteCardById(CString)
功能描述(Description)	根据卡号删除卡信息
调用函数(Calls)	int CXMLParser::DeleteNode(CString)
被调用函数(Called By)	void CDlgCardManage::OnBtnDelete()
输入参数(Input)	strID-卡号
输出参数(Output)	无
返回值(Return)	1-删除成功 0 – 删除发生异常失败
抛出异常(Exception)	无

⑪IsCardExist 方法。方法描述(Method Descriptions)见表6.49。

表 6.49

函数原型 (Prototype)	int IsCardExist(CString)
功能描述 (Description)	根据卡号判断卡是否存在
调用函数 (Calls)	int CXMLParser::GetNodeLen(CString)
被调用函数 (Called By)	void CDlgOnLoad::OnLoad() …
输入参数 (Input)	strID-卡号
输出参数 (Output)	无
返回值 (Return)	1-存在 0-不存在 -1-查询发生异常
抛出异常 (Exception)	无

6.5 系统测试计划

1 **简介**(Introduction)

1.1 目的(Purpose)

该文档主要是分析制订计费管理系统测试计划,主要包括测试计划、进度计划、测试目标、测试用例和工作交付件等,本文档的读者为参加项目系统测试的测试人员,在系统测试阶段的测试工作需按本文档的流程进行。

1.2 范围(Scope)

此文档适用于计费管理系统,比较全面地涵盖了各个模块的系统测试计划,规划了今后每个阶段的测试进程,包含了功能测试、健壮性测试、性能测试和用户界面测试。

2 **测试计划**(Test Plan)

2.1 资源需求(Resource Requirements)

2.1.1 软件需求(Software Requirements)

表 6.50 软件需求表(Software Requirements table)

Resource 资源	Description 描述	Qty 数量
操作系统	Microsoft Windows professional	5
编程开发工具	Microsoft Visual Studio 2010	5
通信协作工具	FeiQ、QQ	5
测试工具	CPPUnit	5

2.1.2　Hardware Requirements 硬件需求

表 6.51　硬件需求表(Hardware Requirements table)

Resource 资源	Description 描述	Qty 数量
计算机	Pentium4(3.0 G)、内存 2 G、硬盘 160 G	5
移动硬盘	500 G	1

2.1.3　Other Materials 其他设备

无。

2.1.4　Personnel Requirements 人员需求

表 6.52　人员需求表(Personnel Requirements table)

Resource 资源	Skill Level 技能级别	Qty 数量	Date 到位时间	Duration 工作期间
需求分析人员	基础	1		
系统设计人员	基础	1		
编码人员	基础	5		
测试人员	基础	5		

2.2　过程条件(Process Criteria)

2.2.1　启动条件(Entry Criteria)

完成全部系统编码。完成设定需要的各项功能要求。

2.2.2　结束条件(Exit Criteria)

完成所有服务器端的性能测试、数据库测试、系统功能测试等测试要求,达到客户所需标准。

2.2.3　挂起条件(Suspend Criteria)

①基本功能没有实现。

②有致命问题致使 50% 用例堵塞无法执行。

③需求发生重大改变导致基本功能发生变化。

④其他原因。

2.2.4　恢复条件(Resume Criteria)

①基本功能都已实现,没有严重问题。

②致命问题已经解决并通过单元测试。

2.3　测试目标(Objectives)

2.3.1　数据和数据库完整性测试

保证数据库访问方法和进程正常运行,数据不会遭到损坏。

2.3.2　接口测试

确保接口调用的正确性。

2.3.3　集成测试

检测需求中业务流程,数据流的正确性。

2.3.4 功能测试

确保测试的功能正常，其中包括导航、数据输入、处理和检索等功能。

2.3.5 用户界面测试

核实以下内容：通过测试进行的浏览可正确反映业务的功能和需求，这种浏览包括页面与页面之间、字段与字段之间的浏览，以及各种访问方法的使用页面的对象和特征都符合标准。

2.3.6 性能测试

核实所制订的业务功能在以下情况下的性能行为：正常的预期工作量、预期的最繁重工作量。

2.4 测试组网图(Test Topologies)

无。

2.5 导向/培训计划(Orientation/Training Plan)

无。

2.6 回归测试策略(Strategy of Regression Test)

在下一轮测试中，对本轮测试发现的所有缺陷对应的用例进行回归，确认所有缺陷都已经修改。

3 测试用例(Test Cases)

表 6.53

需求功能名称	测试用例名称	作者	应交付日期
计费管理	邮件收发		2013-03-15
费用管理	字码识别		2013-03-20
查询统计	文本分词		2013-03-25
系统管理	自动转发		2013-03-25

4 工作交付件(Deliverables)

表 6.54 **工作交付件列表**(Deliverables Table)

Name 名称	Author 作者	Delivery Date 应交付日期
测试计划		2013-02-28
测试用例清单		2013-03-25
测试结果		2013-03-26

5 参考资料清单(List of reference)

无。

6.6 系统测试报告(示例)

1 概述(Overview)

本文档为系统测试报告，具体描述了系统在测试期间的执行情况和软件质量，统计系统存在的缺陷,分析缺陷产生原因并追踪缺陷解决情况。本次测试内容根据系统功能模块划分,分别对计费管理、费用管理、查询统计、数据管理4个子系统进行功能测试。

2　**环境描述**(Test environment)

应用服务器配置:

CPU:Pentium 4(3.0 G)

ROM:2 G

OS:Windows XP SP4

客户端:IE7.0

3　**测试概要**(Test Overview)

3.1　对测试计划的评价(Test Plan Evaluation)

测试案例设计评价:基本将项目所有功能的测试都囊括在内,有一小部分功能没有考虑在内,还有部分功能不需要进行测试,整体上设计得比较合理,在进行测试时,根据当时代码变化进行适当调解。

执行进度安排:严格按照测试计划进行,由于功能会有略微改动,所以进度会相应调整。制订项目测试计划时,对项目的方向把握不够准确,测试计划变动也难免发生。

执行情况:在测试过程中针对发现的软件缺陷进行初步分析,并提交程序设计人员对原软件中可能存在的问题进行考查。在软件测试中首先根据软件测试的规范进行考核,将书写规范、注释等基础问题首先解决;其次考核软件测试中的问题是否存在设计上的逻辑缺陷,如果存在设计缺陷则应分析该缺陷的严重程度以及可能引发的故障。软件开发人员在上述基础上对软件的不足作出相应的修改,同时通过软件回归测试验证软件修改后能够得到的改善结果。

3.2　测试进度控制(Test Progress Control)

测试人员的测试效率:在测试计划所要求的最后期限之前完成测试,在测试中如果发现没有覆盖的用例进行添加以及有些用例的删减,能够灵活变通。

开发人员的修改效率:在测试中发现错误后,能够立即解决,不影响后期开发。如果进度跟不上,会加班加点,使得项目如期完成。

在原定测试计划时间内顺利完成功能符合型测试和部分系统测试,对软件实现的功能进行全面系统的测试。并对软件的安全性、易用性、健壮性各个方面进行选择性测试。达到测试计划的测试类型要求。

测试的具体实施情况见表6.55。

表6.55　测试的具体实施

编号	任务描述	时间	负责人	任务状态
1	需求获取和测试计划			完成
2	案例设计、评审、修改			完成
3	功能点-业务流程-并发性测试			完成
4	回归测试			完成
5	用户测试			完成

4　**缺陷统计**(Defect Statistics)

4.1　测试结果统计(Test Result Statistics)

bug修复率:第一、二、三级问题报告单的状态为Close和Rejected状态。

bug密度分布统计:项目共发现bug总数38个,其中有效bug数目为30个, Rejected和重复提交的bug数目为8个。

按问题类型分类的bug分布图如下:(包括状态为Rejected和Pending的bug)

表6.56　按问题类型分类的bug分布

问题类型	问题个数
代码问题	12
数据库问题	5
易用性问题	2
安全性问题	5
健壮性问题	1
功能性错误	4
测试问题	1
测试环境问题	0
界面问题	2
特殊情况	1
交互问题	0
规范问题	2

按级别的bug分布如下:(不包括Cancel)

表6.57　按级别的bug分布

严重程度	1级	2级	3级	4级	5级
问题个数	10	5	2	3	3

按模块以及严重程度的bug分布统计如下:(不包括Cancel)

表6.58　按严重程度的bug分布

模块	1-Urgent	2-Very High	3-High	4-Medium	5-Low	Total
计费管理	3	1	0	1	0	5
费用管理	2	1	0	1	1	5
查询统计	3	2	1	0	1	7
系统管理	2	1	1	1	1	6
Total	10	5	2	3	3	23

4.2　测试用例执行情况(Situation of Conducting Test Cases)

表6.59　测试用例执行情况

需求功能名称	测试用例名称	执行情况	是否通过
功能测试	测试输入正常用户名和密码	无错误提示	是
功能测试	测试输入非正常用户名和密码	有错误提示	是
功能测试	测试正确读取文件	无错误提示	是
功能测试	测试输入已注销卡的查询	有错误提示	是
单元测试	UnitTest_DAL_Whitelists_Insert	return true	是
界面测试	测试用户界面是否一致、风格是否统一	整体结构一致、美观,无乱码等现象出现	是
界面测试	测试按钮大小风格是否一致	按钮大小一致,风格一致	是
界面测试	测试每个界面的字体字号是否一致	每个界面显示的字体字号一致	是
压力测试	增压负载压力测试	查看图标显示正确,没有歧义并且友好显示	是
压力测试	高压负载压力测试	发送通过率为96%	是

5　**覆盖率统计**(Test cover rate statistics)

表6.60　覆盖率统计

需求功能名称	覆盖率
邮件转发	100%
邮件接收	100%
邮件发送	100%
邮件解码	100%
划分文本	100%
邮件过滤	100%
维护数据	100%
整体覆盖率	100%

6　**测试对象评估**(Evaluation of the test target)

功能性:系统正确实现了用户登录之后,可读取卡的信息,以及进行卡的增加、删除、修改操作等,并且可统计卡的消费信息。

易用性:现有系统实现了查询,添加,删除,修改操作相关提示信息的一致性。

可理解性:现有系统存在界面排版不够美观等易用性缺陷。

兼容性:现有系统都具有兼容性。

安全性:保存用户名密码的配置文件有加密、有保证。

测试充分性:测试覆盖率高,已经覆盖了所有方面。

该版本的质量评价:该版本质量比较高,虽然仍然存在一些问题,但已符合需求说明书上的内容。

7 **测试设计评估及改进**(Evaluation of test design and improvement suggestion)

本次测试从测试计划、测试时间安排、测试工具选择、测试用例编写、测试工作实施都严格按照开发惯例执行,每一步工作又根据项目开发的具体情况确定。在整个过程中很好地实现了软件测试环节的作用,发现了一些系统的关键性问题。及时配合软件开发人员对程序进行调试,完善程序功能,实现设计目标。

本次测试工作,还有如下可以改进和完善的地方:

测试用例的编写应该更多地和实际程序贴合,有许多测试项在最终的测试中无法测试。

测试工作的实施可以更早于系统程序的整合阶段,以便更早发现问题,提高开发效率。

在测试过程中应该保留更多的书面记录,以方便后续阶段查阅和更新。

8 **规避措施**(Mitigation Measures)

使用 Windows XP 以上版本确保软件的正常运行、版本可用。

9 **遗留问题列表**(List of bequeathal problems)

表 6.61 遗留问题统计表

	问题总数(Number of problem)	致命问题(Fatal)	严重问题(Serious)	一般问题(General)	提示问题(Suggestion)	其他统计项(Others)
Number 数目	1	0	0	1	0	0
Percent 百分比	—	0	0	100%	0	0

表 6.62 遗留问题详细列表

No. 问题单号	
Overview 问题简述	网络波动引起系统异常
Description 问题描述	环境及设置:在外部网络连接出现波动的情况下,邮件的接收和管理功能可能出现失常和错误。 测试步骤: ①运行系统,测试邮件处理功能执行情况。 ②对系统所接入网络制造大量数据上下行。 ③观察系统功能运转情况。 期望的结果:系统在网络出现数据冲击的情况下,正常功能会受到一定影响。 实际结果:系统在网络出现数据冲击的情况下,正常功能会受到一定影响。
Priority 问题级别	一般

续表

Analysis and Actions 问题分析与对策	对系统的影响为一般,在对处理速度要求不是很高的情况下可以接受 在出现此问题时,可以通过关闭非必要进程以及清理网络带宽占用来缓解。在下一个版本中考虑对网络波动的应急响应,保证正常功能不受太大影响
Mitigation 避免措施	无
Remark 备注	无

10　**附件**(Appendix)

无。

10.1　交付的测试工作产品(Deliveries of the test)

测试计划 Test Plan

测试用例 Test Cases

测试报告 Test Report

10.2　修改、添加的测试方案或测试用例(List of test schemes and cases need to modify and add)

无。

10.3　其他附件(Others)(如:PC-LINT 检查记录,代码覆盖率分析报告等)

无。

6.7　系统验收报告(示例)

1　项目介绍

本系统为计费管理系统,也可作为网吧、机房等的管理系统,可以为管理带来极大方便。

2　项目验收原则

审查项目实施进度的情况。

审查项目管理情况,看其是否符合过程规范。

审查提供验收的各类文档的正确性、完整性和统一性,审查文档是否齐全、合理。

审查项目功能是否达到了合同规定的要求。

对项目的技术水平作出评价,并得出项目的验收结论。

3　项目验收计划

审查项目进度

审查项目管理过程

应用系统验收测试

项目文档验收

4 项目验收情况

4.1 项目进度

表6.63 项目进度

序号	阶段名称	计划起止时间	实际起止时间	交付物列表	备注
1	项目立项	2014.8.1—2014.8.1	2014.8.1—2014.8.1	项目组成员表 项目策划/任务书 产品策划设计文档	
2	项目计划	2014.8.2—2014.8.2	2014.8.2—2014.8.2	项目 WBS 表 项目进度计划表 项目风险管理表	
3	业务需求分析	2014.8.3—2014.8.5	2014.8.3—2014.8.5	需求文档 系统测试计划 测试计划检查单 系统测试计划评审报告	
4	系统设计	2014.8.6—2014.8.8	2014.8.6—2014.8.8	设计文档 测试用例	
5	编码及测试	2014.8.9—2014.8.28	2014.8.9—2014.8.28	测试报告 系统代码	
6	验收	2014.8.29—2014.8.30	2014.8.29—2014.8.30	PPT 用户手册 验收报告 最终产品 学员个人总结 项目关闭报告 产品手册	

4.2 项目变更情况

4.2.1 项目合同变更情况

无。

4.2.2 项目需求变更情况

无。

4.2.3 其他变更情况

无。

4.3 项目管理过程

表6.64 项目管理过程

序号	过程名称	是否符合过程规范	存在问题
1	项目立项	符合	无
2	项目计划	符合	无

续表

序号	过程名称	是否符合过程规范	存在问题
3	需求分析	符合	无
4	详细设计	符合	无
5	系统实现	符合	无

4.4　应用系统

表 6.65　应用系统

序号	需求功能	验收内容	是否符合代码规范	验收结果
1	计费管理	邮件收取结果	符合	可以完成邮件收取
2	费用管理	邮件自动转发和人工转发模块	符合	可以完成邮件自动和人工转发
3	邮件过滤	邮件过滤模块	符合	可以通过黑名单进行过滤
4	邮件解码	邮件解码结果	符合	可以对邮件内容进行解码
5	邮件分词	邮件分词结果	符合	可以对邮件内容正确分词
6	系统维护	数据库表单	符合	可以对数据库正确维护

4.5　文档

表 6.66　文档

过程		需提交文档	是否提交(√)	备注
01-COEBegin		学员清单、课程表、学员软酷网测评(软酷网自动生成)、实训申请表、学员评估表(初步)、开班典礼相片	√	
02-Initialization	01-Business Requirement	项目立项报告	√	
03-Plan		①项目计划报告 ②项目计划评审报告	√	
04-RA	01-SRS	①需求规格说明书(SRS) ②SRS 评审报告	√	
	02-STP	①系统测试计划 ②系统测试计划评审报告	√	
05-System Design		①系统设计说明书(SD) ②SD 评审报告	√	

续表

过程		需提交文档	是否提交(√)	备注
06-Implement	01-Coding 02-System Test Report	代码包 ①测试计划检查单 ②系统测试设计 ③系统测试报告	√	
07-Accepting	01-User Accepting Test Report 02-Final Products 03- User Handbook	用户验收报告 最终产品 用户操作手册	√	
08-COEEnd		①学员个人总结 ②实训总结(项目经理,一个班一份) ③照片(市场) ④实验室验收检查报告(IT) ⑤实训验收报告(校方盖章)	√	
09-SPTO	01-Project Weekly Report 02-Personal Weekly Report 03- Exception Report 04- Project Closure Report	项目周报 个人周报 项目例外报告 项目关闭总结报告	√	
10- Meeting Record	01-Project kick-off Meeting Record 02- Weekly Meeting Record	项目启动会议记录 项目周例会记录	√	

4.6 项目验收情况汇总表

表 6.67 项目验收情况汇总表

验收项	验收意见	备注
应用系统	通过	
文档	通过	
项目过程	通过	
总体意见: 通过 项目验收负责人(签字): 项目总监(签字):		

续表

未通过理由: 项目验收负责人(签字):

5　**项目验收附件**

无。

6.8　项目关闭报告(示例)

1　**项目基本情况**

表6.68　项目基本情况

项目名称:	计费管理系统	项目类别:	互联网
项目编号:	v8.4047.2142.3	采用技术:	MFC XML
开发环境:	VS2010	运行平台:	Windows XP
项目起止时间:	2014.8.1—2014.8.30	项目地点:	重庆大学卓越实验室1号
项目经理:			
项目组成员:			
项目描述:	计费管理系统,主要面向网吧、机房、电子阅览室等,由于其在计费管理上所体现的突出的优越性,可满足既想实现轻松管理,又想实现效益最大,效益可持续化的多重需要,成为了网吧、机房经营管理人员的理想选择,是打造品牌网吧和机房的前提 计费管理系统定义计费策略,具有多种计费方式的计费平台,按时间计费,用卡进行消费;特殊计费,如按流量计费、包天或者月计费等。本系统可以根据计费策略,进行各种形式计费,并能灵活进行费用结算,以及统计日常报表。计费管理系统提供计费管理、费用管理、查询统计、系统管理功能		

2　**项目的完成情况**

总体上基本完成了项目计划的各项功能,费用管理模块实现了充值、退费功能达到计划要求;计费管理模块实现的开始计费、计费结算,特殊计费功能没有实现;查询模块实现了计费查询和消费查询功能基本达到计划要求;系统管理模块实现了计费标准与权限管理基本达到计划要求。

总体代码规模达到3 000余行,规模较大,代码缺陷率也偏大,达到5%多。

3 学员任务及其工作量总结

表 6.69 学员任务分配

姓名	职责	负责模块	代码行数/注释行数	文档页数
		全部	3 000/120	21
合计			3 000/120	21

4 项目进度

表 6.70 项目进度

项目阶段	计划		实际		项目进度偏移/天
	开始日期	结束日期	开始日期	结束日期	
立项	2014.8.1	2014.8.1	2014.8.1	2014.8.1	0
计划	2014.8.2	2014.8.2	2014.8.2	2014.8.2	0
需求	2014.8.3	2014.8.5	2014.8.3	2014.8.5	0
设计	2014.8.6	2014.8.8	2014.8.6	2014.8.8	0
编码	2014.8.9	2014.8.28	2014.8.9	2014.8.28	0
测试	2014.8.29	2014.8.30	2014.8.29	2014.8.30	0

5 经验教训及改进建议

由于是第一次这样正式地做大型项目，对 MFC 以及数据库的综合使用比较生疏，经验和准备都不够充分，所以上手有些困难。在制订计划中分歧较大，因此耽误了一些时间。不过后来将进度赶了上来。由于这是第一次真正接触 MFC 编程，使用过程比较费力；项目经理的耐心指导以及组员的相互合作，才能使项目顺利进行并实现。虽然计划中的某些功能并未实现，但可以满足最基本的用户需求。

经过此次模拟企业项目开发全部过程，设计者认识到了自己基础知识不扎实和实践经验的缺乏。最后总结几点建议，如下所述。

注重对细节的认真，不断巩固基础知识，以便在使用时才能从容；团结互助是解决问题的关键，项目集体的力量才是最重要的；加强自学能力，积极地向他人请教吸取他人经验教训。

附录

附表 1　缩略语清单(List of abbreviations)

缩略语(Abbreviations)	英文全名(Full spelling)	中文解释(Chinese explanation)
POP3	Post Office Protocol 3	邮局协议的第 3 版
SMTP	Simple Mail Transfer Protocol	简单邮件传输协议
RPG	Role Playing Game	角色扮演游戏
MFC	Microsoft Foundation Classes	微软基础类库
IP	Internet Protocol	网间互联协议
TCP	Transfer Control Protocol	传输控制协议
C/S	Client/Service	客户端/服务器
UI	User Interface	用户界面
DB	Data Base	数据库
ODBC	Open Database Connectivity	为各种类型的数据库管理系统提供了统一的编程接口,例如,不同数据库系统的驱动程序
SOW	Statement of Work	工作说明书
PPL	Project Plan	项目计划
WBS	Work Breakdown Structure	项目进度表
CMP	Configuration Management Plan	软件配置管理计划
RMP	Risk Management Plan	风险管理计划
QAP	Quality Assurance Plan	质量保证计划
TSP	Test Strategy Plan	测试策略计划
SRS	Software Requestment Specification	软件需求文档

续表

缩略语(Abbreviations)	英文全名(Full spelling)	中文解释(Chinese explanation)
HLD	High Level Design	软件概要设计
LLD	Low Level Design	软件详细设计
STP	System Test Plan	系统测试计划
ITP	Integrate Test Plan	集成测试计划
UTP	Unit Test Plan	单元测试计划
ST	System Test	系统测试
IT	Integrate Test	集成测试
UT	Unit Test	单元测试
UAT	User Acceptance Test	用户验收测试
MFC	Microsoft Foundation Classes	微软基础类,用于在C++环境下编写应用程序的一个框架和引擎
P2P	Peer-to-Peer	又被称为“点对点”。“对等”技术,是一种网络新技术,依赖网络中参与者的计算能力和带宽,而不是将依赖都聚集在较少的几台服务器上
ADO	ActiveX Data Objects	一个用于存取数据源的COM组件。它提供了编程语言和统一数据访问方式OLE DB的一个中间层

词汇表

POP3:POP3(Post Office Protocol 3)即邮局协议的第3个版本,它是规定个人计算机如何连接到互联网上的邮件服务器进行收发邮件的协议。其是因特网电子邮件的第一个离线协议标准,POP3协议允许用户从服务器上将邮件存储到本地主机(即自己的计算机)上,同时根据客户端的操作删除或保存在邮件服务器上的邮件,而POP3服务器则是遵循POP3协议的接收邮件服务器,用来接收电子邮件的。POP3协议是TCP/IP协议族中的一员,由RFC 1939定义。本协议主要用于支持使用客户端远程管理在服务器上的电子邮件。

SMTP:SMTP(Simple Mail Transfer Protocol)即简单邮件传输协议,它是一组用于由源地址到目的地址传送邮件的规则,由其来控制信件的中转方式。SMTP协议属于TCP/IP协议族,它帮助每台计算机在发送或中转信件时找到下一个目的地。通过SMTP协议所指定的服务器,就可以把将E-mail寄到收信人的服务器上,整个过程只需几分钟。SMTP服务器则是遵循SMTP协议的发送邮件服务器,用来发送或中转发出的电子邮件。

分词:分词技术就是搜索引擎针对用户提交查询的关键词串进行的查询处理后,再根据用户的关键词串用各种匹配方法进行的一种技术。

垃圾邮件:凡是未经用户许可(与用户无关)就强行发送到用户的邮箱中的任何电子邮件。

参考文献

[1] H. M. Deitei, P. J. Deitei. C ++ 程序设计教程[M]. 薛万鹏,等,译. 北京:机械工业出版社,2000.

[2] S. B. Lippman, J. Lajoie. C ++ Primer 中文版[M]. 3rd Edition. 潘爱民,等,译. 北京:中国电力出版社,2002.

[3] Harvey M. Deitei,Paul James Deitei . C ++ 大学教程[M]. 2 版. 邱仲潘,等,译. 北京:电子工业出版社,2002.

[4] James P. Cohoon,Jack W. Davidson. C ++ 程序设计[M]. 3 版. 刘瑞挺,等,译. 北京:电子工业出版社,2002.

[5] Decoder. C/C ++ 程序设计[M]. 北京:中国铁道出版社,2002.

[6] Brian Overland. C ++ 语言命令详解[M]. 2 版. 董梁,等,译. 北京:电子工业出版社,2002.

[7] Leen Ammeraal. C ++ 程序设计教程[M]. 3 版. 刘瑞挺,等,译. 北京:中国铁道出版社,2003.